人力資源管理
理論與實務

Human Resource Management Theory and Practice

林淑馨　著

三民書局

國家圖書館出版品預行編目資料

人力資源管理理論與實務／林淑馨著.――初版二刷.
――臺北市：三民，2020
　　面；　公分

　　ISBN 978-957-14-5526-6　（平裝）
　　1.人力資源管理

494.31   100012588

人力資源管理理論與實務

作　　者	林淑馨
發 行 人	劉振強
出 版 者	三民書局股份有限公司
地　　址	臺北市復興北路 386 號 (復北門市)
	臺北市重慶南路一段 61 號 (重南門市)
電　　話	(02)25006600
網　　址	三民網路書店 https://www.sanmin.com.tw
出版日期	初版一刷 2011 年 8 月
	初版二刷 2020 年 4 月
書籍編號	S493710
I S B N	978-957-14-5526-6

序

時間過得真快，轉眼回國已經十年，這段期間一直在大學部開設「人力資源管理」課程，無論是上課或聽學生們的討論和報告都是一件快樂的事。因為這是一門相當活潑的課，在授課的過程中會不斷的刺激自己，帶給自己新的成長與視野。不過，每次在選擇教科書時卻總令我感到十分苦惱。因為國內的人力資源管理書籍雖多，但有半數是翻譯本。對於國內的學生而言，無論翻譯本的論述多麼精闢深入，但或許受限於語言，以及書中所提及的法令政策與現實民情皆和我國不同之故，在進行課堂討論或個案演練時，總覺得學生們會出現認知的差距，而缺少那麼一點參與的熱情和感動。另外還有許多人力資源管理前輩們所出版的教科書，內容雖然相當豐富，但部分個案介紹可能稍嫌不足，或是資料久未更新，也難以因應人力資源管理實務日新月異的需求。

基於上述這些現象，個人興起寫書的念頭，希望將自己的想法與這幾年教學過程中所發現的不足整理歸納於書中，以因應學生需求。整體而言，本書共由十五章所構成，內容分別介紹「人力資源與內外在環境」、「人力資源的獲取」、「人力資源的發展」、「人力資源的永續經營」與「人力資源的未來展望」等主題。個人在規劃本書時，除了每章既定介紹的主題內容外，在每章開頭還設計有最新的「實務報導」，中間並適時穿插「資訊補給站」，以提供學生們相關的人資實務訊息，而在每章最後則安排「實務櫥窗」、「個案研討」與「課後練習」，希望學生們在閱讀完每一章後能將其所吸收的知識予以活化與內化，而非只是死記死背。畢竟，人力資源管理所面對的是活生生的「人」，而不是機器與制度，如何活用所學知識，因人因時因地適時加以思考

設計，以達到人力資源管理「選才、用才、育才、留才」的終極目的是相當重要的。因此，個人希望透過理論的介紹與實務的說明，提高讀者對於人力資源管理的學習興趣。

寫書，是件辛苦卻充滿理想性的工作。在這段過程中，如何將自己的構想與思緒化諸成文字，則具有高度的挑戰。這本書得以有機會問世，首先應該感謝三民書局給我充裕的時間完成並出版此書。其次，尚臻、邢瑜、永乾、靜宜、翠玉、琬容、君山、錫雯、鈺程等多位助理在資料收集、整理，圖表的繪製，以及文稿校正上的細心協助，都是促使本書能如期完成的背後功臣。另外，臺北大學所提供的良好研究環境，系上的同事與助教對我的提攜與鼓勵，都是促使本書得以完成的主要因素，在此一併表示感謝。人力資源管理研究之豐富多元已如前述，疏漏不周在所難免，敬請給予批評指正。個人希望本書能有助於國內人力資源管理的研究與教學，若能引起共鳴，自是萬分感激。

最後，感謝家人長期的鼓勵、支持與包容。雖然我的工作場所已經從臺中回到臺北，但把家當旅館的習慣依然沒變，研究室還是最常看到我身影的地方。所幸家人對我始終毫無怨言，先生正史十年來更是長期忍受我不在身邊的孤寂，卻又對我的工作與研究給予充分的體諒與尊重，默默在背後支持我，讓我能無後顧之憂完全投入學術研究。我想，這本書的研究成果與出版的喜悅最應與他們共享。

林淑馨

2011 年 7 月

人力資源管理理論與實務

目　次

第 *4* 章　員工招募

第 *5* 章　人才選用

第 *6* 章　教育訓練

第11章 員工安全與健康管理

第12章 勞資關係與爭議

第13章 國際人力資源管理

參考文獻

1

導論：人力資源管理概述

實務報導

非典型就業　可拋式勞力時代來臨❶

近來，「非典型就業」的人數愈來愈多，包括了人力派遣、業務外包、臨時性工作及部分工時等工作。但是隨著人數的增加，這些「非典型就業」勞工的工作待遇、福利卻沒有得到改善，工作時數也愈來愈長。

選擇派遣工作的眾多原因中，不外乎包括待業時間較短，通常只須一星期即可上工，對於急需用錢者來說猶如及時雨一般；但薪水比正職員工低了 1～2 成，加上「三節獎金」、「年終獎金」及「休假」等福利也差人一截，而且容易被正職員工的小圈圈排除於外。近年投入「非典型就業」的人口不再只是以往認為的中高齡或是二度就業者了。根據行政院主計處的統計資料可以發現，國內 15～24 歲的年輕就業人口中有高達 22.8% 從事「非典型就業」的工作，有年輕化的趨勢；另外，除了國中及以下學歷佔從事非典型工作的最大宗——10.2% 之外，在 2009 年擁有大專以上學歷的就業者卻也有 5.6% 的比率投入非典型工作。

根據《商業週刊》(Business Week) 的報導指出，曾於金融海嘯時代大量裁員的企業開始以臨時員工代替正職工作人員，面對這樣的「可拋式勞力時代來臨」，剛從學校畢業的數萬新鮮人將受到最直接的衝擊！

表 1-1：15～24 歲就業者主要工作情形（單位：千人；%）

	95 年	96 年	97 年	98 年	99 年
部分時間工作者	5.7%	7.8%	13.4%	17.3%	18.9%
臨時性或人力派遣工作			14.7%	17.2%	18.5%

從以上的報導內容可知，目前的就業環境已不同以往，受到人力派遣、業務外包的影響，組織中的人力變得更不確定，致使人力資源的管理工作較以前複雜，難度更高。究竟人力資源管理包含哪些活動與功能？其所扮演的角色與擁有的特質，以及學習目的為何？臺灣企業人力資源管理的現況又如

❶ 資料來源：儂白蒂 (2010.05.12)，〈非典型僱用　可拋式時代來臨〉，《理財周刊》，第 507 期。

何？這些都是本書第一章中所欲簡單介紹的內容。

══ 第一節　人力資源管理的基本概念 ══

經濟學所提到的生產四要素，分別是指土地、資金、勞力與創業家精神，其中，人力資源居於主導地位，被視為是最基本也是最重要的生產要素（廖勇凱、楊湘怡，2007: 11）。因為組織中所有大大小小的活動，都需要透過「人」來執行或管理，唯有「人」才能跳脫「純資源」的地位，運用其他資源，進而替組織創造更高的價值。以下分別介紹人力資源管理的意義與相關概念。

■ 一、人力資源的意義與特性

所謂人力資源 (human resource, HR)，是指組織中人員所擁有的各種知識、技術及能力，以及這些人員在互動過程中所產生的人際互動網絡與組織文化等（黃良志等，2007: 5）。若從廣、狹兩義來整理人力資源的內涵，有研究指出（吳復新，2003: 5、8），廣義的人力資源是指「一個社會所擁有的智力勞動和體力勞動能力的人力之總稱，包括數量和質量兩方面」。如引申其內容，則包含組織人員的態度、教育水準、思想觀念等。至於狹義的人力資源，主要是以組織的角度為出發點，是指「組織所擁有用以製造產品或提供服務的人力」。相較於其他資源，人力資源之所以重要，是由於原料、設備與資金都可以在短時間內設法獲得，唯獨人力資源的取得需要花費較長的時間。因此，學者舒勒 (Randall Schuler) 在其發表的一篇經典論述中即指出「人是公司最重要的資產，特別是在服務密集的產業裡」（吳美連，2005: 6）。另外，人力資源不同於土地、原料或資金，是無法儲存，必須不斷的維持或提昇，才能保持其價值。但人力資源基於「人」的特性，所產生的價值與影響常超出想像，若能藉由知識的充實與技術的更新，將可為組織創造無限的價值。

由以上所述得知，人力資源是企業或組織中最寶貴的資產，甚至是「資產中的資產」，其運用的好壞將會影響組織績效，並涉及企業整體未來的發展。然而對組織而言，人力資源雖有其重要性但卻也是最難掌握的。因為人不同

於其他資源，是「活的」，是「會思考的」，所以組織運作的良窳，常取決於人力資源是否適當運用。因此，組織內各部門或單位的主管，都應該重視人力資源的問題，並且必須妥善加以管理，以使組織運作順暢，進而提昇組織的競爭力。

二、人力資源管理的意義與重要性

人力資源管理 (human resource management, HRM) 一詞約出現於 1920 年，通常簡稱人管或人資。顧名思義，人力資源管理是對組織內的人力進行管理。就形式上的意義來說，是指人與事密切配合的問題，也就是組織中人力資源的發掘及運用的問題，而非單指人力數量的問題。較廣泛而言，人力資源管理是指組織內所有人力資源的開發、發掘、培育、甄選、取得、運用、維護、調配、考核與管制的一切過程和活動 (林欽榮，2002: 3)；也有研究認為，人力資源管理是指如何為組織有效地進行羅致人才、發展人才、運用人才、激勵人才、配置人才及維護人才的一種管理功能作業 (戴國良，2005: 18)。

在本質上，人力資源管理屬於管理的一環，有其一套系統的知識範圍，即綜合了心理學、社會學、社會心理學、經濟學、管理學等學科，因此，在實際處理人的問題時，管理者除了必須有專業知識外，尚須依賴其直覺判斷、推理、想像或錯誤的嘗試。所以，有學者指出，有效的人力資源管理乃是結合了管理、技術、行為三方面的知識，不僅是一門科學 (science)，也是一種藝術 (art) (吳美連，2005: 8)。如何藉由人力資源管理為組織尋找到合適的人才，並留住優秀的人才，在在都考驗人力資源管理部門和相關人員的智慧。

三、人事行政、人事管理與人力資源管理之比較

近年來，「人力資源管理」一詞已有取代「人事行政」(personnel administration) 與「人事管理」(personnel management) 等名詞的趨勢。事實上，無論是「人事行政」或是「人事管理」，其基本重心皆以「人」為主，亦即講求尊重人性的價值與尊嚴。只是過去學者都稱此種人力運用的管理為「人事行政」或「人事管理」，而今日的學者則將其總稱為「人力資源管理」(林欽

榮，2002: 3)。

就某種意義而言，人力資源管理與人事行政和人事管理並無分軒輊，傳統人事功能仍是其中的核心，只是人力資源管理比其他兩者含有更廣而深的涵義。也就是人力資源管理更具有策略性、指導性、動態性、積極性和整體性。根據馬奇斯與傑克森 (Mathis & Jackson) 的論點，人事行政和人事管理是一組活動，著重在組織中人力資源的持續性管理，故其重點在於持續性和例行性的工作（廖勇凱、楊湘怡，2007: 11）。然不同的是，人事行政一般是指運用於政府機關的人力作業問題，而人事管理多指企業機構的人力運用問題。整體而言，人事行政比人事管理更具政策性，層級範圍也比較高而廣（林欽榮，2002: 4）。雖然許多大型企業經理人對於人力資源管理功能的看法仍停留在基本的僱用活動與員工服務的範疇上，但若仔細區分人力資源管理與人事管理之間的意義與著重點，則可以歸納為下述幾點（吳美連、林俊毅，2002: 7–8；吳復新，2003: 13–14；吳美連，2005: 9–10）：

㈠價值觀不同

人事管理視員工為成本負擔；而人力資源管理視員工為有價值的資源。

㈡功能取向不同

人事管理是作業取向，強調本身功能的發揮，被視為是純粹的行政作業單位，負責招募、甄選和薪資發放及出缺勤管理等，屬於靜態功能；而人力資源管理則是著重策略取向，強調人力資源管理在企業整體經營中所應有的配合，將組織內所有人力做最適當之任用、發展、維持與激勵，較傾向動態功能。

㈢直線經理❷的角色不同

在人事管理中，基於「所有的管理者必須管人」和「許多特別的人事功

---

❷　直線經理是某些人員的上司，被授權可以指揮下屬工作。此外，直線經理也負責完成組織的基本目標，例如：生產經理和旅館經理是直線經理，其對於完成組織的基本目標負有直接責任，並同時具有指揮下屬的職權 (Dessler 著，李璋偉譯 (1998)，《人力資源管理（第七版）》，p. 4，臺北：台灣西書)。

能仍須在直線部門中執行」的觀念，直線經理的參與是必須且被動的。而在人力資源管理的模式中，直線經理本身對人力運用的最適性有興趣，也意識到本身具有達到人力運用最終結果之協調與指揮的責任,故其參與是主動的。

㈣適用對象不同

就適用對象而言，人事管理的管理對象傾向以非經理人，也就是以受僱者（員工）為主；而人力資源管理則著重在勞資雙方，亦即是員工與管理團隊之發展，因此，適用對象是勞資雙方，針對員工與經理人所做之員工生涯發展與傳承規劃等。

㈤所需行政成本不同

在所需花費的行政成本方面，人事管理因無須專業人力資源技術與強力的資訊系統支援，整體行政成本較低，適用於小型企業或是需要將人力資源成本控制在最低的企業。至於人力資源管理，由於強調策略性功能，需要相當專業的人力與強力的資訊系統支援，所需之行政成本較高，故適用於規模較大之中型以上企業。

㈥管理重點與模式不同

人事管理側重規章管理，依照相關規定照章行事；而人力資源管理側重變革管理與人性管理，依企業利益與員工需求做彈性處理。至於管理模式方面，人事管理強調反應式 (reactive) 管理，著重目前問題的解決或交辦事項的執行；而人力資源管理則屬於預警式 (proactive) 管理，以確保長期經營目標之達成。

綜上所述得知，人事管理與人力資源管理雖都以「人」的管理為主要職能，但無論是價值觀、功能取向、直線經理的角色或是適用對象、管理重點等卻都有顯著之差異。前者傾向於例行事務的處理，目標僅是現況的維持或交辦事項的完成，態度較為消極保守，屬於成果導向。至於後者則強調變化與挑戰的策略發展，目標是配合組織整體長期發展，所抱持之態度較為積極主動，較偏重過程導向。

第二節　人力資源管理的演進

事實上，人力資源管理在成為學術領域中獨立的學科或企業組織中專責的部門之前，早已存在人類的生活之中，從小的團體到大的社會、國家，任何組織都需要對「人力」做適當的安排與處理，才可以安定及穩固組織，並達成組織的功能與目標，這是任何團體或組織不可或缺的工作。任何一個專業領域的發展，除了本身的需要外，必定會受到其他學科和時代思潮的衝擊。也因此，人力資源管理在發展的過程中，深受經濟學、社會學和心理學等學科的影響，甚至與組織理論產生了密不可分的關係。由於任何專業領域的發展必有其歷史，明瞭過去事例與發展，有助於對人力資源管理內涵與功能有更深一層的認識。因此，在本小節中，依照時間的先後將人力資源管理的發展整理為下述四個階段（林欽榮，2002: 5-8；黃英忠，1993: 32-33；黃英忠等，1998: 7-9）：

一、早期的發展（18 世紀末～19 世紀末）

人類自古即有組織活動，有關人力運用的問題早已存在，只是當時人力資源的問題並未受到關注與重視，而散見於各個時代的書本典籍之中，如哲學、政治、宗教、軍事、社會、經濟等領域，未有系統地加以整合研究與論述。整體而言，人力資源管理的發展始於歐洲中世紀後期，由於通商貿易與工藝進步，以及封建勢力的衰弱，給予城市發展的機會，也產生了新興的市民，進而孕育出「商人行會」與「藝工行會」的組織，從事有關交易與學習的活動，並具有工會與教育的意義。

此時，由於社會整體尚未完全脫離君主統治的觀念和工業革命的衝擊，所以人力資源的管理尚處於傳統的管理方式，一切以「工作」為主，而忽略人性的存在，主要的管理方式可分為強權的管理與溫情的管理兩種：

(一)強權的管理

工業革命初期，僱主的重點完全放在生產工具和資本徵集，且享有至高

無上的權威，勞動者只有唯命是從。管理方式是以工作的成果為依歸，但是卻忽視人性的價值，大多數的勞動者被迫接受惡劣的工作條件與低廉的薪資報酬。

㈡溫情的管理

工業革命後期，由於工廠規模日漸擴大，工作與組織亦趨擴大，企業為滿足發展的需要，開始重視管理制度，對人員採取懷柔政策，重視勞動條件的改善，福利措施的擴充，以提昇勞動之意願與提高生產力，人力資源管理開始萌芽。

二、科學管理時期（19 世紀末～20 世紀初）

19 世紀末到 20 世紀初期，隨著心理學的發展、勞工運動的興起和福利概念的產生，均對人力資源管理有著重要的影響。此時產業規模日漸龐大，工作性質複雜，機器替代了人力，員工不斷地增加。企業機構為了增進生產、降低成本，開始採用新的管理方法，建立一套管理制度和法規，使得管理學術日漸發達，因而產生科學管理 (scientific management) 運動。

科學管理運動開始於 19 世紀末，由泰勒 (Frederick W. Taylor) 所創。泰勒出生於 1856 年，為美國工程師，被尊稱為「科學管理之父」(Father of Scientific Management)。其所著之《科學管理》(*Scientific Management*) 一書，主張採用經驗和科學的方法，從事時間與動作研究，建立工作條件標準化，以作為工人工作的依據，算是正式宣告管理是一門科學的里程碑。泰勒強調選擇最佳工作途徑與方法，管理人員力行分工、嚴格訓練與監督工人，並將計劃與執行嚴格劃分，工資發放採取按件計酬制，亦即採用科學方法去研究工作，使生產效率能最大化。由於科學管理重視的工作設計、人員甄選、訓練、績效評估與報酬，都屬於人力資源的運用，因此對人力資源管理的功能有重要的影響。其後的甘特 (Henry L. Gantt) 和吉爾柏斯夫婦 (Lillian M. and Frank B. Gilbreth) 則是致力於工作分析，訂定工作薪資標準與動作研究等人事技術制度，強調人與工作之配合，較偏向機械性之效率觀。

　　由於泰勒出身基層，因此科學管理學派的管理，多著重於基層工作的改進，屬於「由下而上」之微觀的觀點。至於行政管理學派的費堯 (Henri. Fayol) 等人，因出身高級管理人員，因此研究的焦點是從組織最高層逐漸往下，採行的是「由上而下」之鉅觀的管理哲學。該學派試圖建立一般管理和組織結構的原理原則，提出統一指揮、控制幅度、決策集權和管理權威等概念。其對人力資源管理的貢獻在於行政上的執行而非內容，致力於行政管理歷程的分析，以利人力資源管理功能的達成。

　　整體而言，此時期的重點主要在工作合理化與產量的增加，並未意識到人力資源管理的重要性，但包含泰勒在內的學者所提出的人員甄選、訓練、薪資標準、報酬等觀念，以及工作條件標準化與改善方法等，對日後人力資源管理的發展卻有相當的影響與貢獻。此外，由於工業快速的成長，加上勞工運動的發展，此時期的員工權利與福利概念逐漸受到重視。因此，人力資源管理的範圍由早期薪資的爭取，擴大到圖書、娛樂設施、教育、購屋的補助，以及衛生保健等。

三、人群關係時期（20 世紀中期）

　　20 世紀初期組織著眼於生產力的提昇，較少顧及員工的需要。人群關係的組織理論始於 1930 年代，將組織視為一個心理的社會系統，偏重成員行為和非正式組織的研究，重視員工在組織中的互動和民主的領導，強調的是士氣，將研究的重心由組織「結構」轉向組織中「人」的因素之探討。

　　人群關係運動 (human relations movement) 開始於 1927 年到 1932 年間，由梅堯 (Elton Mayo) 教授在芝加哥西方電器公司所主持的霍桑實驗 (Hawthorne studies)，開啟了組織對人員管理的新視野。該研究本來是探討工作環境與工作效率的關係，卻意外地發現員工工作時會受到相關群體互動的影響，特別是群體規範，因此，組織在管理員工績效時，應該要注意到員工之間的人群關係。此外，研究結果更認為組織應提供民主、參與和溝通式的領導，才可以獲得員工充分的合作與努力，因而展開了現代人力資源管理的

新契機，也促使人力資源管理由工作分析轉而注重人性因素的探討。

　　另一方面，受到人群關係的影響，組織投入大量的資源訓練管理人員「人際關係」的技巧，生產線上的管理人員亦參加改進溝通、領導型態和激勵技巧的訓練課程。為了提昇員工的生產力，人力資源管理部門重視員工個人、小團體的影響、非貨幣性報酬的重要性、員工人性面的需求與激勵，並研究提高組織士氣的方法，進而促使人力資源管理部門的功能與地位大為提昇。

四、人力資源發展時期（20 世紀後期）

　　從人力資源管理的歷程來說，現今的管理思想已經步入行為科學研究階段。由於該階段致力於人力資源的改善，故可稱其為人力資源發展 (human resource development) 時期。此時期主要將人與工作、組織、作業等，做更為精密、擴展與綜合的研究。從 1960 年代開始，特別重視工作生活品質 (quality of work life)、效率極人化、管理制度合理化與管理措施人性化。

　　因此，就管理實務而言，現代人力資源管理為提高行政效率，避免浪費時間與資源，主張人力資源管理的精緻化，強調慎選員工，並致力於員工選用技巧的改善，員工訓練內容的強化，重視工作安全與健康、員工生涯規劃與福利等，用以提昇員工對組織的忠誠度。換言之，20 世紀後期的人力資源管理已改變過去以「事」或「人」為單一主體的思考邏輯，逐漸昇華至兼顧「人」與「組織」的整體需求，進而提昇工作生活品質之全面性與未來性的策略性管理哲學。

　　總結上述，可以整理歸納人力資源管理演進流程如圖 1–1 所示。

20世紀初期：科學管理運動
強調員工甄選、訓練及獎工制度的設計

↓

1927～1940：人群關係運動
加入團體影響、員工人性面的需求與激勵之強調

↓

1940～1960：勞工意識抬頭
團體協商與勞資糾紛處理成為人力資源管理的重點

↓

1960～1970：人事法規漸多
人力資源管理的工作漸趨專業化

↓

1980至今：開始注重策略
人力資源規劃與策略性人力資源管理角色日顯重要

圖 1–1：人力資源管理演進流程

資料來源：沈介文、陳銘嘉、徐明儀著 (2004)，《當代人力資源管理》，p. 5，臺北：三民。

第三節 人力資源管理的活動與功能

一、人力資源管理的活動

人力資源管理所涵蓋的範圍很廣，主要的活動包括人力資源規劃、招募任用、績效評估、薪酬制度、勞資關係、安全與健康與職涯規劃等等。雖然現代人力資源管理的許多功能已經轉由直線單位來執行，但人資部門仍然需要從旁協助、輔導，或提供最新資訊與方法。因此，無論是直線部門或人資部門人員，都需要對上述人力資源管理所涵蓋的各項活動有相當的瞭解，以提高人力資源管理的成效。

二、人力資源管理的功能

人力資源管理的功能 (functions of human resource management) 意指組織中須提供與協調人力資源的任務與責任（吳美連，2005: 12）。有關人力資源管理的功能眾說紛紜，雖沒有絕對的標準，但因人力資源管理屬於服務

性的功能，主要的目標是為了滿足其他部門的人力需求，透過招募、甄選作業，為組織各部門提供合適的人才，乃是其基本責任。唯在提供各部門所需人力時，除了滿足各部門人力在質與量上的需求外，同時尚須注意到人力獲得在時間點上的配合，以及所需的合理成本。如以美國人力資源管理學會 (The Society of Human Resource Management) 指出的六項主要功能來界定人力資源管理的工作項目，此六項功能所涵蓋的活動內容如下（沈介文、陳銘嘉、徐明儀，2004: 8 10；吳美連，2005: 12–13）：

㈠人力規劃與招募選用

1. 預測長短期的人力需求以及勞力市場供給情形。
2. 進行工作分析，以建立組織中每項職位的具體資格與條件。
3. 預測組織欲達成目標的人力資源需求。
4. 發展及執行上述需求計劃。
5. 招募組織欲達成目標的人力資源。
6. 選用組織中各項工作的人力資源。

㈡人力資源之發展

1. 教育和訓練員工，藉以增強員工的工作能力。
2. 設計及執行管理與組織發展計劃。
3. 設計與建立員工個別的績效評估系統與標準。
4. 提供適當且必要的生涯管理。

㈢獎勵與酬償

1. 設計及執行酬償與福利系統。
2. 確保酬償與福利之公平性與一致性。

㈣安全與健康

1. 設計與執行員工安全與健康計劃。
2. 設計懲戒與申訴系統。
3. 建立良好的溝通管道。

㈤員工與工作關係

1. 成為員工團體與組織高階管理的中間人。

2. 提供員工個人問題各種協助。

㈥人力資源研究

1. 提供人力資源資訊基礎。

2. 設計與執行員工溝通系統。

綜上所述得知，人力資源管理所扮演之功能除了基本的組織人力規劃與員工招募選用外，還涉及教育訓練、獎酬、安全健康等制度的建立與研究，甚至還具備組織與員工間協調的中介功能，顯示其功能性的多元與重要。

══ 第四節　人力資源管理的角色與特質 ══

一、人力資源管理扮演的角色

隨著外在環境的變遷，企業經常面臨法令、經濟、科技和社會等問題，因此，人力資源管理的角色也由原來單一的行政事務功能，轉而成為多元化的角色，人力資源管理部門的地位也從行政的事務性工作，轉而成為管理性工作，甚至成為公司經營層級的策略夥伴（廖勇凱、楊湘怡編著，2007: 17）。人力資源管理在企業逐漸成為一個主導的角色，企業主管開始看到員工是決定企業未來的主要元素。基於此，在大部分的組織中，人力資源管理所扮演的角色約可以整理如下（黃英忠等，2002: 4-5；廖勇凱、楊湘怡編著，2007: 19-20）：

㈠變革、創新者的角色

由於環境變化的加劇，組織必須經常變革以因應策略的制訂，因此人力資源管理者有必要不斷吸取新知，扮演變革與創新的角色，提供新的技術和方法以解決人力資源管理所可能面臨的問題。

㈡協助制訂政策的角色

通常人力資源政策的制訂是董事長或總經理的職權，但人力資源管理者由於最接近員工，因此對員工的需求有較深入的瞭解。另一方面，人力資源

管理者因處於管理階層，對於外在環境的衝擊有較敏銳的認知，所以在制訂政策過程中，人力資源管理者可以和其他部門相關人員協調溝通，以訂定確實可行的策略。

(三)稽核或控制的角色

人力資源管理者有責任瞭解各相關部門和人員，在人力資源政策和工作上是否達成人力資源管理的目標。同時確保人力資源政策在推行時的公平性和一致性。

(四)諮詢輔導者的角色

人力資源管理者除了協助企業高層制訂與推動政策外，為了留住優秀人才，並維持企業的固定人力，還須以本身的專業能力，扮演諮詢輔導者的角色，提供內部顧客最適切的建議與回饋。

(五)人事服務供給者的角色

人力資源管理者負責的工作主要在使組織中的人力得以發揮其潛力，因此從員工的招募、甄選，到教育訓練、薪資報酬、勞資關係等，都是其服務供給的範圍，目的在於協助直線管理部門提供有效率的服務。

(六)研究者的角色

人力資源管理者除扮演管理的角色外，還需蒐集人力資源的相關資料，瞭解組織的人力需求特質，並持續改進或解決有關人力資源的問題，以提昇組織的整體競爭力。

整體而言，人力資源管理部門所扮演的角色應該是多元而非單一，除了負擔組織短期內的人力供需平衡之守護責任外，還須配合組織中、長期的整體發展，彈性規劃人力資源管理方針，扮演積極的策略性與創造性角色，以符合組織整體的需求。

二、人力資源管理者的特質

有研究指出，在《財星雜誌》(Fortune) 排名前 500 大的企業裡，人力資源部門的主管都是高層人士（通常是副總）對董事長負責。很多公司的人力

資源主管也都是公司的董事、計劃委員會成員。由一份 47 個國家針對超過 1,000 個組織中之人力資源主管所做的調查❸發現，有 67% 的回應者是組織中最高管理團隊之一（黃同圳、Lloyd L. Byars、Leslie W. Rue，2010: 11）。由此可知，人力資源管理者在大型企業中所佔有之重要地位。然而，要想成為適任的人力資源主管，究竟應具備哪些特質？以下分述之：

㈠高度的整合能力

由於人力資源管理者須瞭解組織整體的人力需求，才能進行完善的總體人力規劃，因此人力資源管理者須清楚組織的脈動，瞭解公司的策略和業務計劃，並具有宏觀的、高度的整合能力。

㈡良好的策略規劃能力

由於人力資源管理者須負責組織整體人力的配置，並適時因應外在環境的變遷，以進行彈性的調動。因此，人力資源管理者須能規劃招聘、培訓、組織改造、企業文化、留才策略等策略性規劃能力。

㈢良好的協調能力與溝通技巧

人力資源管理者不僅從事組織人力的規劃，還須和各部門的主管、員工，甚至是客戶有業務上的往來，所以人力資源管理者須具備良好的溝通協調能力，以創造和諧的人際關係。

㈣創新意識與能力

身為人力資源管理者須具備創新的意識與能力，例如如何以創新的方式來吸引各界人才，順利為組織招募到合適的人選，或是如何激勵員工，以為組織創造較高的效率等，都考驗著人力資源管理者的創新能力。

㈤高度的意志力與良好的執行技巧

如上所述，人力資源管理者須有創新意識與能力，然而，在發揮創新能力的同時，恐怕也同時面臨組織的改革問題，如薪資或福利政策的調整，會影響部分既得利益者的權益而遭到抗拒排斥。所以，人力資源管理者若沒有

---

❸ "Survey Supports Link between HR Strategies and Profitability", *HR Focus*, Feburary, 2003, p. 8.

高度的意志力與良好的執行技巧，是無法貫徹革新政策的實行。

㈥良好的職業道德

一位稱職的人力資源管理者須能守口如瓶，對於尚未定案的人事政策或高層主管對人事的看法等不加以隨意散布，以避免影響高層與各部門員工的信賴程度。

＝第五節　臺灣企業人力資源管理的實務＝

■一、臺灣企業的特色

在 1960 年代末到 1980 年代中期這段臺灣經濟發展的過程中，中小企業扮演著舉足輕重的角色，以機動、靈活、韌性、創新的特性，與國際大型企業進行著「產銷分工」，在只賺取微利下蓬勃發展。不但締造臺灣經濟奇蹟，使得臺灣由農業社會轉型至工業社會，並進而與香港、新加坡、南韓並列為「亞洲四小龍」，也是我國得以安然度過亞洲金融風暴的重要功臣。

如表㈠所示，所謂中小企業，一般約可區分為「製造業、營造業、礦業與土石採取業」以及「商業、運輸流通業與工商服務業」兩大類，前者的就業人數多在 200 人以下，企業的資本額在新臺幣 8,000 萬元以下，營業額則是無限制的；後者的就業人數則在 50 人以下，資本額是無限制，營業額是新臺幣 1 億元以下。另外，若因資料上的限制，無法依據此定義來區分時，則可以將員工數 100 人以下者稱之為中小企業（經濟部中小企業處，2009: 80）。雖然產業環境快速變遷，但中小企業在經營上具有旺盛的企圖理念與奮鬥精神，高度的適應與應變能力，以及自我創新求變的特性，也能在不利的環境下扮演著穩定經濟的重要力量（余明助、陳慧如，2009: 120）。

以 2009 年為例，臺灣地區全年平均受僱者總人數為 788 萬 9,000 人（含受政府僱用者），較 2008 年減少 1 萬 3,000 人或 0.16%。其中，中小企業受僱員工人數比率，由 2008 年的 69.21% 略降為 68.55%，人數減少了 6 萬 1,000人。另外，中小企業受僱員工人數以製造業最多，佔 34.08%，批發業和零售

業居次（佔 16.66%），營造業居第三（佔 11.83%）。相較於大企業，中小企業僱主的年齡結構較大企業僱主年輕化，顯示我國以中小企業形式創業較不受年齡限制。此外，隨著員工平均學歷普遍提高，高職以上學歷的中小企業僱主比例也有增加的趨勢（經濟部中小企業處，2010）。

表 1-2：中小企業的定義

企業別	製造業、營造業、礦業與土石採取業	商業、運輸流通業與工商服務業
就業人數	200 人以下	50 人以下
資本額	新臺幣 8,000 萬元以下	無限制
營業額	無限制	新臺幣 1 億元以下

根據 2010 年的中小企業白皮書統計資料顯示，臺灣中小企業數量佔全部企業數量的 97.91%，中小企業就業的人口數佔全部就業人口數的 78.47%，但銷售額僅佔全部企業的 30.65%（經濟部中小企業處，2010）。一般人都認為，中小企業的人力資源與資金均非常有限，僅能致力於生產技術的改進，而無法再花費精神與時間在人力資源管理工作上。因此，臺灣中小企業普遍缺乏健全的人事制度，多數仍停留在家族式的經營管理階段。

二、臺灣人力資源變動的趨勢

近年來，隨著國人教育水準的提昇、內外在環境的改變與經濟發展的成熟，以及少子化、高齡化、所得分配惡化（M 型社會）等現象的愈趨顯著，促使我國人力資源結構產生重大的變革。整理分述如下（張緯良，2004：17-21；吳美連，2005：46）：

(一)人力供需失衡

隨著時代的演進，人力資源對組織的價值日益重要，但卻發現整個社會出現人力供需嚴重失衡的情況。根據資料顯示，從民國 72 年到 78 年間，我國全體勞動參與率❹約維持在 60% 左右，但是到了民國 100 年已下降至 57.97%，頻創新低，居亞洲四小龍之末，嚴重影響到人力的供給面。

---

❹ 勞動參與率＝勞動力÷人口＝（就業＋失業）÷人口
上述公式只計算「十五足歲以上非監管的民間」人口與勞動力。

　　探究我國勞動參與率降低的原因，主要乃是民眾教育水準提高、延後就業但卻提早退休，以及人口老化速度加快三項因素所致。然而，勞動參與率低而失業率高，反映了人力供需的不平衡。這與我國近年來推動產業升級、高科技迅速擴充有關，雖然業界每年都舉辦大規模徵才活動，但所需人力僅限於高度專業化人才。另一方面，推動產業升級亦會促使製造業的外移，進而造成勞動階層的工作機會減少有直接相關。

㈡服務業的發展

　　隨著產業結構轉型與農業產品的開放進口，促使我國經濟結構產生重大的變化。服務業佔生產毛額 (GDP) 的比率在 1988 年首度超過 50%，使我國正式邁入服務業時代，而 1994 年，國內服務業從業人員佔全部就業人口的比率已經超過半數。其中，批發零售、餐飲、金融保險及不動產業是增加最快速的領域。

　　由於服務業具有高度的人力依賴特性，員工素質乃是組織存續的重要關鍵因素。因此，如何獲致優秀人力，並加以培訓，使其發揮最大的功效，在在都與人力資源管理有密不可分之關係。

㈢勞動力的改變

　　在就業市場勞動力不足的情況下，勢必開發其他人力來源，如鼓勵婦女與退休人力重新投入就業市場，或引進外籍勞工等，因而導致勞動市場人力結構的改變與多樣化。然而，勞動力的改變卻也為人力資源管理帶來新的挑戰與衝擊。例如隨著女性工作者的增加，性別歧視、性騷擾、育嬰假、生理假等問題開始受到重視；退休人力的僱用也迫使企業重新正視醫療保健、觀念溝通、員工自我調適、薪資等問題；而引進外勞所產生的語言溝通障礙、文化差異，甚至是治安問題等，都顯現了人力資源管理的重要性。

三、臺灣人力資源管理之發展與現況

　　1950 年代以來，臺灣由農業社會轉型為工業社會，進而成為以服務業為主的就業型態。隨著產業型態與勞力結構的轉變，人力資源管理模式也出現

階段性的變化，其演進約可以分為下列四個階段（廖勇凱、楊湘怡編著，2007:
9；黃同圳、Lloyd L. Byars、Leslie W. Rue，2010: 18–19）：

㈠人事行政時期（1950 年代初期至 1960 年代中期）

戰後百廢待舉，工業基礎薄弱消費物資多仰賴國外進口。政府開始實施
以農業培養工業，以工業發展農業。因而在此時期，臺灣的企業多以國營企
業為主，人事工作大多沿襲公部門，採消極的防弊作法，以處理員工出缺勤
紀錄、薪資與年終績效等一般行政事務為主，人事行政人員無須具備專業之
技能或較高的學歷，人力資源管理處於萌芽階段。

㈡人事管理時期（1960 年代中期至 1970 年代末期）

1960 年代中期以後，臺灣中小企業如雨後春筍般設立，紡織、塑膠製品、
電子裝配等輕工業有初步發展，並進而成為我國經濟的支柱，若干中大型企
業則逐漸形成企業集團。許多知名企業紛紛來臺投資，並引進先進的人事管
理制度。在這段期間，人事部門在企業整體運作過程的專業功能與地位逐漸
確立，而企業的人事管理內涵也從普通行政工作提昇至用才、留才的專業層
面，同時積極培養人事管理的幹部與專才。

㈢人力資源管理時期（1980 年代初期至 1990 年代末期）

1980 年代初期，臺灣開始邁向高科技時代，國內部分企業開始將人事單
位改名為人力資源，甚至將人力資源管理部門提昇至協理層級，以彰顯其重
要性。在此時期，企業重視個人能力與績效，人力資源管理工作日趨專業化，
人力規劃、員工教育與訓練、生涯發展等議題開始受到重視，因而出現人力
資源管理的諮商與顧問中心，人力資源管理專業團體與學術單位也日益茁壯。
中華人力資源管理協會更自 1996 年起推動建立人力資源管理師證照體系，以
有效提昇國內人力資源專業水準。

㈣策略性人力資源管理時期（2000 年起迄今）

此時期臺灣與中國同時加入世界貿易組織 (WTO)，市場開放的結果使企
業面臨的國際競爭日益激烈，臺灣整體經營環境每況愈下，產業外移現象日
益明顯。因此，面臨激烈的全球化競爭，臺灣企業如何將人力重新規劃布局，

將單一地區發展轉變為全球化人力，同時以更快速、更有效率的方式來處理人事問題，則有賴策略性人力資源管理的有效運用。

四、臺灣中小企業人力資源管理的困境

基本上，無論企業規模大小，多少都具有人事的基本功能，也須處理人事相關事務，但或許受限於國內企業多屬於中小型組織，人力分工不太明確，為了節省營運成本，臺灣中小企業的人力資源管理功能大多依附在總務或會計之下，分工效果不彰，甚至在更小型的企業中（例如：3～10 人規模），人力資源管理的執行工作多交由企業主或其夫人處理（吳美連，2005: 14–15）。

另一方面，人力資源管理的發展也受到企業主主觀的認知、態度及價值觀的影響，由於中小企業的負責人大多是生產人員或業務出身，缺乏財務、行銷、市場研究及整體經營管理的能力，所以認為人力資源管理不如財務、設備及技術等來得重要。也因而臺灣中小企業雖存在人事管理的需求，但職能區分並不明顯，再加上臺灣中小企業的主要特性之一為家族企業，幾乎沒有達到規模經濟，所扮演的大部分是以加工為主的下游企業、衛星工廠或協力廠商的角色，而限制了中小企業的發展。

近幾年來，臺灣的人力資源管理工作已逐漸趨向專業化。根據 2000 年黃同圳的國科會專題研究報告——〈人力資源管理之跨國比較研究〉，針對國內 380 家企業所做的調查資料顯示，83.3% 的企業設有獨立的人事或人力資源部門，平均僱用 8 位人力資源管理工作者，其中 40% 為男性，60% 為女性，顯示國內企業中女性擔任人力資源管理工作的比例略高於男性（黃同圳、Lloyd L. Byars、Leslie W. Rue，2010: 19）。然因上述的調查結果涉及樣本規模的大小，若是受訪企業規模較大，其結果或許難以用來說明我國中小企業人力資源管理的發展現況，而僅能作為參考之用。

另外，有研究指出，臺灣中小企業經營困難的因素與人力資源管理有關者為：資金成本增加、生產力無法提高、員工招募補充困難、員工出勤率低、年齡結構偏高、缺乏在職訓練及缺乏品質與成本觀念等特徵，而其中又以人

力問題最為嚴重（吳美連，2005: 15），顯示我國中小企業受到營運規模與經營成本的影響，人力資源管理普遍出現未受到應有重視的問題。

 資訊補給站

珍珠戰爭誰能勝出　建置人才儀表板提昇即戰力❺

面對人才戰場的蠢蠢欲動，各大企業也祭出壓箱寶留住人才。鴻海由郭台銘親自傳承企業精神，培育新興人才成為有管理能力及開創能力的接班人；面對大量的人力需求，筆記型電腦代工霸主——仁寶，除了每天在工廠內舉辦摸彩活動留住員工之外，仁寶也決定和教育單位合作，以建教合作方式自行培育人才。

面對景氣波動，企業在調整經營方針時，人才的選擇已是勝負之關鍵所在。藉著人才儀表板的建置，提供人才資本的衡量、分析等功能，作為市場決策的重要指標。

企業的人才儀表板若能建置得好，方可區辨各類人才，適才而用。而從各種評估企業價值的指標來看，包括企業策略、管理信譽、創新、留任人才、領導統御、薪酬等策略，皆為 HR 相關。如果 HR 指標作得好，快樂的員工才能有滿意的顧客，有滿意的顧客才能提昇企業價值，從此角度來看，人力資源的管理影響十分深遠。

五、臺灣人力資源管理功能的轉型

如上所述，臺灣中小企業在我國經濟發展過程中扮演重要的地位。因此，中小企業在面對複雜多變的環境，如欲穩定經營成長，勢必先強化組織本身的競爭優勢，有效實施人力資源管理，以期將企業中有限人力做充分且有效的發揮。然而有資料即指出，「許多 HR 希望能增加訓練經費、提高薪資待遇留住人才；然而老闆則是思考在未來自己的人才是否符合、有多少戰力。雙方的認知有極大的差異，這也是臺灣中小企業普遍存在的現象，HR 必須用實

---

❺ 資料來源：黃麗秋 (2010.05)，〈珍珠戰爭誰能勝出〉，《能力雜誌》，第 651 期。

務效益評估讓老闆體認到資源培育人才的重要性」❻。因此，人力資源管理功能勢必有所調整，甚至加以轉型，才能因應企業所需。茲整理說明如下（吳秉恩審校，2007: 28–29）：

㈠從作業面到策略面

人力資源管理功能過去多著重在處理行政或例行性業務等作業活動的執行。但面對日益競爭的企業環境，未來的人力資源管理功能應該多強調思考如何藉由組織內的人才，提昇組織競爭力，以及如何建構良好人力資源制度並使其順利運作，以留住優秀人才。

㈡從重「質化」到重「量化」

人力資源管理功能的運作過去較缺乏量化的衡量，而比較重視員工或管理者的感受，如訓練課程重視的是員工滿意與否，卻忽略進行成本效益和訓練成果等量化分析。以目前來說，若人力資源管理要將各項功能做明確的量化衡量分析實有其困難，但是人力資源管理者卻必須有此觀念，才能研擬相關人力資源績效評估方式，藉以提昇組織的競爭力。

㈢從堅守政策到合作夥伴

過去人力資源管理的功能通常處於較被動的地位，所以只能扮演政策執行者的角色。但是當企業的人力管理議題愈來愈重要，且愈來愈複雜時，人力資源管理者所扮演的角色也將隨之轉變，成為決策參與者或人力資源政策的擬定者。這樣的轉變正突顯人力資源管理的地位與重要性提昇。

㈣從短期到長期

當人力資源管理者所扮演的角色逐漸轉變時，人力資源管理者將愈來愈重視其所推動的各項政策與措施所產生的影響。尤其是組織人才的取得、培育、報償與維持等，對組織未來發展極為重要。而這些往往需要長期的規劃與推動才能有所成就，所以人力資源管理者需培養長期的觀點，以因應組織的需求。

㈤從功能導向到事業導向

---

❻　同註❺。

人力資源管理的功能過去多著重於專業子功能的運作，如招募、甄選、訓練發展、薪資福利、生涯規劃及績效管理等。現在人力資源管理功能則必須瞭解企業整體發展計劃，並將關注的焦點擴展到組織整體人力的運用與規劃，如此才能強化組織競爭力並提昇績效。

㈥從行政管理到諮詢顧問

人力資源管理者在一般組織裡通常投入多數的心力在行政事務的處理上，扮演的是行政管理者的功能。但現在的組織中，人力資源管理者應該專注於解決比較困難複雜的問題，如參與組織變革等，較傾向於扮演諮詢顧問的功能。

總結以上所述得知，面對企業的新期待與需求，人力資源管理者要學著更換思考模式，嘗試將思考角度拉高至與企業經營者一致，而不是站在本位的角色，思考如何從企業主那裡得到更多的資源。也因之，我國中小企業應拋棄過去視人力資源管理為僅有記錄出勤、計算薪資功能之消極、保守的看法，正視其能發揮的訓練發展與制度建立之積極性功能，藉此留住人才，增加企業本身的競爭力。

第六節　結語

人和金錢是組織中重要的兩項資產，而人又比金錢更為重要，因為人會為組織帶來金錢。在現代社會中，受到資源有限性、大環境的不確定性，但競爭卻日益激烈的影響，企業如欲繼續維持競爭優勢，擁有優秀的人力，並做好人力資源管理以留住人才，則是相當重要的工作。因此，企業對於人力資源部門開始產生新的期待。

傳統人資部門經常被定位為行政部門，偏重在從事招募、選用工作，以及獎懲與訓練的執行者，所以被視為是企業成本的固定支出，而未受到重視。然而，隨著環境競爭愈趨激烈，如何招募選用合適人力、訓練發展既有人力、並提昇員工對組織的滿意度，以提高組織的績效，則成為人力資源管理者所需面臨的課題。因此，人力資源管理不但需扮演變革、創新者、諮詢輔導者

與研究者的角色，還須協助組織制定政策，並提供人事服務。而高度的整合能力和意志力、良好的策略規劃能力、協調能力和職業道德，以及創新意識與能力都是人力資源管理者所應具備的基本特質。

課後練習

(1)人力資源管理的重要性為何？試比較人事管理與人力資源管理之異同。

(2)臺灣企業多屬於「中小型企業」，請問您認為此種類型的經營模式對於人力資源管理的發展有何影響？要如何建構一套適合中小型企業人力資源管理的模式？

(3)請問您認為良好的人力資源管理者應該扮演哪些功能與角色？

(4)請分組企業在環境討論不景氣時，人力資源管理策略為何？

實務櫥窗

企業本土化用人政策成為主流——深耕中國市場[7]

全球最大的手機製造商諾基亞 (Nokia) 與影像業的霸主柯達 (Kodak) 分別任命具有中國背景的人才擔任高階領導人，引起全球注目。中國手機市場以 7.7% 的年複合成長率[8]持續發展，而中國是柯達全球第二大底片市場，此兩大廠商的舉動表現了對於中國大陸廣大市場的重視。面對市場的快速成長，任用華人能更進一步的深耕中國市場，更徹底本土化。

---

[7] 資料來源：整理自戴國良著 (2004)，《人力資源管理——企業實務導向與本土個案實例》，p. 644–645，臺北：鼎茂。

[8] 年複合成長率 (CAGR) 為衡量投資期間（例如 5 或 10 年）的投資收益率，又稱為「平滑」收益率。

個案研討

元件製造商優普集團❾

由黃石安夫婦創立的優普集團，是橫跨臺灣、新加坡、中國大陸、香港和英國等地的臺灣知名被動元件製造商，員工最多高達 2,000 人。

優普藉著內部刊物《今日優普》的編寫，傳達給各國籍員工企業文化和觀念；定期舉辦讀書會、安排不定期的短期進修，以提昇幹部素質；此外還在公司內部設置網咖、教室，並經常舉辦各項交誼或進修性質的活動，以期拉近員工間的距離，也能提高生活品質。

此外，透過負責人直接到各國廠房和員工對話，傳達公司的核心價值和原則，使得優普各地的分公司可以很快地在地化但又維持核心價值。黃石安認為面對跨國經營最大的挑戰就是人才，他也花了相當的精力管理和培植人才，並秉持「唯才適用」的原則，尋找易培育的「同儕」而非難駕馭的「天才」。

面對企業的人才爭奪戰，優普集團會到各地知名學府進行校園徵才，及早進行儲備人才的招募。新進人員可有 2～3 個月時間到各部門實習、熟悉優普文化的觀察期，以利雙方瞭解是否適合彼此。如此一來，留下來的新員工不但很少離職也不會輕易跳槽。

問題與討論

1. 從上述的個案中，您認為優普集團的負責人之所以花費很多時間在管理與人才培育上的原因為何？

2. 您認為優普集團為何除了給予員工薪水外，還要舉辦讀書會、提供員工短期進修，甚至還在公司內部設置網咖與教室等各項活動？這些活動與人力資源管理有何關聯？透過本個案帶給您在人力資源管理上哪些啟示與感想？

---

❾ 資料來源：康世人 (2009.04.22)，〈知人善任　揚名國際〉，《國際商情雙周刊》，第 265 期。

2

人力資源內外在環境分析

實務報導

中國設廠之兩難　富士康十二跳❶

　　富士康龍華廠面積相當於九座大安森林公園，45 萬名員工就住在這個像迷宮一樣的廠房，雖然有美輪美奐的宿舍，但富士康卻刻意將同鄉、同生產線的員工拆開，以避免私下串連、結黨；而同宿舍的員工因為不同的生產線所以有不同上班時間，彼此又很少有機會交談。富士康的員工被當成機器人一樣對待，只能用不同顏色的制服區辨每個人。

　　富士康員工十二跳引起兩岸三地的高度關注，從富士康的自殺事件可以發現未來在中國設廠的兩大必要處理之問題，一是中國員工精神層面之安撫；另一為加薪潮之蝴蝶效應。

　　富士康為解決一連串跳樓事件宣布調薪三成以上，而身故員工家屬都能拿到人民幣 10 萬到 25 萬元不等的撫卹金，造成網路上謠傳「一跳保全家」、「要死，就死在富士康」等恐怖傳言。此加薪效應也擴散到其他工廠，紛紛爆出罷工潮，許多員工都以生命要脅要求調薪。「世界工廠」的工資低廉優勢不再，中國新一代工人所面臨的生存困境，也是所有在大陸設廠的各國企業所必須面對的問題。

　　過去中國被視為是世界工廠，擁有廉價的勞工，但隨著時代的演變，新一代的勞工受教育水準與社會環境的影響，開始爭取自身的權益，迫使各國企業，甚至是中國官方不得不正視勞工問題。上述的報導也顯示，受到「富士康十二跳」的影響，人力資源管理者應改變傳統用制度來進行高壓統治的思維，需審視內外在環境的改變與需求，適時予以調整，才能達到管理的真正目的。也因之，在本章中將對人力資源管理內外在環境的現況進行分析。

---

❶　資料來源：卓怡君 (2010.06.07)，〈富士康調薪　中國低工資優勢不再〉，《自由時報》；江逸之、黃靖萱 (2010.06)，〈富士康十二跳背後——管理新一代的兩難〉，《天下雜誌》，第 448 期。

══ 第一節　人力資源管理環境的變遷 ══

　　以往企業所面臨的內外在環境是一個較穩定的狀態，組織專注於周而復始的生產過程，一切強調生產導向，只需要提昇生產效率即可，所以人力資源的工作內容變化不大，主要在持續進行例行性事務，以確保人力資源供應的充足。但隨著競爭者的加入、消費意識的抬頭，進入所謂消費者導向的時代後，周遭環境也開始產生變化（廖勇凱、楊湘怡編著，2007: 28）。在本小節中乃整理影響人力資源管理環境的變遷因素如下：

一、全球化

　　全球化 (globalization) 意謂著企業意圖將其銷售、所有權與製造等活動，擴展延伸至海外市場。例如豐田汽車 (Toyota) 在美國肯塔基市生產製造 Camry 汽車、戴爾 (Dell) 公司在中國大陸生產銷售個人電腦 (PC)，皆是此類的例子。因此，今日國際市場已經是一個很龐大的業務商機。全球化的來臨，不但影響到組織原本的經營結構，更改變了整個經營模式，而大多數企業之所以在國外設廠，部分原因是為了在現有的市場建立基礎，而另一原因則是為了充分運用當地的專業人才與工程師。例如一個全球化的公司，可能將整個公司的營運功能與資源加以分配到不同的國家運作，目的就是希望利用最少的成本來產生最大的獲利，增加企業經營效率與價值的提昇。因此從提昇全球勞動生產力到制定海外派遣員工的薪酬政策，以及全球化經營策略與競爭力的強化，即成為未來數年內人力資源管理的主要挑戰（Gary Dessler 著，方世榮譯，2007: 11）。

二、資訊科技的進步

　　科技與技術的發展促使勞動力結構與需求的改變，使得某些部門的人力移轉到其他部門，或是藉由人員的裁減以提高生產力。許多資訊科技的產生，使得組織在運作上更加有效率，連帶使得組織經營有了很大的改變。例如，開利 (Carrier) 公司是全世界最大的冷氣製造商，他運用了網際網路科技每年

節省約 1 億美元的成本。Carrier 在巴西與其通路夥伴所進行的一切交易，皆透過 web 網路。「從接單到通路夥伴完成交貨與安裝，所需的時間從 6 天減為 60 分鐘」(Gary Dessler 著，方世榮譯，2007: 12)。由此可知，隨著資訊科技的進步，勞力密集、藍領工作以及一般職員的需求將逐漸減少，而知識工作者、技術性、管理性及專業性工作的需求將會不斷的提昇。因此，工作和組織架構都需要重新設計，獎酬制度也要重新建立，並撰寫新的工作說明書，所以採用新的人力篩選方法、評量方法及訓練計劃等都是人力資源管理者所需面臨的問題。

三、勞動人力的多樣性

　　受到人力資源環境變遷的影響，勞動力人口的特徵也有明顯的改變，其中最明顯的變化乃是勞動力的多樣性 (diverse)，包括婦女及年長的勞工等，紛紛進入勞動力市場。

　　在新的競爭時代中，成功的關鍵因素之一便是「人力有效配置與利用」，也就是說，企業必須評估每個職缺所能創造出來的利潤，決定聘用對象所需的條件。因此企業未來在人力需求上的取得，將朝向彈性的人力結構，以創造組織的競爭優勢，並打破傳統的直線思維，增加企業人力的實質運用效益。

　　在未來的 10 年中，全球勞動人口將持續戲劇化地改變。尤其是戰後嬰兒潮人口 (1946～1960) 在未來幾年間將逐漸淡出勞動市場之際，企業如何面對「嚴重的」勞力短缺問題，重新調整對年長的勞動力之態度，從退休辦法與員工福利等方面審慎檢討評估目前制訂的各項人力資源管理實務，以及建立能讓婦女安心勞動的環境，以鼓勵婦女人口願意投入勞動市場，用以填補嬰兒潮人口勞動力之流失，乃是人力資源管理者所面臨的重要課題。

＝第二節　影響人力資源的外在環境因素＝

　　外在環境主要是指在企業外圍影響人力資源管理的因素，所包含的範圍廣泛，很多組織的外在因素對人力資源管理有極大的影響，這些因素可以分

為「自然因素」、「科技因素」、「社會文化因素」、「政治、法律因素」及「經濟因素」等五大類。其他因素又可以包括股東、競爭者、顧客等。前述五大類因素由於會因時、地、事而產生不同的影響，每個因素不管是分開或是與其他因素合併，都會對人力資源管理者產生直接或間接的影響，也就是環境的變動會影響企業經營的方式以及與員工管理的關係，值得管理者注意。各項因素整理說明如下（黃英忠等，2002: 18-22；吳美連，2005: 36-38；周瑛琪，2005: 31；張緯良，2007: 37-46）：

一、自然因素

所謂自然因素是指與組織的地理條件有關的特性，例如交通及各項公共設施、氣候、水質、地震及空氣汙染等環境因素。由於這一類因素會對於組織內成員的生活、居住及工作產生直接的影響，甚至還可能間接造成員工身心方面的壓力與傷害，因此人力資源管理者應該針對不同的自然環境，建立不同的制度，調整管理的方式，以便能招募到較佳的員工，並使員工可以安心工作，能力得以充分發展，進而提高經營績效。例如高科技企業需要聘僱眾多的「知識勞工」，故將科學園區設立在新竹之決策，應與清華大學及交通大學皆位在新竹有關。

二、科技因素

科技因素對組織內的工作流程及生產型態扮演著重要的角色。人類社會由遠古的農業社會至 19 世紀的工業革命以前，一直未有巨大的改變，但是從 19 世紀末以來，企業內的生產型態因受到機械化及電腦使用的影響而產生重大的變革。這些變革雖然為人類帶來大量生產、經濟發展的好處，但卻也為組織內人力資源的管理帶來新的挑戰。由於科技不斷的革新，在各個不同的領域也產生若干影響，例如微電子、人工智慧、材料、生物等方面的快速發展，使得某些工作在性質上產生改變，如工作的內容、程序與方法等須做調整，因此引進先進科技將會影響企業所需聘用的員工人數，與員工所需完成工作的技能水準。具體來說，科技可減少低技能水準勞工的聘僱量，以機器

取代之，但同時也增加了「知識工作者」的需求。由於這些知識工作者的工作任務複雜且責任加重，所以人力資源管理除了招募、訓練工作人員之外，對資深員工也應進行再教育，藉以更新技能，並協助工作的重新設計，以增加生產。因此，科技的發展將會帶來人力素質的提昇。當科技發達時，組織必須改變生產結構與生產方式，並對人力重新規劃；相反地，當科技發展落後，只須有大量的粗工和勞力者即可。而「機械化的發展」與「電腦的使用」乃是影響近代人力資源管理的兩項重要因素。簡單說明如下：

1. 機械化的發展

隨著機械化的發展，機器取代了人力而成為組織中生產的主要工具，人類反而成了機器的附屬品，尤其是自動化設備推廣以後，許多藍領階級甚至是基層管理者的工作逐漸被機器取代，使得企業的人力資源管理面臨輔導員工轉業及發展員工等多樣專長的挑戰。因此，科技的發展決定了組織的結構與成員的結構，在自動化較高的企業內，會減少非技術工人的數量，而增加工程師等科技人才的僱用。

但另一方面，受到機械化的影響，由於機器的操作人員每天僅能面對千篇一律的機器運轉及簡單的操作程序，往往感到工作的單調與乏味，進而降低對工作的熱誠甚至是產生倦怠，所以組織必須思考如何協助員工調適，以確保工作效率的提昇。

2. 電腦的使用

電腦的發明使大量資料得以快速且正確的處理，這對人力資源的管理帶來很大的幫助，因為藉著資訊的快速處理，可以瞭解組織內人力狀況。然而，也由於電腦使用增加，許多員工都必須長時間面對電腦，容易造成身心的疾病，如長期固定坐姿引起的脊椎疾病，及輻射與電磁波引起的視力及精神方面的障礙等不勝枚舉。因此，人力資源管理者應針對員工在工作上可能面臨的問題，制訂因應對策，以減少員工因工作所造成的傷害。

另外，資訊科技的進步不僅影響企業用人的數量與結構，也改變人們工作的方式。由於電腦網路的架設與普及，許多知識工作者可以在家中作業，

等到完成以後，再將成品透過網路傳送回公司，甚至可以透過視訊方式開會協調，打破以往地域的限制。如此一來，可能會使組織結構產生改變，形成扁平化組織，進而影響組織人力的配置與管理模式。

▓ 三、社會文化因素

社會文化對人力資源管理而言，也是須考量的重要因素，如現代工作者的價值觀改變等。以臺灣而言，自從實施週休二日以來，大眾的休閒與自由時間增加，旅遊成為生活的一部分，而休閒文化也逐漸受到社會的認同與重視，員工管理也因而產生改變。由此可知，社會文化對組織的影響雖然比較和緩，但是卻極為深遠。

首先，在社會的價值觀方面，馬斯洛 (H. Maslow) 曾經提出人有五種層次的需求——生理需求、安全感的需求、愛的需求、尊榮感的需求與成就感的需求，隨著社會的進步，所得逐漸提高，人們對高層次的需求日益殷切，組織內員工期望得到自尊與自我實現，對於薪酬的滿足，不僅限於實質所得，更需要工作上的成就感，因此，人力資源管理在制度的設計上必須更加尊重人性，並增加非實質報酬的激勵，才能符合這種價值觀的改變。

其次，由於企業倫理的提倡，使組織漸漸感覺到本身的社會責任，進而反映在人力資源管理制度上。除了提供員工良好的工作環境之外，更要進一步保障員工的生活，例如員工保險與健康檢查的落實，以及退休、資遣等制度的合理化。甚至是對於老年人、殘障者及更生人提供工作機會，也被視為是善盡社會責任的方式。因此人力資源管理者對社會文化必須有相當深入的瞭解與認知，以進行適度的調整。

▓ 四、政治、法律因素

政治與法律乃是一個國家未來發展方向的依循與人民共同遵守的指引，對於產業結構的發展與勞力市場的變化具有頗多的影響。也因而，政府對於人力資源管理的每項功能都有影響，除制訂的勞工政策及相關法令外，同時也負責監督企業在勞動條件、安全衛生與職業災害補償等各方面的制度與設

備，是否符合法令的規定，用以保障勞工的基本就業安全。此外，政府對於企業界推動勞工福利的形式與內容居於協助與輔導的地位；同時也是鼓勵企業僱用婦女或殘障弱勢勞工的推動者。總而言之，在社會運動與勞工意識等逐漸高漲的情況下，對人力資源管理內容的要求日益增多，而人力資源管理必須遵守政府的政策與規定，才能順利而有效的推展。一般而言，政治、法律因素包含的範圍很廣，對人力資源管理有較直接影響的有政府的產業或勞動政策及各種勞動相關法規。整理說明如下：

1. 產業政策

政府的產業政策與整體產業的發展息息相關，而產業發展與人力資源的供需又有密切關係，對企業的經營有重要的影響，所以企業必須充分瞭解政府產業政策的方向，並掌握契機，才能隨著整體政策的發展得到更多政府與相關機構的支持。例如產業外移、新興產業之引進以及賦稅、貿易等措施，除了對於產業的消長帶來很大的衝擊外，也影響人力市場的供需。此外，如外籍勞工的引進及國際化政策之推動，對企業的人力資源管理也將產生不可避免的跨文化管理課題。因此，未來人力資源管理者對政府的產業政策必須保持高度的敏感度，才能採取迅速且合適的因應之道。

2. 人口政策

產業的人力資源取自於社會，所以整個社會的人口組成對於產業整體的人力供給有重要的影響。二次世界大戰結束以後許多國家由於參戰，傷亡慘重，所以鼓勵生育，間接造成戰後 20 年左右的出生人口大增，形成所謂的嬰兒潮。據估計，在美國，嬰兒潮的人口比例接近總人口數的三分之一，這些嬰兒潮世代的人力從 1970 年代至今，成為美國勞動人口的主力。然而，現今嬰兒潮世代已經逐漸接近退休年齡，未來的 20 年，產業將面臨大量的人力退休，並產生技術與經驗傳承的問題，這些都與企業的人力資源管理息息相關。

另一方面，組織人力主要來自於外界的供應，而整個社會的人口數量與素質，將決定組織人力甄補的難易與素質的高低。因此，組織在進行人力資源規劃時需要考慮人口政策。如果人口政策主張大量生育，則組織人力需求

將不虞匱乏；相對地，人口政策主張節育，則組織人力的來源必大為緊縮。

以我國為例，臺灣在民國 60 年代曾經大力推動節育政策，就是所謂的「家庭計劃：一個孩子不嫌少，兩個孩子恰恰好」，希望新的世代受到良好的教育，減輕一般家庭養育兒女的負擔。這在初期對於家庭經濟負擔的降低及生活品質的改善確實發揮相當大的幫助。但隨著社會結構與經濟情況的改變，多數人的生活目標逐漸從家庭轉為工作，卻帶來其他的課題，如「少子化」就是近年來重要的議題。少子化除了造成勞動人力的下降外，也影響政府的社會福利政策與國家稅收。而大陸地區在 1980 年代開始實施的「一胎化政策」，其出發點也類似早期臺灣的家庭計劃，只不過大陸地區在實施「一胎化政策」後，受到傳統中國社會「重男輕女」觀念的影響，男孩比例偏高，逐漸引發社會問題。由此可知，各國企業的發展深受該國是否有適當與充足的人力以支援生產活動而影響。因此，人力資源管理者必須預先進行評估，將人口政策融入長期人力資源規劃的考量中。

3. 教育政策

政府的教育政策明顯地影響人力資源的素質。一個社會的教育機構愈多或高等教育學府愈多，人口素質愈高，可供運用的人力資源也愈多；相反地，教育機構或高等學府愈少的社會，意味著人口素質低，可供運用的人力資源則愈少。臺灣從民國 59 年實施九年義務教育後，進一步修讀高中（職）及大專以上學位的學生比例也逐漸升高，代表大專以上的勞動力快速成長。

如表 2-1 所示，從 1991 年到 2010 年將近 20 年之間，國中以下學歷人口正急速減少，相形之下，大專以上學歷則從 1991 年的 1,679,200 人，提高到 2010 年的 4,339,600 人，顯示受到教育程度升高的影響，臺灣人力素質正在不斷提昇。因此，組織的人力資源需求必須配合社會的教育政策，才能做適當的因應。換言之，若一個國家的教育發達，則組織在人力運用上可偏向高層技術人力的規劃，朝向提供更高附加價值的生產活動，發展技術性與專業性的人力計劃。

表 2-1：勞動力教育程度（單位：千人）

年代＼教育程度	國中及以下	高中（職）	大專以上
1991～1995	4,358.8	2,861.8	1,679.2
1996～2000	3,837.8	3,326.6	2,384.0
2001～2005	3,233.0	3,688.6	3,176.6
2006～2010	2,664.2	3,810.8	4,339.6

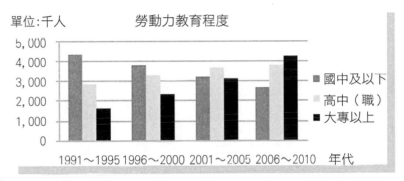

資料來源：行政院主計處，http://www.dgbas.gov.tw/np.asp?ctNode=334&mp=1。

4.勞動政策

　　勞動政策包含的範圍相當廣泛，舉凡勞動條件、勞工福利與服務、安全與健康，甚至是境外人士來臺工作等相關議題均包含在其中。勞動政策對於企業的經營決策有重要的影響。對勞工保障愈多，則企業必須投入更多心力在勞工權益上，有些管理者自然感受到經營管理與營運成本的壓力。

　　近年來，由於臺灣人力薪資逐漸提昇，加上社會價值觀的轉變，部分困難、危險或環境不佳的基層工作難以找到合適的人才，政府遂於民國 78 年起引進外籍勞工，並以逐步成長的趨勢發展（參閱表 2-2）。另外，隨著部分企業直接將生產線外移，外籍工作者的人數或許不會再出現高度成長，但國內企業應如何管理或對待外籍工作者，以及社會大眾應如何面對大量外籍工作者對社會所可能產生的效應都是值得進一步關切的。尤其過去許多企業曾經發生歧視或不當對待外籍工作者的事件，也發生許多外籍工作者居留約滿不願意回到母國而逃跑的問題。因此，未來對於外籍勞工的管理應該是企業人力資源管理重要的議題。

表 –2: 臺灣外籍勞工引進人數（單位: 人）

年代	1996	1997	1998	1999	2000	2001	2002
累計人數	236,555	248,396	270,620	294,967	326,515	304,605	303,684
年代	2003	2004	2005	2006	2007	2008	2009
累計人數	300,150	314,034	327,396	338,755	357,937	365,060	351,016

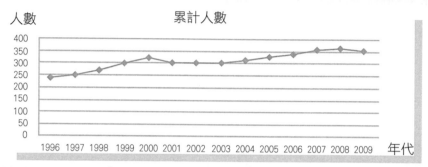

資料來源: 行政院勞委會《勞動統計月報》, http://statdb.cla.gov.tw/html/mon/212010.htm。

5. 其他相關法規

　　歐美及日本等先進國家，對於勞動相關法規的制訂非常完備，尤其是美國，由於工商業較發達，企業逐漸走上大型化及制度化後，開始面臨許多勞資方面的爭議。而為了解決這些重大的社會問題，美國自 1930 年代開始積極展開勞動法規的討論及立法。然而，相較於歐美等國家，我國在勞動法規的制訂與執行上，則顯得相當落後，雖然陸續制訂《勞動基準法》、《身心障礙者權益保障法》及《職業災害勞工保護法》等，但無論在質或量上，依然有值得加強之處。與勞工權益關係較為密切的法規如下:

　　(1)《勞動基準法》及其他附屬法規:《勞動基準法》，簡稱《勞基法》，為勞僱之間關係最主要的法令。該法是以保護勞工為出發點，基於勞工的立場，對僱主與勞工之僱用關係有明確的規定; 例如《勞基法》中規定，勞工每日正常工作時間不得超過 8 小時，每兩週工作總時數不得超過 84 小時 (§30)，每 7 日至少應有 1 日之休息 (§36)，紀念日、勞動節日及其他中央主管機關規定之假日均應休息 (§37)，依員工服務年資給予特別休假 (§38) 等。另外，《勞基法》對於童工有嚴格的規定，如企業不得僱用未滿 15 歲之人從事工作 (§45)，15 歲以上未滿 16 歲之受僱者為童工，童工不得從事繁重及危險性工

作 (§44) 等。

　　(2)《身心障礙者權益保障法❷》：《身心障礙者權益保障法》之前身為《殘障福利法》，於民國 69 年 6 月 2 日公布，並於民國 79 年 1 月 24 日修訂。之後，在民國 96 年 7 月 11 日修正為《身心障礙者權益保障法》，主要增加了各級機關進用身心障礙人士的規定。

　　《身心障礙者權益保障法》立法之目的，在維護身心障礙者之合法權益及生活，保障其公平參與社會生活之機會。該法與組織之人力資源管理相關且較重要者有：不得單獨以身心障礙為由，拒絕其受教育、應考、進用或予其他不公平之待遇；進用身心障礙者之機構應本同工同酬之原則，不得為任何歧視待遇，且其正常工作時間所得不得低於最低工資。另外，《身心障礙者權益保障法》為保障身心障礙者之就業，於第 38 條中規定：各級政府機關、公立學校及公營事業機構員工總人數在 34 人以上者,進用具有工作能力之身心障礙者人數，不得低於員工總人數的 3%，私立學校、團體及民營事業機構其員工總人數 67 人以上者，進用具有工作能力之身心障礙者人數，不得低於員工總人數的 1%，且不得少於 1 人。其進用未達標準者，應定期向機關所在地政府勞工主管機關設立之專戶繳納差額補助費，其收支、保管及運用辦法，由直轄市、縣（市）勞工主管機關定之。受到該法的影響，部分企業開始進用身心障礙者。以友達光電為例，臺灣廠共進用近 100 位的身心障礙者，其中特別進用 5 位視障者，安排在友達 5 個廠區，擔任按摩師工作。而友達進

---

❷　本法所稱身心障礙者，指下列各款身體系統構造或功能，有損傷或不全導致顯著偏離或喪失，影響其活動與參與社會生活，經醫事、社會工作、特殊教育與職業輔導評量等相關專業人員組成之專業團隊鑑定及評估,領有身心障礙證明者：一、神經系統構造及精神、心智功能。二、眼、耳及相關構造與感官功能及疼痛。三、涉及聲音與言語構造及其功能。四、循環、造血、免疫與呼吸系統構造及其功能。五、消化、新陳代謝與內分泌系統相關構造及其功能。六、泌尿與生殖系統相關構造及其功能。七、神經、肌肉、骨骼之移動相關構造及其功能。八、皮膚與相關構造及其功能。

用按摩師的契約，每半年簽一次，且還會定期發放激勵金，鼓勵按摩師留下來為員工服務。

(3)《職業災害勞工保護法》：鑑於以往許多僱主未能負起對職業災害勞工之照顧，甚至有些不肖業者並未替勞工投保，致使勞工遇到職業災害時求助無門，而產生許多社會問題。政府乃制訂《職業災害勞工保護法》，於民國90年10月30日通過實施。

《職業災害勞工保護法》之立法精神在於規定未加入勞工保險而遭遇職業災害之勞工，僱主未依《勞基法》規定予以補償時，得比照《勞工保險條例》之標準，按最低投保薪資向政府申請職業災害殘廢、死亡補助 (§6)。《職業災害勞工保護法》規定，中央主管機關應編列專款預算，並自勞工保險基金職業災害保險收支結餘提撥專款，作為加強辦理職業災害預防及補助參加勞工保險而遭遇職業災害勞工之用，不受《勞工保險條例》第67條第2項規定之限制，且其會計業務應單獨辦理 (§4)。

(4)《勞資爭議處理法》：《勞資爭議處理法》用於處理僱主 (或僱主團體) 與勞工 (或勞工團體) 所發生之勞資爭議，其主要內容包含調解、仲裁、強制執行的程序，以及處理期間僱主與勞工可以採取的行為。

(5)《性別工作平等法》：為導正臺灣長期以來婦女在工作權利上的不平等地位，保障兩性工作權之平等，貫徹憲法消除性別歧視、促進兩性地位實質平等之精神，原為《兩性工作平等法》，於民國97年1月修正為《性別工作平等法》。

《性別工作平等法》主要的重點有三：一是性別歧視之禁止；二是性騷擾之防治；三是促進工作平等措施。《性別工作平等法》規定僱主對於求職者或受僱者之招募、甄試、進用、分發、配置、考績或升遷等，不得因性別而有差別待遇。但工作性質僅適合特定性別者，不在此限。另外，對受僱者薪資之給付，以及對於受僱者之退休、資遣、離職及解僱等，均不得因性別而有差別待遇。該法還特別指出，工作規則、勞動契約或團體協約，不得規定或事先約定受僱者有結婚、懷孕、分娩或育兒之情事時，應行離職或留職停

薪，亦不得以其為解僱之理由，糾正了長期以來所謂單身條款加諸於女性工作者的不平等限制。

最後，作者整理我國主要的勞動法令與相關內容如表 2-3 所示。

表 2-3：臺灣主要的勞動法令及其相關內容

	相關內容	勞動條件	勞資關係	反歧視	就業安全
《勞動基準法》	規範勞動條件之最低標準，如：最低工資 (§21)、延長工時 (§32)、最高工時 (§30)、例假 (§30)、休假 (§37)、特別休假 (§38)、資遣費及預告工資的給予 (§16、17)、童工及女工保護 (§44～52)、退休 (§53～58)、職業災害補償 (§59～63) 等	▲			
《身心障礙者權益保障法》	維護身心障礙者之合法權益及公平參與社會生活之機會，如：教育權益 (§27～32)、進用的同工同酬原則、就業權益 (§33～47)如身心障礙者就業基金的設置等			▲	
《職業災害勞工保護法》	保障職業災害勞工之權益，加強職業災害之預防，如：未加勞工保險之職業災害補助之經費來源與補償給付等規定的設立		▲		▲
《性別工作平等法》	規範反性別歧視的相關事項：(1)性別歧視的禁止；(2)性騷擾的防治；(3)促進工作平等措施，如：生理假、產假、育嬰留職停薪假、哺乳時間等			▲	▲

資料來源：吳秉恩審校，黃良志、黃家齊、溫金豐、廖文志、韓志翔著 (2007)，《人力資源管理 理論與實務》，p. 53-54，臺北：華泰。

五、經濟因素

經濟因素對組織的影響往往最為直接，因為景氣的循環與多數企業的獲利多寡有明顯的關係，會衝擊到企業的人力資源政策。當經濟景氣時，企業會增加僱用以提高生產來供給市場需求，故失業率下降；但是當經濟衰退時，企業為了減少成本，開始裁員，因而造成失業率上升。近年來由於全球經濟環境的不穩定，使得企業在經營時面臨到的不確定性風險逐漸增加，相對的人力資源管理政策也間接地受到影響，不論是人員的取得、裁減、訓練與供需都會因而有所變動。整體而言，影響人力資源管理的經濟因素可以區分為兩類：一是一般性的經濟因素，另一則是勞動市場的供需情形，分別說明如

下：

1. 一般性經濟因素

一般性經濟因素包含很廣，舉凡原料的供需、國際貿易、商品的供需及貨幣的政策等皆屬之。一般最常討論的綜合性課題就是所謂的「景氣循環」及「通貨膨脹」。

(1)景氣循環：是一種整體經濟全面性繁榮或蕭條的循環過程，在這種自然性的循環趨勢下，企業的營運與獲利也隨之起伏不定，企業營運情況好時，對人力資源往往會採取較為寬鬆的政策，例如僱用較多的非直接人員、提供較多的訓練及升遷機會等，但景氣不佳時，則往往採取人事凍結、減薪或甚至遣散的措施，因此人力資源管理者要隨時對景氣的循環及企業的營運狀況保持高度敏感，才能夠未雨綢繆，配合經營者的需求。

(2)通貨膨脹：是一種持續性的大幅度物價上漲現象，這種情形會對實質所得有很大的影響，所以在薪資政策上往往也必須隨之因應。此外還有所謂停滯性通貨膨脹，是一種因工資的不可調降與預期心理所造成的成本持續上漲現象，這也牽涉到一般企業之人力資源政策。

2. 勞動市場

勞動市場的供需對人力資源管理的影響最為直接，在人力資源短缺時，企業內的薪資制度、福利制度及工作環境等往往必須有相當的改善，在招募的方式上則須採取較多元化的管道。在訓練方面，則因為人才難求，必須投入更多的人力及資源進行人力發展的工作，這些作法都使得企業在人力資源方面必須投入相當多的成本；反之，在勞動市場供給充分時，企業可以以較低廉的成本取得所需的人力，對企業經營發展有較大的助益。

如表 2-4 所示，自 1991 年到 2010 年我國勞動人口的年齡結構有顯著的變化，尤其是受到「少子化」的影響，我國 15～24 歲的勞動人口從 1991 年的 1,362,200 人急速下降至 2010 年的 931,400 人，顯示未來我國極可能出現勞動人口不足的情形，而這也會為人力資源管理政策帶來很大的衝擊。

表 2-4：臺灣勞動人口的年齡結構（單位：千人）

年代＼年齡	15～24 歲	25～44 歲	45～64 歲	65 歲及以上
1991～1995	1,362.2	5,403.6	1,992.4	141.2
1996～2000	1,280.8	5,769.0	2,350.6	147.8
2001～2005	1,153.8	5,948.8	2,840.6	154.4
2006～2010	931.4	6,239.8	3,455.6	188.2

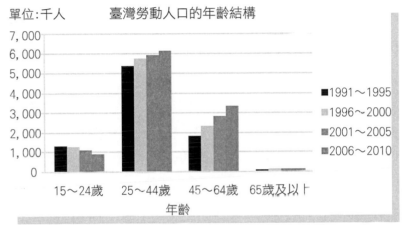

資料來源：行政院主計處，http://www.dgbas.gov.tw/np.asp?ctNode=334&mp=1。

六、其他因素

1. 股東

　　由於股東是企業的擁有者，所以有權利去瞭解、詢問並干預企業的管理發展計劃。為了使企業獲利，管理階層必須調整某些計劃以符合未來成本、收入及利潤，因此企業可能因為股東所施的壓力，而改變經營管理政策，間接地影響到人力資源管理的執行，所以股東的支持與否也將會影響到組織的運作。

2. 競爭者

　　除非組織在市場上具有獨特地位而形成寡佔或是獨佔的局面，否則企業在產品及勞工市場上將面臨激烈的市場競爭。所以企業若想持續成長，必須確保擁有優秀的人力，才能有效的提昇競爭能力，以因應外在環境的壓力。同時，企業也必須不斷地強化人力資源管理，進行員工的教育訓練，以提昇

員工的專業技能，使企業能有效率地與其他企業競爭。

3.顧客

顧客是企業生存的命脈。也就是說，顧客對企業支持與否直接影響企業的發展。所以，企業必須能夠創造出滿足顧客的產品與服務，不斷地提昇產品價值，使消費者能成為企業的忠誠顧客，故企業必須教育員工使其知道顧客的價值與重要性，進而提昇服務品質。

═ 第三節　影響人力資源的內在環境因素 ═

企業的人力資源管理除須考量外在環境的變化之外，也必須重視內在環境的相互影響。所謂內在環境，是指包含在組織內部足以影響組織運作的各項環境因素。換言之，就是存在組織之內，或者組織本身具有的特性。內在環境與外在環境相似，大致上可以區分為物質因素、技術因素、社會因素、政治因素及經濟因素。分別說明如下（林欽榮，2002: 25；黃英忠等，1998: 22）：

一、物質因素

物質因素又稱之為物理因素，主要是以工作環境與工作內容為主。工作環境包含了組織內的空間規劃、工作地點的溫度、濕度、照明及灰塵、輻射、噪音等會影響員工工作安全及工作情緒的身心健康因素。至於工作內容則可能是影響人力資源管理最重要的內部因素，因為如何將適任的人與特定工作搭配乃是人力資源管理者最重要的工作；例如完成任務所需要的體力程度、任務所需要的技能等。理論上，好的物質環境對提高員工的工作效率有很大的幫助，而不好的物質環境，如高溫、高噪音、高汙染、危險的工作環境，則需要提供更多的誘因，以留住所需的人才。所以人力資源管理部門應該主動關心組織內物質條件的改善，並盡量避免各種工作傷害的發生。

二、技術因素

技術因素又稱為科技因素，是指生產產品或提供服務所需要的設備與知

識。技術因素與物質因素有高度的相關性，包括工作流程、原物料的使用及機器設備之操作等。組織的生產技術或服務功能，會影響到人力資源管理策略的擬定。近年來由於科技的日新月異，以及電腦的廣泛使用，生產技術和服務功能亦漸趨於自動化。因此，員工的技術水準、工作要求、工作內容和工作滿足感等都不斷地提高和變化，以致對組織的員工訓練和招聘工作產生了一定的影響。例如，生產自動化減少了員工的體力活動，卻增加了智力的運作；且自動化的結果使得員工難以瞭解和掌握全套操作系統，減少了自主性，增加了無奈感和工作壓力，這些都是生產技術不斷增進所帶來的結果。面對上述情形的發生，人力資源管理者不能不審慎思考因應措施。

三、社會因素

組織內的社會因素以組織文化為主。所謂組織文化是指「由特定的組織團體發展出來的一種行為基本假設，用來適應外在的環境，並解決內部整合的問題」❸。所以，組織成員的個人態度、行為與彼此之間的互動模式等，皆是組織文化的主要表現。也因此，可以將組織文化視為是組織的價值系統，為組織成員行事的依據和規範，它是組織所有成員行為的社會化過程，說明了組織的傳統、價值、風俗、習慣，代表著組織的氣氛。一般而言，每個組織都有其獨特的文化，這種文化氣氛對組織內部成員來說，可能感受不到而習以為常；但對組織外界人士來說，卻很容易察覺。所以，組織文化對於員工影響很大，企業要能夠有持續的競爭優勢，良好的組織文化是相當重要的因素。也因此，人力資源管理策略必須配合組織的文化特性，發展一套適切的管理模式。但此種模式也可能在高層管理人員的強力運作下，決定員工對組織的價值觀念，以及組織對員工態度的假設，進而形成組織文化，並決定了人力資源管理策略。

---

❸　關於組織文化的定義，請參閱張潤書著 (2009)，《行政學》，p. 231，臺北：三民、林淑馨著 (2006)，〈民營化與組織變革：日本國鐵的個案分析〉，p. 158，《政治科學論叢》，第 27 期。

另一方面，組織結構也是人力資源管理內在環境中的重要影響因素，牽涉到工作、人員和職權的分配與決定。因此，組織結構可以說是有關工作與部門之間的一種連結橋樑，其影響個人與團體的行為，使之朝向組織的目標。一般常用的組織結構類型有下列六種（周瑛琪，2005: 23–25）：

1. 簡單式組織

此種組織模式的所有權集中在企業擁有者身上，優點是易於控制組織的活動和迅速反應外在環境的變化，然缺點卻是容易忽視人才的培育，而陷於日常瑣碎事務的處理，決策錯誤時會危及企業的生存，因此通常為小型企業所採用。

2. 功能式組織

以專業分工的方式在組織內區分為幾個功能單位，通常有生產、行銷、財務、會計、人力資源等部門。組織由於功能專業化較容易產生效率，同時權力也較易集中，但卻會造成部門間不易協調的情形，而產生本位主義，對於高階主管的培養容易形成阻礙。

3. 事業部組織

當組織的產品或服務較多樣化時，為因應不同的競爭市場，組織會授權給各事業部門，並要求擔負盈虧的責任，所以，事業的結構通常與功能式的結構相近。也因而，在各事業部中可以維持功能的專門化，並培養高階的管理人才，但卻容易導致事業部經理職權的擴張，各部門的政策不一致，在總體資源上造成惡性的競爭。

4. 策略性事業單位組織

組織為便於管理，將共同策略性的事業部門組成一個單位，以改善經營策略的實施，提昇綜合的效能，並對各種事業做較多的控制，但在增加管理階層以後，策略性事業單位的主管與事業部的主管之角色卻不易釐清。

5. 矩陣組織

矩陣組織在形式上兼具了功能專門化和產品或專案專門化的優點，在職權、績效責任、考核和控制上採雙元的管道，亦即員工除須對直屬功能部門

負責外，尚須對專案小組負責。矩陣形式用於多樣化專案導向的企業組織，但卻須在垂直與水平上作大量的溝通與協調，否則易造成職權的混淆與管理上的衝突。

6. 網路式組織

為因應整體外在環境的變化，網路式組織的經營是透過合約與其他組織來執行製造、配送、行銷等工作，共同連結以節省開銷、降低成本及彈性快速的回應市場變化。

綜上所述得知，組織文化與組織結構都是構成組織內人力資源管理的重要社會因素。兩者皆會對組織成員的行為、態度與價值觀念帶來深刻的影響。因此，人力資源管理者如欲進行組織變革時，更須審慎考量此項因素所可能產生的衝擊與阻力。

四、政治因素

組織內的政治因素是指一切以正式的管理方式影響他人，以達成未經組織許可的目的，或藉著未經過組織許可的手段達成組織許可的目的之一切活動。組織內的政治行為有許多常用的技巧，例如攻擊或責備別人、建立策略聯盟、逢迎勾結及建立自己的形象等，而技巧的使用則可能因時地而制宜，管理者雖然經常被組織內的政治與權力因素所困擾，然而，若能善用政治與非正式權力，對於管理工作的執行可能有很大的助益。不論一般人對權力與政治的觀點為何，同意或是反對，都無法否認組織內政治力量存在的事實，人力資源管理除了應該注意到組織內政治生態之發展，避免因為非正式權力的運作影響到組織的正常營運之外，在許多制度推動或觀念的溝通上，也必須具備純熟的政治與權力技巧。

五、經濟因素

企業的財務狀況通常會影響其對人力資源管理功能的支持程度，其中以薪資和福利最為明顯。雖然提高員工的薪資和福利是人力資源管理部門應有的責任，然而，不同的行業或不同的時空因素，卻會造成企業的薪資及福利

制度有很大的差異。長期而言，不同行業在獲利率的高低上會有明顯的差異；在成熟的產業中，由於市場供需較為穩定，因此風險也相對降低，企業內的薪資及獎勵制度也會趨於穩定，如何增加員工的工作效率、增加企業的競爭力即成為主要的課題。反之，在創新或成長中的企業，風險相對較高，在獲利時，獎勵制度的設計對員工的士氣及向心力會有重大的影響，而在虧損時，如何讓員工接受較差的薪資，又願意為企業組織繼續努力，或者讓無效率的員工提昇績效，則成為重要的課題。

由以上所述得知，企業的財務實力是構成人力資源管理的要素之一，財務規範了組織在人力資源管理的開發能力。顯然地，組織的招聘能力、薪資政策、員工培訓、勞資關係等，都受到組織財務實力的影響。當全球競爭劇烈或經濟不景氣的時候，許多企業財務出現了困難，被迫大量裁員，而衝擊到原本穩定的勞資關係。因此，企業財務實力的變化對人力資源管理策略會構成相當的影響。

第四節　臺灣人力環境的變遷與挑戰

一、影響臺灣勞動力環境的變遷因素

(一)產業環境的改變

近年來，由於國際經濟的不景氣及國內企業投資意願的降低，使得國內人力需求減少和失業率偏高。另一方面，受到國內教育水準提高的影響，多數傳統產業面臨衰退不振的困境，除了農業和礦業長期處於弱勢外，連製造業和營建業也都處於低迷的狀態，難以吸引到合適的人力，直接衝擊工業部門的未來發展。相形之下，金融業、服務業、資訊科技業或保險業等行業則因為工作環境較佳，普遍待遇較高，不但可以吸引到較高素質的勞動力，也較容易留住人才。因此，為因應環境快速的變遷，企業必須採取相關因應措施以解決國內部分產業勞力不足的問題。

(二)人口結構的改變

　　由於高齡化、少子化現象的日趨嚴重，全球勞動力的結構已經產生明顯改變，例如：婦女大量投入就業市場，造成夫婦皆工作的雙薪家庭的增加；各工業開發國家面臨國內勞工工作價值觀的改變，而嚴重缺乏勞力工人，必須引進第三世界之「外籍勞工」，以及人口結構的老化，需要鼓勵退休勞力重新投入就業市場等。

　　在臺灣，同樣也面臨上述人力結構改變的問題。大體而言，根據研究顯示，臺灣人力資源發展有下列幾項趨勢（吳美連，2005: 46）：(1)勞動力供給的年成長率呈降低的趨勢；(2)人口政策的奏效，使年輕人口呈現負成長；(3)國民教育水準的提昇，人口素質也顯著提昇。此種人口結構的變化，造成需要體力的製造業嚴重缺工，進而必須引進「外勞」，或是鼓勵婦女和退休人力再次投入就業市場，以彌補勞力不足的缺陷。

二、環境變遷的挑戰

　　受到經濟發展趨勢和產業環境變遷的影響，臺灣職場逐漸產生改變；例如過去企業以聘僱長期員工為主流，卻因 2009 年《勞動派遣權益指導原則》的實施，企業被允許聘僱一年一聘的員工，且無須支付正式員工的福利，導致正式員工逐漸被淘汰，或是企業為了節省營運成本，將非核心的業務以外包的方式委託給其他企業等，致使職場工作產生質變。基於此，若檢視臺灣目前人力資源發展的現況，發現有下列幾個議題值得注意：(1)由於專業分工，導致同行業之人力移動性障礙提高；(2)高齡層就業人口比例逐漸增加；(3)高學歷化促使結構性失業遞增；(4)女性就業人口急速成長；(5)新技能、職業形成及就業型態多元化（吳美連，2005: 46）。因此，未來人力資源管理所面臨的是在同一職場中如何管理正式員工與派遣員工所產生的組織文化差異，以及專業人力供不應求與基層勞力不足等問題。

　　參考國外經驗發現，為因應人力結構與環境的改變，目前有許多公司皆已訂定新的政策，目的在於鼓勵年長的員工能繼續留在公司，或吸引之前已經退休的員工再回到公司服務，例如航天 (Aerospace) 公司鼓勵已屆退休年齡

的員工以兼職的方式留在公司，而不要全然退休；甲骨文 (Oracle) 公司則對年長的新進員工實施再訓練，讓他們擔任資訊科技方面的工作；又如福特 (Ford) 汽車公司提供老年人照顧服務給員工，協助他們處理家中老年人照料問題（Gary Dessler 著，方世榮譯，2007: 14）。面對人力環境的改變與勞力不足，今後各企業唯有在人力資源管理上更加用心，才能網羅優秀人力，以提昇組織的競爭力。

 資訊補給站

保障派遣勞工應建立法制化 ❹

面對著派遣勞工如雨後春筍般的增加，甚至連政府都已聘用 1 萬 5,000 多名派遣勞工。立委質疑在派遣勞工相關法源依據沒有通過前，應避免進用派遣勞工以免助長派遣公司剝削勞工的情形。

對此人事行政局長吳泰成表示，派遣制度在他國也行之有年，在臺灣發生的問題主要是派遣公司巧立名目，進行剝削。現行《勞基法》並無法保障派遣勞工的權益，希望日後能透過法制化與相關修法剔除派遣勞工弊病，保障勞工權益，在這之前將要求公部門節制聘用派遣勞工。

第五節　結語

受到全球化、資訊科技的進步與勞動人力多樣性的影響，造成人力資源管理環境的變遷。整體而言，影響人力資源的外在環境因素可以分為自然因素、科技因素、社會文化因素、法律和政治因素、經濟因素，以及其他因素。各個因素間有時是息息相關，牽一髮而動全身，特別是國家的法規與政策，常左右人力資源的發展。因此，對於外在環境須審慎持續的予以觀察。

另一方面，影響人力資源管理的內在環境因素可歸納為物質因素、技術因素、社會因素、政治因素與經濟因素。不同於外在環境因素多受限於社會

---

❹　資料來源：于倩 (2010.05.31)，〈保障派遣勞工　吳泰成盼法制化〉，《中央社》。

文化，以及國家法律、政治等大環境因素的影響，內在環境因素強調的是組織內部的環境與氛圍，以及組織領導者的管理思維。影響範圍雖不像外在環境因素般廣大，但對組織成員所造成的衝擊卻是直接且深刻的，因而不可忽視其重要性。

課後練習

(1)除了文中所述的內容外,您認為還有哪些影響人力資源內外在環境的因素?

(2)請分析影響臺灣勞動人力變遷的因素。您認為該如何解決臺灣勞動人口嚴重缺乏的問題?

(3)請您就本章實務報導中所提的「中國設廠之兩難　富士康十二跳」內容,來分析究竟是哪些內、外在因素的改變,而須調整對中國新一代勞動人力的管理?

實務櫥窗

職場環境險惡　兩成上班族曾被出賣[5]

在日益強調 "teamwork" 的職場中，根據調查，卻有超過七成的人認為職場是險惡的，甚至有兩成以上的上班族表示曾在工作中被出賣。

調查中顯示，要贏得同事或部屬的信任最好的方式就是「共享」。除了有福同享、有難同當之外，能在工作上給予協助指導、共同擔當責任、遇到挫折時給予安慰鼓勵等，皆為增加信任程度的有效方式。根據調查，多數上班族的互動以「一起相約吃飯、逛街」為最常見的情況，但也有大多數上班族表示與同事「僅止於公事上的往來」，甚至有 15% 坦承在公司中並沒有要好的同事。

即便如此，仍建議各上班族在職場還是要和主管、同事維持良好的互動關係，互相幫助更能增進工作效率。

---

[5]　資料來源：張家嘯 (2010.08.09)，〈職場環境險惡　兩成上班族曾被出賣〉，《卡優新聞》。

個案研討

如何解決失業的民怨問題 ❻

受到金融海嘯的影響，臺灣的失業率不斷攀升，失業的問題高居十大民怨的第三名。除了失業問題之外，近年社會新鮮人的起薪不升反降，比起前幾年的 2 萬 8,000 元，這兩年降到只剩 2 萬 4,000 元；扣除掉通貨膨脹之後，一般上班族的薪資水準更是退回到只有民國 85 年的水準。工作難找、薪資又少，難怪怨聲四起。

雖然因應金融海嘯可能帶來的失業潮，政府推出了包括 7,000 餘億元的「振興經濟新方案」等一連串的措施，但卻因金融海嘯來得太急太快，讓各國都來不及反應；且另一原因是民間企業才是創造就業的源頭，面對大量釋出的失業人口，政府根本無力應付。

面對如此衝擊，臺灣除了推動一連串改善措施之外，也應就產業進行根本的調整，例如政府目前推動的六大新興產業中的觀光產業與照護產業，不但就業機會多，所需的投資金額也不大，再配合發展觀光，相信能夠創造大量的就業機會。

在景氣波動時，政府如果能反應快的提供緩衝機制，讓企業能有多一點緩衝時間，就不用花很多成本反覆的裁員、減薪再招募。政府可藉著失業率作為經濟政策實施的指標，並持續發展相關的振興經濟措施，才有望改善失業率問題。

問題與討論

1. 請您依據上述個案，找出影響人力資源管理的內、外在因素。
2. 請您分析上述政府所推出的方案，無法顯現成效的原因。

---

❻ 資料來源：陳金隆 (2009.12.10)，〈如何解決失業的民怨問題〉，《國政評論》。

3

策略性人力資源規劃

實務報導

7 大企業升遷密碼大公開❶

友達——學習也要認證！沒過不能升遷

學習使人維持競爭力，而友達從制度上來貫徹這句大家耳熟能詳的話。在友達企業內部，學習的成果與工作息息相關，從基層的工廠員工到管理階層，升遷與否要視你修過的課程來決定，沒有修過相關課程的人員也無法接觸相關的機器，進而使升遷的管道受限。

友達規劃的課程相當多元，在其內部已發展出理學院、工學一院、工學二院、管理學院、品質學院、工業管理學院、領導學院、創新學院、法商學院暨語言學院九大學院，針對不同階層的員工，訂定各自的必修課程。舉例來說，一位基層副理需要上的必修課就包括績效管理、面談、會議管理、衝突管理等科目，且必須在限定的時間內取得合格的成績。課程的評分方式有考試、實作、交報告等，學習認證沒有通過，代表對於升遷的準備還不足，有鑑於此，員工參與的動機非常強，例如會議管理一班 45 人的課程，在一個半月內就開了超過 300 班次之多！

上述的報導顯示，企業如欲提昇員工的競爭力，須針對組織特質與自身需求，進行策略性規劃，才能達成其目標。因此，在本章中首先將針對策略性人力資源規劃的意義與重要性、結構與特質，以及目的與步驟進行介紹；其次，說明具有競爭優勢的人力資源規劃策略應具備之條件；最後，探討策略性人力資源所面臨的挑戰與重要議題。

第一節 策略性人力資源規劃的意義與重要性

長久以來，許多組織認為人力資源僅是扮演一種幕僚與諮詢的功能，並非是一項重要的功能，甚至還有人認為，人力資源管理只要「配合」公司的

---

❶ 資料來源：李欣岳、黃亞琪 (2010.05)，〈7 大企業升遷密碼大公開〉，《Cheers 雜誌》，第 116 期。

策略就好，是一種替公司策略背書和執行的角色。然而，1980 年代以後，由於環境變遷快速、競爭激烈，許多學者認為企業能持續維持競爭力，最主要的關鍵能力就是人力資源。因為人力資源異於其他的企業資源，具有「能創造價值」、「難以取代」、「不易模仿」等功能，且大約佔企業總成本的 50%，要是忽略了這一項重要資源，必定會產生不小的損失。因此，愈來愈多組織漸漸在策略發展早期階段，就願意與人力資源管理者共同合作，以擬定一些可行的策略方案，而這種將人力資源管理視為策略規劃中的一個對等夥伴，並且共同參與的過程，就是策略性人力資源規劃的精神及重要性所在（沈介文等著，2004: 27；孫本初等著，2009: 3；吳美連、林俊毅，2002: 97）。

所謂「人力資源規劃」是指一個組織決定本身人力需求的過程。其發展的歷史可從傳統的人事行政功能開始，一直到今日的策略性人力資源規劃，因此也使得人力資源規劃 (human resource planning) 與過去常用的人力規劃 (manpower planning) 或「人事規劃」(personnel planning) 在名詞上容易產生混淆。但主要意涵還是在於為了確定規劃未來業務的發展與環境的要求，而對人力資源狀況展開規劃的工作。學者白爾士等 (Lloyd L. Byars and Leslie W. Rue) 認為：人力資源規劃是「獲取合格人員，因適當數目，在適當時間，進入適當工作」的過程。換言之，人力資源規劃就是將人員的供應，不管是來自於組織內部或外部，用來配合組織的期望，在特定期間用以填補工作空缺的制度。一旦組織決定了人員的需求，就必須進行人力資源規劃，以確保獲得所需的員工，其中包括：人力資源的發掘、人力需求預測、人力結構分析、人力需求分析等。至於「策略觀點」，就是必須與企業的內、外環境和發展趨勢相互配合，使企業對本身所擁有的資源做一檢視，進而有效地運用，以期產生績效的一種管理作法（林欽榮，2002: 65；吳美連、林俊毅，2002: 97）。

因此，「策略性人力資源規劃」就是「整合」(integration) 與「適應」(adaptation) 兩個概念的綜合，目標在於確保(1)人力資源管理能充分地與企業的策略及策略需求整合；(2)人力資源管理政策能結合組織策略與組織層級結構；(3)人力資源管理實務能在直線主管與員工每天的工作中，不斷地調整、

接受與應用（吳美連、林俊毅，2002: 98）。所以，過去的人力資源規劃，可說是一種狹義的人力規劃，僅著重未來人力供需的分析，以決定人力資源的種類與數量，並依此擬定招募與培訓計劃；而「策略性人力資源規劃」可謂是一種廣義的人力資源規劃，涵蓋整個人力資源部門的規劃，並與經營策略相整合，人力資源供需的分析，僅是規劃中的一部分。總而言之，策略性人力資源規劃乃是配合企業的經營策略，評估人力資源外在環境的機會與威脅，以及內部人力資源的優劣勢，並擬訂行動方案，以確保人力資源有效運用的一種過程（黃英忠等，2002: 33）。

第二節　策略性人力資源規劃的結構與特質

在概括的瞭解策略性人力資源規劃的意義及重要性後，必須再更深入的探究策略性人力資源規劃的詳細內涵及結構，才能替組織規劃一個適合並具有競爭優勢的人力資源運用策略。以下先介紹幾種策略性人力資源規劃的結構，再進一步分析策略性人力資源規劃的特質。

一、策略性人力資源規劃的結構

㈠戴瓦納 (Devanna)、佛布倫 (Fombrun) 及迪奇 (Tichy) 提出的模式

Devanna, Fombrun & Tichy 這三位學者認為，策略性人力資源規劃會受到三種外部力量的影響，如圖 3–1 所示，當企業外部環境產生變動，如政治、經濟、文化與科學環境因素改變時，都會影響組織內部的競爭策略、組織結構與人力資源管理方式，只有透過組織內部之間彼此的互相協調運作，方能使組織適應環境的挑戰，達到永續經營的組織目標。所以若能有效將人力資源部門層次提昇到策略性的地位，便有助於有效管理組織的人力資源，提供高階的經營管理者具有策略性的經營方針，順應外部環境的變動。也使得組織在面對持續變動的市場時，可以迅速有效的反應以順利因應市場的挑戰（孫本初等，2009: 4）。對此，吳美連、林俊毅 (2002) 認為，策略性人力資源規劃除了受到政治、經濟、文化與科學等因素影響外，也會受到產業結構、市場

規模等物理因素的影響，以及組織內之管理哲學、組織文化與價值、技術、工作任務特性等影響。

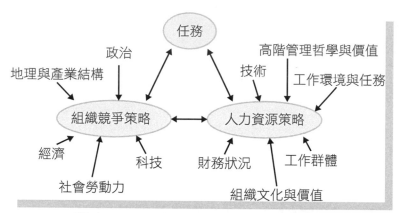

🔖 圖 3–1：組織競爭策略與人力資源策略

資料來源：孫本初、張甫任編著 (2009)，《策略性人力資源管理與實務》，p. 5，臺北：鼎茂；吳美連、林俊毅著 (2002)，《人力資源管理——理論與實務 (第三版)》，p. 99，臺北：智勝。

㈡**皮爾 (Beer) 等人的契合性人力資源模型**

　　1984 年，學者 Beer 等人提出了契合性人力資源模型。該模型強調組織策略與人力資源策略的相互聯結，以及策略所帶給組織努力的目標與限制。該研究指出，人力資源管理系統與外在競爭條件的相互一致性，以及人力資源管理系統內部各項功能的一致性，乃為建立高績效組織的要件。該模型如圖 3–2 所示。相較於其他模式，Beer 等人較重視人員對於組織的承諾感，以及組織對於員工工作能力的培養，此模式最終的長期目標，是希望能夠促進員工個人生活品質及自我的成長，因此這個模型充分說明以「人」為本位的思考方式（孫本初等，2009: 5–6）。

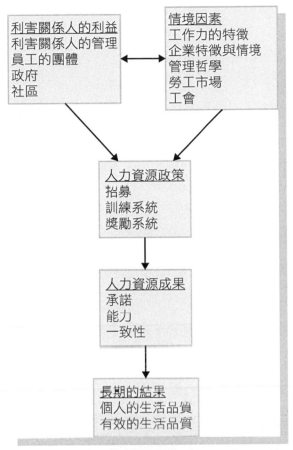

利害關係人的利益
利害關係人的管理
員工的團體
政府
社區

情境因素
工作力的特徵
企業特徵與情境
管理哲學
勞工市場
工會

人力資源政策
招募
訓練系統
獎勵系統

人力資源成果
承諾
能力
一致性

長期的結果
個人的生活品質
有效的生活品質

圖 3-2：Beer 等人建構的策略性人力資源管理模型

資料來源：孫本初、張甫任編著 (2009)，《策略性人力資源管理與實務》，p, 6，臺北：鼎茂。

　　在圖 3-2 中可以清楚看出，人力資源政策影響的兩大類別，分別是利害關係人的利益以及情境因素，其中情境因素所涵蓋的範圍包括工作力的特徵、企業特徵與情境、管理哲學、勞工市場、工會等等，都已經於模式一中有所討論，因此以下將就組織的利害關係人做一說明。

　　所謂的利害關係人 (stakeholders) 意指個人或團體對於某組織及其活動有利害關係、權力或所有權。擁有相似利益與權力的利害關係人屬於相同的利害關係人團體。顧客、供應商、員工、社會及其他組織都屬於利害關係人中的一種。利害關係人可以因為組織的成功而獲利，也可能因為組織的失敗及錯誤而受害。同樣地，組織對於維持關鍵利害關係人的福利、效力有一定

的影響力，因為如果其中或多數利害關係團體與組織的關係破裂，那麼組織也會深受其害。對於某一特定組織，某些利害關係團體會比其他團體還要重要。其中最重要的團體是組織求生存時最主要的利害關係人，亦是組織最需要關心，也必須去滿足的關係人。如果組織將成功定位在有效達成這些團體的利益，那麼多元利害關係人的需求就是組織的根本目標（趙必孝等譯，2006:4–5）。因此，如何劃定出組織利害關係人的範圍，會影響到組織策略性的規劃人力資源。

二、策略性人力資源規劃的內涵

吳秉恩 (2007: 89) 指出，策略性人力資源規劃的內涵有下列幾項：

㈠長期的觀點

在策略性導向人力資源功能的演進中，建立人力資源使用的多年期計劃通常是最重要的。

㈡人力資源管理及策略規劃應有重要的連接

一種可能的連接方式是人力資源規劃可以支援策略推行，而另一種方式則是人力資源規劃可以主動的影響策略形成，這是許多策略性人力資源規劃獲得成功的重要因素。

㈢人力資源規劃與組織績效有關聯

多數策略性人力資源規劃的命題會認為人力資源規劃對達成組織的目標扮演關鍵性的角色。由於策略的結果是增加企業的經濟價值，人力資源規劃對企業的獲利有直接影響。

㈣直線主管在人力資源政策制訂過程有參與

主管們應認知到人力資源規劃的策略性重要，使人力資源規劃的責任漸漸落在直線主管身上。

除了從策略性的角度出發來瞭解人力資源規劃的內涵外，也可從其與傳統人事管理的比較，來說明策略性人力資源規劃的內涵。試以表列方式呈現兩者的差異（如表 3–1）：

表 3-1：策略性人力資源規劃與傳統人事管理之比較

項別	策略性人力資源規劃	傳統人事管理
基本理念	人力為資產、社會投資	人力為變動成本
最終目的	促進組織整體效能 提昇長期人力價值，促進員工工作生活品質	增加個別功能活動效率 降低短期人力費用，提高勞動效率
運作架構	整合環境策略及情境因素	強調人事功能變數，不關心其他因素
層次角色	高階地位、負責策略性規則，參與決策	低階地位、負責日常事務性工作，幕僚配合
利益導向	員工與股東共益	個人利益為先
問題處理	前瞻式解決人力資源整體問題，重視員工諮商	回應式處理個別人事問題，注重抱怨統計
協調態度	建立共信，促進權力均衡	運用談判爭取權力優勢
資訊流通	上行參與之員工導向，開放溝通管道	下行控制之任務導向，傾向黑箱作業
員工發展	擴展發展空間，多元發展	員工受限較多，單面向發展
活動範圍	重視策略性人力發展活動	傾向作業性人事事務活動

資料來源：吳秉恩著 (1997)，《分享式人力資源管理理念：程序與實務》，p. 47，臺北：翰蘆。

　　正如同策略性人力資源規劃的特徵之一「長期的觀點」一樣，策略性規劃的過程在一個組織裡是延續而且是久遠的。從表 3-2 舒勒 (Schuler)(1994) 的人力資源管理 5P 概念模式中，就可以瞭解策略的觀點是如何影響人力資源政策形成的每一個階段，同時也是用來瞭解策略性人力資源內涵的方式。首先，從願景規劃說明中，組織需要決定自己所屬的行業，並以此發展出經營宗旨 (mission)。經營宗旨可以讓組織成員清楚的知道自己的組織是在做什麼，而且經營宗旨也有助於決策制定的過程。其次，哲學的用意在於界定組織價值與文化，表達出如何對待員工，以及如何表現人的價值。政策則是建立起與人力資源有關的行動方針。再者，計劃方案則是根據行動方針形成各種不同人力資源規劃的策略方案。最後，則是再根據策略方案提出不同施策手段，以及發展每一施策手段的操作流程（李漢雄，2000: 25；許世雨等譯，2002: 140–141）。

表 3-2：人力資源策略的形成概念表

概念	目標
願景規劃 (visioning)	未來企業希望達到的境界？

哲學 (philosophy)	如何看待員工？員工像什麼？
政策 (policies)	建立與人力資源有關的行動方針
計劃方案 (programs)	形成各種不同人力資源管理的策略方案
運作制度 (practices)	針對每一策略方案提出不同施策手段
操作流程 (process)	發展每一施策手段的操作流程

資料來源：李漢雄著 (2000)，《人力資源策略管理》，p. 25，臺北：揚智。

　　有關策略性人力資源規劃的內涵，大致上可從以上三種方式瞭解。整體而言，人力資源規劃在組織中的定位，從硬體上來看或許只是存在組織中的一個獨立部門，但有效的人力資源規劃卻是必須從組織存在的使命開始深入地進行瞭解，將員工視為資產，並與組織中其他部門及不同階段的任務做結合，以期人力資源能在組織中達到最適的運用。

第三節　人力資源規劃的目的與步驟

　　如何進行人力資源規劃才能夠使組織在競爭激烈的環境中具有生存的能力呢？在回答這個問題之前，必須先就人力資源規劃最基本要達到的目的，以及規劃的步驟進行說明。

一、人力資源規劃的目的

　　關於人力資源規劃的目的，林欽榮 (2002) 認為至少可以整理為以下五項：

(一)規劃人力發展

　　人力發展包括：人力預測、發掘、維護、培育、運用與訓練等。人力資源規劃既為對現有人力狀況的分析，用以瞭解目前的人事狀況，還可對未來人力需求進行預估，以求對人力的增減有所補充，並作為擬定員工甄補和訓練計劃之用。因此，人力資源規劃可視為是人力發展的基礎。

(二)合理分配人力

　　人力資源規劃可用來作為人力合理分配的計劃，主要乃是因為它可看出現有人力配置情形以及目前職位的空缺情況。就目前人事狀況而言，有人力

資源規劃的協助，可找出所有員工工作負荷的輕重，以及分析員工工作能力的高低。因此，企業機構進行人力資源規劃，可以窺知現有人力分配的不均衡狀況，從而謀求合理化的調配，使人力資源得以獲得充分而有效的運用。

㈢適應業務需要

組織為適應外在環境的變遷以及現代科技的不斷更新，必須在業務上不斷地進行調整或發展。而在人力資源的規劃上，也就必須針對各項業務發展展開各類人力預為規劃培養。這種作法一方面為組織謀求最大人力資源的發掘與運用，另一方面則維持員工工作的穩定和保障。

㈣降低用人成本

人力規劃是組織對人力資源的預估，因此可避免人力浪費的現象；避免人力浪費以及淘汰不適用人力後，就可減少組織的用人成本。從積極面來看，人力規劃其實就是為了對現有人力結構作分析與檢討，找出人力有效運用的瓶頸，排除無效人力的運用，降低人力運用的成本。

㈤滿足員工需求

完善的人力資源規劃，不僅能為組織找出適任適用的人員，而且也能滿足人員發展的需求。人力資源規劃能讓員工充分瞭解企業對人力資源運用的計劃，以便能根據外來的職位空缺，訂定自己努力的方向和目標，並按所需條件來充實自己，發展自己，以順應組織目前和未來的人力需求，從中獲得滿足感。

■ 二、人力資源規劃的步驟

傳統人事規劃只看今日不看未來，只重供給而不重目標的作法，已無法符合現代企業的需求。良好的人力資源規劃必須結合目標、未來與環境的全面考量，才能提高成功的機率。茲將規劃步驟與內容詳述如下（吳美連、林俊毅，2002: 104–109；李璋偉譯，1998: 71–77）：

㈠決定企業經營目標

目標帶給成員努力的方向，而企業應把這種期望之結果予以具體化。具

體的設定通常採取由上往下的方向 (top-down approach)，先從組織長期的經營理念發展出短期的經營目標，再由單位部門延伸此短期的經營目標，定義出具體的績效衡量標準。這種方法的重點在於部門與人力資源管理經理都能夠參與，特別是參與早期階段的目標設定，此時人力資源管理者能提供高階決策者公司現有的人力優、缺點，單就這項資訊就足以影響整個過程。企業的經營目標決定組織人力的需求，即決定何種專長或技能可幫助組織達到目標。舉例而言，生產部門的目標為使某項產品的生產量增加 10%，則生產部經理需決定這種目標要如何轉換成人力資源需求，例如他可以從工作說明書開始，然後決定人員的調動、增加等需求，並決定人力的總需求為何。

㈡評估內外部環境

1.人力組合

是指勞動市場中之勞動力的供需情形；例如美國勞工部定期發布之就業資訊包括了最新的人口調查，它可作為許多企業進行規劃時之參考，以辨明未來勞力供給的趨勢。而我國行政院主計處及勞委會等相關機構也有類似資料的定期發布，由這些資料可看出我國人力組合的幾項特徵：⑴在重大工程建設，特別是公共工程方面，建築工人嚴重供應不足，須透過勞委會引進外籍勞工；⑵理工相關科系的師資供過於求，而商業相關科系之師資仍有不足的現象；⑶低學歷且中高年齡的勞工失業率偏高。

2.改變工作方式

⑴部分工時

部分工時是指工作時間較該事業單位內之全時勞工工作時數有相當程度縮短之勞工。不同於傳統朝九晚五的 8 小時工作方式，現今存在許多部分工時之員工，一週工作時數少於 35 小時。據美國勞工部統計，有將近 20% 的員工為部分工時，其中大部分為行政職務或任職於服務業，而約有 20% 的部分工時者是屬於管理與專業技術人員，例如律師、會計師等，這些都是出於自願性。企業組織有部分工時員工的編制，好處在於減少加班費、工作分配有彈性、增加生產力、減低工作倦怠等。但有些部分工時制則是非自願性，

即當經濟不景氣時，很多公司用工作分享的方式減少工時，以避免裁員。而工作分享的觀念是數個部分工時的員工做同一個全職員工的工作，能夠如此分享工作，乃因有些工作可以平行或垂直分割成數個部分，此方法適合於壓力很高的工作。

⑵彈性工時

　　彈性工時是一種容許員工自行選擇某指定時間範圍內上下班的政策，但所有的員工在共同核心時間內——通常是 4～6 小時，都必須在工作崗位上，以方便跨部門之業務處理或業務會議的召開等。至於核心時間外，就是員工自行決定的彈性時間。把總工時壓縮成 5 天、每天工作 8 小時的 5～40 方案或工作 4 天、每天 10 小時的 4～40 方案，都屬於彈性工時的一種。實證研究證明，這些工時的變化優點多於缺點，如員工滿意度增加、生產力提高等為其優點，但卻也產生需要更多的監督與管理等缺點。

㈢預測未來人力需求

　　人力資源規劃必須考量組織外在環境的影響及其變遷，以及組織內部結構和業務的改變等因素，所可能導致本身人力需求的改變。此時，組織必須對人力需求做預測，其預測方法主要有：

1.數學經驗法

　　數學經驗法是根據過去的經驗，以數學式（包括各種統計和模型方法）等為基礎，來預測人力資源需求的方法。也就是組織根據過去的歷史資源，配合業務發展趨勢，找出某些因素的變動與人力需求數量的關係，以找出未來人力需求數量。在估計人員需求數量時，所使用的統計分析技術包括：時間系列分析、人力資源比率、生產比率、迴歸分析，以及運用電腦輔助，來做人力數量預測的工具，以求得客觀而準確的人力需求數量。

2.管理判斷法

　　管理判斷法是以人為判斷的方法，利用與工作最直接者的直覺與經驗，來估計企業未來所需人力的方法。通常主管基於多年的工作經驗，對企業內部情況及影響企業的外部因素，往往有相當程度的瞭解，故不採用任何數學

模式，單憑對實務的經驗而作判斷。因此，根據主管直覺與經驗所預測的人力需求，有時常能得到滿意的結果；尤其是在缺乏足夠資料時，它不失為一種簡單而快速的方法。

3.德爾菲技術

德爾菲 (Delphi) 技術預測，乃運用於過去無經驗可遵循的一種預測技術。其是透過以事先統計的一系列問卷，分別諮詢特別選定的專家，由他們在無任何限制的情況下，就某些類別的未來人力需求數量自由表達其看法。在進行過程中，由一位負責人回收專家所提供答案的問卷，再經由資料整理，提供專家群各項答案預測的結果，並作下一次再徵答；如此經過若干回合的預測和修正，直到獲致滿意的結果為止。此種方法所得結果，往往與實際情況甚為接近。該法特別適用於沒有歷史資料或突發性狀況的預測。但缺點是相當費時費事，使用成本甚高，且不斷試用的結果，容易降低參與人的興趣。

㈣現有人力分析

人力資源規劃除了須瞭解人力資源可能的來源，並對組織所需人力做預測，選用適當的預測方法之外，尚必須對現有人力進行分析，才能明瞭未來有哪些人力須要甄補，哪些人力可做升遷調遣之用。有關現有人力的分析，可分為兩大項進行，一為人力結構分析，另一為人力需求分析。

1.人力結構分析

所謂人力結構分析，就是對企業現有人力的盤點與清查，瞭解現有人力的才能、資格、條件及素質等。企業唯有對現有人力有充分的瞭解，才能確知須補充哪些人力，並作有效的運用，否則一切人力計劃將止於空談。至於人力結構分析，主要包括下列各項：

⑴人力數量分析

所謂人力數量分析，不僅在瞭解企業現有人力數量，最重要的就是在探求現有人力數量是否能配合企業機構的業務量；也就是探討現有人力配置，是否合乎一個企業機構在一定業務量內的標準人力配備。今日科學管理技術用來計算工作時間與人力標準的方法，共有動時研究、業務審查、工作抽樣、

相關與迴歸分析，以及績效與成本評估方案分析等方法。

(2)人員類別分析

　　企業機構進行人員類別分析，可顯現出企業機構的重心所在。在人力結構分析中，大致可分為人員工作職能別分析與人員工作性質別分析兩種。就工作職能別來說，一般企業機構的工作職能可歸類為技術人員、業務人員和管理人員，以上三類人員的數量和配置，就代表了企業機構內的勞力市場結構。有了這項人力結構分析資料，就可研究各項可能影響結構的因素，例如技術與工作方法、產品市場和勞力市場等。

　　其次，在工作性質方面，企業內工作人員可分為：直接人員和間接人員。前者乃為直接從事於與某種生產品、某件工作或勞務有關的工作人員；而後者則是指與某種工作無直接關係，但卻為生產過程所必須的人員，例如監督性、行政性與服務性人員均屬之。有關直接或間接人員的配置比率，常隨企業性質而有很大的差異。不過，其配置的適當與否，與企業成本有密切的關係。今日企業的間接人員常有不合理的膨脹，不僅影響用人成本，且過多的冗員常會造成管理上的問題。因此，企業機構必須注意此種人力結構的調整。

(3)人員素質分析

　　人員素質分析就是在分析現有工作人員的教育程度與所受訓練。一般而言，教育訓練的高低，正可顯示工作知識和工作能力的高低。任何企業機構都希望能提高工作人員的素質，以期人員能對組織作更大的貢獻。但事實上，人員教育與訓練的高低，應以切合工作需要為最主要考慮。而為了達成適才適所的目的，人員素質必須和企業的工作現況配合。管理當局在提高人員素質的同時，也應積極提高人員的工作素質，以人員來創造工作，以工作發展人員，才能使工作與人員配合。

(4)年齡結構分析

　　人力結構分析除了對人員數量、類別、素質等進行分析之外，尚須對員工的年齡結構做分析。在對於員工做年齡分析時，可按年齡組別統計全公司人員的年齡分配情形，進而求出全公司的平均年齡，以發現公司人員的年齡

結構是否有老化的現象。至於個人方面，可按工作人員的性質，例如職位、學歷、工作性質等，分別分析其年齡結構，以供著手人力規劃時的參考。

一般而言，年齡是衡量個人能力的尺度之一，年齡增加乃表示由經驗而獲得的知識也增加；但從另一方面來說，年齡的增加卻也可能顯示吸收新知識的彈性降低。這在一個求新求變的企業環境裡，將可能難以適應環境變遷的需要。因此，企業機構在分派職務與責任時，必須確實分辨工作人員難以勝任現職的原因，探究其到底是業務增加的緣故，抑或是員工年齡的增加或體力的衰退所造成的。一個企業的理想年齡結構，應是三角形的金字塔，頂端代表即將退休年齡的人數，底層則代表剛就業年齡的人數。

(5)職位結構分析

根據控制幅度原理顯示，主管職位與非主管職位應有適當比例。因此，分析職位結構，有助於瞭解組織中控制幅度的大小，以及部門和層級的多少。如果一個企業機構主管職位過多，就表示組織結構有欠合理，控制幅度太小，部門與層級太多；由於部門太多，將形成過多的社會性團體，造成本位主義，使得工作相互牽制，影響工作效率；主管職位太多，將使組織層級增多，不但延長了工作程序，增添意見溝通的環節，除了增加工作處理的複雜性、浪費更多時間外，並易導致誤會與曲解。此外，主管職位增加而非主管職位不增，做事時迂迴曲折，將使官樣文章增多。因此，企業組織必須對職位結構進行分析，並作合理的調配與調整，從而訂定合理的職位結構。

2.人力需求分析

企業機構要做好人力規劃，除了進行人力預測、人力結構分析之外，尚必須對企業本身做人力需求分析。一般人力需求分析，涉及兩大要項：一為工作負荷分析，另一為工作力分析。前者是要建立明確的人力數量，以處理某項工作負荷；後者則在分析除去缺勤、異動、中段等因素後，每天所能實際工作的人力。

(1)工作負荷分析

工作負荷分析以銷售預測為起點。在未來一定期間內，若無法估計銷售

量，將無以訂定生產數量與目標。因此，銷售預測是人力需求預測的基礎。有了銷售預測，就可將之轉化為各部門的工作計劃，並據以擬定出生產和作業進度，配合銷售的波動，以排定生產日期，計算出各部門的工作負荷。工作負荷計算的難易，常視各部門的工作性質而定。如果一個部門只負責一種業務或產出，則工作負荷可以很快就估算出來。接著，各部門將工作負荷量依產品設計藍圖和過去生產實績記錄，以及時間研究的結果，即可計算出一件產品及其組合每一零件的單位人時，進而計算出所需的人力，而各部門生產人力的總和，即為公司全部生產力。

(2)工作力分析

　　所謂工作力分析，就是分析現有工作人員，究竟有多少人可實際參與工作而言。人力資源管理者在進行人力需求分析時，固然可以從工作負荷分析中，瞭解現有工作人員的數目，但這些人員並非全部實際參與工作，如缺勤與離職必須予以扣除，才是真正的工作力。因此，在進行工作人力需求分析時，就必須考慮工作力分析，才能得到正確的結果。而工作力分析，就是在某個階段中，將缺勤與離職人數從現有工作中扣除，那才是真正的工作力。

　　所謂缺勤就是個人在原訂工作時間內未到工的情況；缺勤率是指員工未到工日期與工作總日數之比。員工的缺勤率太高，將對公司造成很大的損失；員工太多的缺勤會改變，甚至於耽誤整個工作日程，以致引起緊急調用、加班和不能準時交貨的混亂情況。因此，管理當局應盡可能地設法降低缺勤率。至於離職是指員工因退休、死亡、辭職等因素而離開公司。就廣義而言，員工流動代表組織工作力衰退，因此，員工流動過於頻繁，對企業是很不經濟的。

㈤發展執行方案

　　一旦得出人力淨需求❷，經理人員就必須發展出執行的計劃，以達成目標。若淨需求為增加編制，則計劃須包括招募、選用及新進人員之訓練等；若淨需求為減少編制，則計劃必須包括如何做調整。若時間非考量因素，自

❷　人力淨需求是指公司所需人力減去現在之供給。

然淘汰是一個較好的方法；若時間和成本為考量因素，則需要進行減少組織現有員工的工作，主要的方法有四種：解聘、裁員、給予提早退休誘因，以及自願離職誘因。然而，企業在做這些決定時，必須考慮到員工的反彈與其他反應，應有一些相關的輔導措施與作業。

(六)修正與評估

任何一項規劃都需要時常加以評估與修正，以期規劃的目的能有效達成。具體而言，評估的目的在於衡量人力資源規劃與運用的有效性，其結果可作為修正此規劃的重要參考。

第四節　具有競爭優勢的人力資源規劃策略

根據上一節所述有關人力資源規劃的步驟，可以確保組織在人力運用上達到不浪費且具有一定程度的適用性。但若是組織欲透過有效的人力資源規劃來維持永續的競爭優勢時，就必須對人力資源規劃策略進行思考。以下針對幾項具有競爭優勢的人力資源規劃策略進行說明（沈介文等著，2004: 37–39；吳秉恩審校，2007: 97–100；趙必孝等譯，2006: 15–16）：

一、鮮明的管理信念及無法模仿的組織文化

在運用人力資源策略以創造組織競爭優勢之中，最重要也最不可或缺的就是組織要有鮮明的管理信念以及難以讓他人模仿的組織文化。因為組織有鮮明的管理信念，才能夠讓員工容易瞭解組織管理的方法與目標，進而替組織爭取內、外的支持。而讓其他公司難以模仿的組織文化，也是另一項讓組織保有競爭優勢的原因，這些難以模仿的組織文化是組織長期發展出來的，也是組織經營的獨特方法。

如 FedEx 的組織文化就是以顧客、服務、利潤為中心。在講求包裹迅速及正確送達客戶的產業中，百分百的顧客滿意度就是 FedEx 所重視的人力資源管理。而其管理哲學也在該組織的策略中清楚呈現：達到零裁員、保障公平待遇、透過調查來蒐集回饋意見與指導行動、公司內部晉升、分享利潤、

維持員工隨時都可以與主管討論溝通的政策。

二、團隊式工作設計與培植多技能員工

將工作設計成團隊的形式，通常是基於個別員工的社會需求，以及生產技術的必要性兩個理由。就第一個理由來說，大多數的人是社會性動物，從團隊互動中可以產生愉悅感。另一方面，團隊對個人可以產生壓力，促使人達成特定的工作品質與數量。經由團隊的建立，以及工作的輪調、擴大化與豐富化、跨功能訓練等等方式，也有利於組織對員工的授能，使員工逐漸能獨立完成任務，進而培植出多技能的員工 (multi-skill worker)。當員工具有多種技能，除了可以讓組織的人力運用更具彈性之外，也可以使員工本身，經由歷練多樣化的工作環境之後，減少因固定工作而產生的單調感，也增加其工作挑戰性，同時也有助於員工的思考模式，進而可能提出創新以及有助改善既有工作流程的建議。

三、選擇性招募與競爭薪資政策

所謂選擇性招募就是要慎選所有的員工，組織如果做好人才甄選，除了可以運用最好的人才之外，更可以讓員工在經歷嚴密遴選過程之後，感受到他們即將加入的是一家卓越的機構。所以選擇性招募所傳達的不僅是組織對於高績效的期許，更代表對於新進人員的重視。至於薪資制度方面，對於許多員工來說仍是重要的工作動機來源，所以比市場水平更高的薪資政策，可吸引更多的應徵者，讓組織有更寬裕的選擇空間，挑選出適合組織需求的員工。此外，較高的薪資也可有效降低員工流動率、減少員工流動的成本負擔。更重要的是，員工為保有比市場薪資高的工作，將可預期其在工作上會加倍努力。所以競爭薪資政策可能會造成勞動成本增加，但如因此能提昇員工的職務品質和技術能力，又能鼓勵員工不斷創新，就可利用利潤的增加來彌補其所付出的成本。

四、大量分享資訊並減少地位差異的隔閡

大量的分享資訊一方面可讓員工在掌握充分資訊的情況下做各種判斷，避免決策錯誤；另一方面，可以讓員工覺得組織對他們的信任，所以可能會更願意為組織付出心力。當然，有些人會質疑資訊分享帶來的負面效果，例如讓員工知道一些不愉快的資訊，則可能會打擊其工作意願，或是一些組織的機密可能會因為分享給員工後，難以確保員工能對競爭者保密。但透過資訊的分享也可以減少組織中上司和部屬間因為地位差異所形成的隔閡。上司和部屬雖然在組織中扮演的角色不同，但是應該盡量平等，不要存有太大的權力距離。另外，管理者不要有太多較高地位的象徵，像較大的辦公室、不同的服裝，以及在不同餐廳用餐等等，都可以有效的縮小地位差異所帶來的隔閡。

五、保障就業安全與內升優先原則

組織給予員工較長的就業安全保障，可以使員工更積極的投入工作，也比較願意在工作中盡心盡力。同時，當勞僱關係愈持久，訓練投資愈有足夠的時間回收，從人力資本的觀點來看，組織愈願意進行訓練投資。當然，僱主可能會擔心保障就業會使員工產生怠惰心態，影響工作績效與態度。所以適當的就業安全保障往往需要相關的配套措施，例如採行績效薪資等等的誘因制度，或是運用團隊建立，透過同儕的監督壓力，來引導員工努力等等。其次，當組織職位出缺時，只要內部有優秀人才，宜採用內升優先原則，可以激勵員工努力表現，並有助於提昇員工的學習意願。

第五節　策略性人力資源所面臨的挑戰

在本章第二節曾經介紹了兩種策略性人力資源規劃的結構，從策略性人力資源規劃的結構中可以發現，人力資源規劃深受組織內部政策、人員以及外部環境的影響。因為受到這些影響，所以組織必須規劃具競爭優勢的人力資源，但由實務可知，人力資源規劃並非都是成功的，因此，在介紹完具競

爭優勢的人力資源規劃後，也必須瞭解策略性人力資源在規劃中所面臨的挑戰（吳秉恩審校，2007: 95；趙必孝等譯，2006: 30–32；吳美連等，2002: 115–116）。

一、高階主管的態度

高階主管對於組織的策略形成，具有舉足輕重的影響。在人力資源規劃上若有高階主管的參與和支持，將是規劃能被發展與執行的重要因素。然因人力資源的投資結果不容易衡量，雖然投資成本容易計算，但是成效則不容易具體展現，且人力資源的投資報酬回收期間可能很長，在這期間，員工可能因故離職，而組織也可能因環境變動，或是經營策略改變，而改變特定員工能力的需求，造成投資無法得到回報。所以，人力資源被視為是一個高風險的投資。若高階管理者具有高度風險規避或重視短期報酬傾向，則可能會減少對人力資源的投資，或只有在開始階段表現高度熱忱，卻無法持續，以至於人力資源規劃的執行功虧一簣。

二、團隊管理的問題

雖然團隊的運作可以帶來潛在的創新、品質和速度，使得愈來愈多企業採用以團隊為基礎的組織架構，但許多企業也發現，團隊合作的好處並非唾手可得，因為若管理不當，不僅達不到團隊可能帶來的潛在效益，團隊成員和組織更可能會遭受無法預期的負面衝擊，例如集體對抗管理層級的控制、或一直處於衝突而使生產力下降及造成人員流失。因此，企業管理者應該瞭解，團隊成員不應該是以管理獨立式作業員的方式來進行管理，而必須加強員工之間的溝通與協調。

三、多樣化管理和變革管理的重視

就在組織開始體會到團隊合作的好處時，組織也發現團隊成員的組成比過去更多元。例如：愈來愈多的女性開始進入職場，造成新的性別混合時代，形成幾乎是男女平衡而不再是男性主導的世代。加上 20 世紀以來，移民形態

的改變所造成的多元文化，員工的價值觀和生活形態有相當的差異，因此，組織也開始發現多元化管理必須對宗教、性別取向、婚姻狀況和家庭狀況、年齡和其他不同生活的議題更加小心處理。

另外，由於環境變動快速，組織也體認到必須要對不合時宜的人力資源規劃和管理做一修正。這些修正對於已成立的組織以及新成立的組織都一樣重要，即使是最成功的組織也無法過於依賴先前的戰績，如果組織滿足於現狀，那麼員工可能就會像顧客一樣，投向競爭者的懷抱。

然而，不論高階主管對人力資源管理抱持何種態度，或是團隊合作、多樣化管理會為組織帶來何種影響，學者們提出了對組織而言是最基本，但卻也是最重要的提醒。簡單整理介紹如下（沈介文、徐明儀、陳銘嘉，2004: 39–40）：

■ 一、留意快速解藥的陷阱

一般人總是希望任何問題都有快速解決的特效藥，但事實上想藉任何的捷徑快速解決問題並不容易。對於人力資源專業人員而言，也要小心避免快速解藥的引誘。避免落入陷阱的方法是，在擬定與執行策略時，切記流行的方法未必是正確的方法，最好先瞭解方法的理論，曾經有的研究及應用效果，才能適當地運用於組織之中。而許多快速或時髦的人力資源措施，對有些組織而言未必適合或需要。

■ 二、不要讓策略束之高閣

有太多組織在發展其人力資源規劃構想並撰寫成計劃之後，最終的命運是束之高閣，被放在書架的檔案夾中，未能轉化為實際行動。因此，組織的人力資源管理需要一個有紀律、嚴格、完整的機制，足以將抱負轉化為行動，也就是所謂的執行力。基本上，執行力是一種紀律，包含於策略的步驟之中，而有助於讓策略確實執行，讓策略不再是空中樓閣。

＝第六節　策略性人力資源管理的重要議題＝

　　自 2000 年年底以來，全球景氣陷入谷底，企業也面臨嚴酷考驗的寒冬。不過，大環境愈是不景氣，企業愈是要講究精兵政策，高生產力與高競爭力的人力資源更顯得重要，尤其是在朝向知識經濟的時代，高素質的人力資源應是企業創造價值最重要的憑據（戴國良，2004: 22），而平衡計分卡 (balanced scorecard, BSC) 正是企業用來衡量競爭力的一項重要方式。在本章最後，作者整理介紹平衡計分卡的相關概念與運作功能如下：

一、起源

　　資訊科技的發達以及知識經濟時代的興起，使得企業無法再僅依單一面向的財務目標作為評量組織績效之標準。對組織績效的衡量，猶如機長駕駛飛機一般，無法只專注於單一儀器，而須多面向的全神貫注。因此，平衡計分卡打破了單一財務指標的侷限，從顧客指標、內部流程與學習成長等多元面向，將組織願景轉化為具體施行的目標與衡量指標。

　　平衡計分卡是由哈佛大學教授卡普蘭 (Robert S. Kaplan) 與諾朗諾頓研究所 (Nolan Norton Institute) 最高執行長諾頓 (David P. Norton) 提出，兩人將研究結果發表於 1992 年美國《哈佛商業評論》(*Harvard Business Review*)，並受評為 75 年來最具影響力的管理學說（戴國良，2004: 317）。此後，平衡計分卡成為重要的策略管理工具，不僅受到企業界的運用，政府機關與非營利組織也都引進此全方位的管理制度。

二、定義

　　Kaplan 與 Norton 以財務、顧客、內部流程、學習與成長四大構面，將組織願景層層化約為策略目標與衡量指標（如圖 3-3）（張緯良，2005: 206）。透過四大構面的平衡，將組織抽象的願景轉化為具體的指標，並藉由組織的學習與成長，將組織內部的無形資產同時提昇。

⬆ 圖 3-3: 績效評量指標之形成

　　平衡計分卡之「平衡」，包含五大面向：(1)組織內部與外部之平衡，內部構面是指流程構面與學習成長構面；外部構面則係指財務構面與顧客構面；(2)財務與非財務評量之平衡；(3)組織短期目標與長期目標之平衡；(4)領先指標與落後指標之平衡；(5)過去與未來之平衡，過去為先前努力成果之衡量，另一方面為驅動未來績效之衡量（Robert S. Kaplan & David P. Norton 著，朱道凱譯，1999: 38–39；戴國良，2004: 318）。

三、構面

　　平衡計分卡之四大構面，具有因果關係，亦即學習與成長構面會影響內部流程構面，進而影響顧客構面與財務構面（吳安妮，2004: 117）。四大構面之內容茲分別說明如下（戴國良，2004: 318）：

(一)財務構面 (financial perspective)

　　股東對組織的期望，以及兼顧控制成本與創造價值。

(二)顧客構面 (customer perspective)

　　目標顧客對組織的期望，即客戶如何看待我們。

(三)內部流程構面 (internal perspective)

　　為滿足目標顧客對組織的期望，所需採用的工作流程。

(四)學習與成長構面 (learning and growth perspective)

　　用以配合上述三項構面的能力與技術，亦即必須具備的傑出專長。

四、推行平衡計分卡的關鍵成功因素

　　戴國良 (2004: 322) 整理不同學者的看法，認為推行平衡計分卡的關鍵成功因素包括：(1)高層的支持與員工的參與；(2)專案範圍適切；(3)訂定策略目標須符合公司政策，評量績效指標則須具體可行；(4)與現有控制制度相互協

調整合；(5)持續審視公司的策略目標與評量因素。

平衡計分卡的制訂過程除了組織高層管理者的參與外，基層員工對於組織目標也必須有充分的瞭解與參與，以利公司內部共識與員工認同感之形成（Robert S. Kaplan & David P. Norton 著，朱道凱譯，1999: 41）。為避免專案範圍過大，因此試行時可由適中的專案開始，減少成員負擔。績效指標的訂定必須基於組織願景與策略，且為具體、可施行之指標，也須兼顧與其他控制制度的整合，例如獎酬制度等。指標訂定後，須持續審視，時時調整策略目標，避免與實際發展脫節。

五、平衡計分卡之運用

由於傳統的人力資源管理往往只重視現有企業程序的績效不彰部分，再加以監督與改進，但在平衡計分卡之下，則同時強調企業應該如何創造新程序，以符合顧客與股東的要求。所以，平衡計分卡對於企業而言，是一種全面性管理架構，為整合財務、顧客、內部流程、學習與成長的策略管理工具。平衡計分卡將抽象的策略指標化，經由長期關注企業發展，適度調整衡量指標。在實施平衡計分卡的時候，組織必須要有系統化的管理與執行，運用偵測與回饋，以達到策略行動與績效方向的一致化，並將公司的個人績效、部門績效及公司績效同步極大化。

基本上，不同型態之企業所制訂出的衡量指標未必相同，此乃因平衡計分卡會視企業型態與策略的不同而調整指標，以期達成衡量指標的有效性。因此，人力資源管理者若想成為策略夥伴，必須從兩方面來吸收及應用平衡計分卡的觀念。首先，必須同等重視平衡計分卡中的每個部分，而非只重視員工層面；其次，人力資源管理者必須在員工層面上，不只是考慮到員工的態度，還要考慮到包括組織流程、領導力、團隊合作、溝通、授權、共同價值與重視個人尊嚴的機制等（沈介文、徐明儀、陳銘嘉，2004: 47）。其與策略願景的關係請參閱圖 3-4 所示。

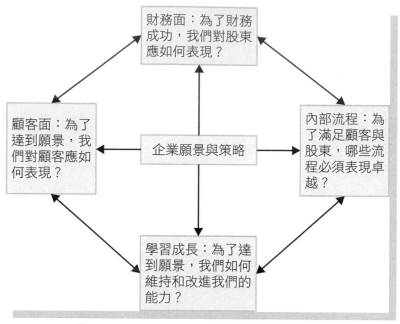

財務面：為了財務成功，我們對股東應如何表現？

顧客面：為了達到願景，我們對顧客應如何表現？

企業願景與策略

內部流程：為了滿足顧客與股東，哪些流程必須表現卓越？

學習成長：為了達到願景，我們如何維持和改進我們的能力？

圖 3-4：平衡計分卡與策略願景之關係

資料來源：沈介文、徐明儀、陳銘嘉著 (2004)，《當代人力資源管理》，p. 46，臺北：三民。

第七節 結語

面對瞬息萬變的競爭環境，一般的人力資源規劃很難因應組織所需。由於策略性人力資源規劃是配合企業的經營策略，評估企業內部現有人力的優劣，以及外在環境的機會與威脅，所擬定的行動方案，因此較能替組織規劃一個適合並具有競爭優勢的人力資源運用策略，達到確保人力資源有效運用的目標。也因此，策略性人力資源規劃的重要性乃由此可見。

整體而言，策略性人力資源規劃的進行須先決定企業經營目標，爾後評估內外環境，接著預測未來人力需求，同時進行現有人力分析，進而發展執行方案，最後從事修正與評估。而鮮明的管理信念及無法模仿的組織文化、團隊式工作設計與培植多技能員工、選擇性招募與競爭薪資政策、大量分享資訊並減少地位差異隔閡，以及保障就業安全與內升優先原則等都是具有競爭優勢的人力資源規劃策略，較能確保組織在人力運用上具有一定程度的適

用性。然而，高階主管的態度、團隊管理問題，以及多樣化管理和變革管理的重視都可能影響策略性人力資源規劃的結果。近年來，企業為提昇本身人力的素質與競爭力，引進平衡計分卡，期望能創造全面性的管理架構，用以彌補傳統人力資源管理之不足。

課後練習

(1)策略性人力資源規劃的意義為何？其與傳統的人力資源規劃的差異何在？

(2)本章說明了具有競爭優勢的人力資源規劃的幾項策略，您認為還有哪些策略可以讓組織中的人力資源更具有競爭力呢？

(3)人力資源規劃深受環境因素的影響，您認為哪些環境因素會影響現今臺灣企業的人力資源規劃？

(4)為什麼高階主管的態度、團隊管理、多樣化管理和變革管理之挑戰如此重要？這些挑戰對組織的重要性在未來的十年裡會降低還是提昇？請試述理由。

實務櫥窗

你是個好主管嗎？ ❸

當一個好主管並不容易，美國企管顧問公司 (The Discovery Group) 總裁凱契 (Bruce Katcher) 認為一個好主管應該要有以下七個要素：

1.尊重員工：在生活的小細節中，主管就要表現出自己對員工的尊重和驕傲，例如可以公開稱讚員工。

2.讓員工參與決定：詢問員工的看法和意見，可以讓員工感到自己被重視。並且真正利用那些良好的建議，鼓勵員工多提出自己的想法。

3.授權：主管應多給員工發揮的空間，讓員工能夠決定自己的工作。

---

❸　資料來源：EMBA 雜誌編輯部 (2004.11)，〈你是個好主管嗎?〉，《EMBA 雜誌》，第 219 期。

4.清楚溝通工作目標與內容：主管應透過書面、口頭或是各種方法，清楚的向員工傳達自己對工作的期望和要求，有了確切的溝通才能夠確保雙方有達成共識。

5.傾聽：多多傾聽員工的想法和心情，不要總是只有單方向的傳達自己的訊息給員工，並且能在談話中即時發現員工的問題和需求。

6.解決人的問題：除了工作之外，主管也必須關心員工的大小事項，包括員工的身心健康、家庭問題、工作環境氣氛等。

7.親自給予員工肯定：在員工有好表現時，主管應隨時不吝給予肯定。

個案研討

特力集團──重視人才保持創新❹

對於一般人來說，聽到特力就會想到販售 DIY 用品的特力屋大賣場，然而這只是特力集團的事業之一。特力集團是一家全球性的企業，在香港、泰國、新加坡、澳洲、德、英、法、比利時、韓、印度、日本等國皆設有分公司，是臺灣數一數二的大貿易商。

特力集團在走過了 30 個年頭後，儘管過去營運表現良好，但過去的經驗並無法複製到未來的營運，仍然必須尋求創新的能力，才能在現今競爭多變的時代，維持本身的競爭力。

特力集團的人力資源策略首先是創造一個融合老、中、青三代員工的工作環境，老一輩的人講求圓融、中年的一輩秉持專業、年輕人則擁有創意，三者互相彌補各自不足之處，發揮更大的效能；其次，特力集團認為人才是公司最重要的資產，好的人才培養不易，因此堅持「不裁員」的政策，即使在 2008 年金融海嘯的時候，特力集團仍沒有裁員，還積極招募新員工。

面對客戶，特力集團同樣抱持著創新的精神，隨時掌握市場的變化。

---

❹ 資料來源：張令慧 (2010.07.06)，〈戰略高手──特力公司董事長李麗秋重視人才、保持創新〉，《工商時報》。

有別於一般的貿易商，特力集團為客戶與供應商提供整體的解決方案，從人流、物流和金流上多方面為客戶規劃，並根據零售鏈 (retail link) 隨時估計客戶的庫存量，主動的為客戶備貨。

問題與討論

1. 若從策略性人力資源管理的觀點來分析，您覺得特力集團有哪些特殊之處？

2. 面對講求效率的競爭環境，您認為特力集團「堅持不裁員留住人才」的作法，是否有值得商榷之處？試述其理由。

3. 請您根據對策略性人力資源規劃的瞭解，來評述特力集團所採取的策略性人力資源規劃方案。

筆記欄

4

員工招募

急徵新牛仔型人才 ❶

「新牛仔型人才」已成為現在企業最想要尋覓的人才了！學經歷不再是唯一的重點，能具備膽識和高抗壓性才是可遇不可求的條件。像是鴻海等大廠都願意釋出高薪網羅敢冒險、有本事、有企圖心的人，這樣的人才就像能在荒野中闖蕩開創新路的牛仔型人才。

這群新牛仔人才具備的特色，除了要能快速適應環境、具有高度自信心；還要具備創業家精神，不斷尋找機會，在瞬息萬變的環境中，勇於做出決策，為企業開創新的商業模式。

由上述的實務報導中得知，企業急需人才，但真正優秀的人才難尋。因此，連企業的大老闆都親自參與人才招募，希望能尋找出有企圖心、有膽識，能為組織創造新價值的人才，可見人才招募的重要性。基於此，在本章中首先介紹招募的定義與過程，其次整理招募的來源與管道，最後分析影響招募成果的因素與限制。

第一節　招募的定義與程序

在激烈的人才市場，每家企業的人力資源管理者都在與同業競爭同一批應徵者。如何從招募階段，就找到真正適合企業文化土壤的「最適人選」，以降低日後的陣亡率？對於通過層層關卡的優秀錄取者，如何展現最大求才誠意，以有效提高其報到率，避免他們在多個工作機會之間舉棋不定？切記，「留才，從招募就開始！」

關於招募對於企業的重要性，或許可以從管理大師彼得・杜拉克 (Peter Drucker) 的發言中得到啟示。他曾指出：「每個組織都在相互競爭，以爭取最重要的資源，也就是合格的有識之士」(Peter Drucker, 1992: 95–104)。換言之，在目前所處的全球化、競爭激烈的商業環境中，「人才」被視為是企業勝敗的

---

❶　資料來源：林宏達 (2010.05.10)，〈急徵牛仔型人才〉，《商業週刊》，第 1172 期。

重要關鍵，具有決定性的影響力。然而，企業能否吸引符合資格的人才前來應徵，則關係到「招募」活動是否能發揮吸引績優勞動力的功能。因此，招募可以說是人力資源管理中極為重要的一環。打從招募階段的源頭，人力資源管理者便應營造良好的互動，建立良好的企業第一印象，不僅提高日後新人的報到率，也能從第一關開始即緊緊抓住人才。

一、招募的定義

「招募」(recruitment) 是組織為因應人力之需求，運用各種管道與方法，設法吸引一批有能力又有意願的合格求職者前來應徵的過程（吳復新，2003: 124；廖勇凱、楊湘怡編著，2007: 148）。另外有研究指出，招募是人力資源經理人最重要的職責，故可以將招募定義為「尋找、吸引及確認一群足夠之合格候選人的過程」，其目的是為滿足目前與未來勞動力方面的需求（Bowin、Harvey 著，何明城審訂，2002: 130）。也因之，當組織內某一職位出缺或組織決定增加某種業務或成立新的部門時，招募的工作即立刻展開，以應付組織的需要。所以招募可說是選考的前置活動，招募做得好，組織才有可能網羅優秀的人才（吳復新，2003: 124）。基於此，有學者將招募工作比擬成有如漁夫撒網捕魚般，網張得愈大、撒對位置，入網的魚兒才會愈多，而挑選到好魚的機會也就愈大。因此，如何撒網捕到公司要的魚，則需要一套完善的作業流程來執行（廖勇凱、楊湘怡編著，2007: 148）。

二、招募的程序

招募最主要的工作在於尋找和吸引合格的應徵者。要做好這項工作，負責的人力資源管理者首先要清楚工作的性質為何，以及合格的人選在何處。因此，對一般企業而言，招募的過程包括：擬定招募計劃、確立人力來源、選擇招募方法、從事招募活動等四項步驟（吳復新，2003: 125）。

首先在擬定招募計劃時需先確立招募規模。所謂招募規模是指此次所欲招募人數的多寡。通常招募的人數應比實際僱用的人數大很多，所以在進行招募作業時，便應考慮所能接觸到的人數有多少，也就是求才的消息會有多

少人知道。為了確實掌握應徵人數，有些公司採用招募產出金字塔以決定需要多少應徵者，才可以僱用到所需要的新進員工。如圖 4–1 所示，公司若預計下一年度將僱用 50 位新進職員。根據經驗，公司瞭解到應徵者與新僱用人數之比率為 2:1，亦即約有一半的應徵者可接受公司。應徵者成為考慮人選的比率為 3:2。邀請來面試者，實際上僅有 4:3 的人會通過面試。最後，大約有 6:1 的人會受到邀請前來面試。換言之，根據這些比率，公司得知他必須有 1,200 名應徵者，以便邀請前來面試，而受邀的人中有 150 位可以通過面試，其中僅有 100 名會成為考慮人選，最後有半數的人（50 名）接受公司的工作而成為公司的一員（Gary Dessler 著，方世榮譯，2007: 163）。

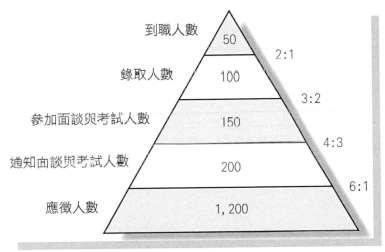

圖 4–1: 招募產出金字塔

資料來源：Dessler 著，李璋偉譯 (1998)，《人力資源管理（第七版）》，臺北：台灣西書；Gary Dessler 著，方世榮譯 (2007)，《現代人力資源管理（第十版）》，臺北：華泰。

　　然而，有效的招募比僅是辦理招募活動還來得重要。根據布里昂 (Breaugh)、斯塔克 (Starke) (2000) 指出，招募的程序可以分為五大部分，包括：建立招募目標 (establishing recruitment objectives)、發展招募策略 (strategy development)、招募活動 (recruitment activities) 考量、干擾／過程變數 (intervening/process variables)、招募成果 (recruitment results)，各部分的詳細內容如圖 4–2 所示：

招募目標		
留職率 工作表現 心靈契約 工作滿足	職缺填補成本 職缺填補速度 職缺填補數目 僱用多元性	應徵者數量 應徵者品質 應徵者廣度 報到率
招募策略		
招募對象 招募時機	招募地點 溝通的訊息	招募管道
招募活動		
對主要干擾／過程變數會有影響的招募活動包括：		
招募管道	招募者	工作訊息／ 內容的實際性
干擾／過程變數		
應徵者專注 應徵者預期的正確性	應徵者認知	應徵者興趣 應徵者自我瞭解
招募成果		
比較招募成果與目標		

圖 4-2：招募程序

資料來源：周瑛琪著 (2005)，《人力資源管理》，p. 81，臺北：全華科技。

　　至於要如何從合格應徵者當中，挑選出一個或數個最可能有良好績效的員工則是屬甄選的部分，雖然招募和甄選這兩個活動通常是連續發生的，常被人併在一起討論，但因本章主要是以招募為論述主軸，因此有關員工甄選的部分將留到下一章討論。

 資訊補給站

便宜有好貨　UNIQLO 入臺招募策略❷

　　日本平價服飾品牌 UNIQLO 2010 年在臺開幕，業者開出 7 萬元高薪，在各大名校招募店長級人才，至於正職和兼職人員也開出優渥待遇與福利，展開大規模的招考，總計吸引了 3,000 多人參加。

---

❷　資料來源: 作者整理自顏甫珉 (2010.06.01)，〈UNIQLO 徵店員　月薪 2 萬 8〉，《聯合報》；徐毓莉、楊桂華 (2010.06.07)，〈UNIQLO 進軍臺灣募 230 人〉，《蘋果日報》。

如此謹慎的篩選是希望能夠選出符合該公司的企業文化的員工，學歷和語言能力並不是最重要的考量，重點是要具備能親切服務顧客、活潑開朗、創新，且能反映品牌形象等要素。由此可看出 UNIQLO 對於人才的重視程度。

第二節　招募的來源

招募來源通常與組織目標、企業發展策略息息相關，例如在創新策略中，組織希望能招募外部新血，藉以帶來新文化與新思維，以便提昇組織內部的創新活力。大體而言，組織所羅致的人力來源大致可區分為內部招募與外部招募兩種模式。簡言之，內部招募是工作空缺由組織的員工中遴選替補，而外部招募乃是組織向外界徵募人才。無論何者皆都有其特性與優缺點，在採用時須審慎考量組織的策略、文化與結構等因素。茲整理分述如下（張火燦，2000: 184；沈介文、陳銘嘉、徐明儀，2004: 139–141；吳美連，2005: 149–150）：

一、內部招募 (internal recruitment)

所謂內部招募是組織透過內部管道從現有的員工中，挑選出合適的人選來彌補空缺。這是大多數組織都會採取的作法，最常見的狀況就是內部升遷、調職、工作輪調、重新僱用或召回資遣的員工。如果一個組織的招募工作一向都做得很好，而且組織內又有強而有力的管理發展方案，則最好的人選可能就在組織中，無須對外尋找。因為理論上，一個組織應能掌握本身員工的優、缺點，而公司的人才庫檔案就是招募的一個起點。由於公司每年的績效考核皆記錄了員工過去和現在的工作資料，所以可以此作為評估員工發展潛能的參考。也因之，內部招募對人選能掌握較精確的資料，可減少決策錯誤的機率。

一般而言，內部招募有下列幾項優點：

1. 由於員工對自己的公司較為瞭解，可減少新員工對公司或工作有不切實際期望的弊端，降低員工產生不滿意的可能性。

2. 對於提昇組織士氣可產生正面影響。當員工知道自己是某職位的可能

人選時，能激勵他有更佳的表現，同時也能讓他對自己的努力和績效、績效和報酬之間的關聯性產生更強的信心。但若採取外部招募，則可能使合格的現有員工產生與上述相反的反應。

3.大部分公司對員工的教育訓練都已做了不小的投資。從經濟學的觀點來看，如能充分運用組織內部員工的能力，則能提高公司的投資報酬率。

然而，內部招募也有如下幾項缺點：

1.最為有名的就是「彼得原理」(Peter's Principle)，也就是內部員工可能因為年資，而非工作表現得到升遷，並且最後升到一個他終於無法勝任的職位。

2.組織內部員工為了爭取升遷可能產生明爭暗鬥的情形，進而影響組織士氣。

3.內部招募也可能因為員工同質性太高，帶來「近親繁殖」的弊端，阻礙組織的創新。當組織中常聽到一些員工說：「我們一向都如此做，從來沒有什麼問題」或「我們從來沒有這樣做過」時，即意味該組織的人受到相同組織文化的薰陶，想法逐漸趨於一致，而可能產生新點子或創新被壓抑。

二、外部招募 (external recruitment)

外部招募是指吸引外界合格的應徵者到公司應徵。當內部員工無法滿足組織用人的需求時，就可以運用對外徵才的方式。有時，對外徵才是因為組織擴充太快而造成人手不足，或是需要非常專業的技術人員；甚至可能是需要引進新的想法與作法，這時就需借重外部的人才（Bowin、Harvey 著，何明城審訂，2002: 140）。

相較於內部招募，外部招募的優點如下：

1.從外部進來的員工會將新的思維模式、不同的文化價值觀及新的作法帶進組織，不但賦予組織活力，同時也帶來新的衝擊。

2.若從成本效益來考量，聘用專業技術人員等特定人才，往往比組織自行培育內部員工容易，所花費的成本也較低。

3.透過外部招募方式選用的人才，較沒有「政治包袱」。

　　然而，外部招募也有其缺點，例如新進員工由於不熟悉組織文化，調適和社會化過程可能需要花費較長的時間，或是容易發生員工價值觀和組織文化衝突的情形。此外，實施外部招募的結果也可能因而打擊現有員工的士氣，影響員工對組織的忠誠度。

　　最後，作者整理內部招募與外部招募之優缺點的比較如表 4-1 所示。

表 4-1：內部招募與外部招募之優缺點比較

來源	優點	缺點
內部招募	·公司對應徵者的優缺點較瞭解 ·應徵者對公司較瞭解 ·提昇員工士氣 ·提昇組織對現有人員的投資報酬率	·員工可能被提昇至一個不能勝任的職位，有「彼得原理」效應 ·因升遷帶來的競爭可能影響士氣 ·「近親繁殖」可能阻礙創新
外部招募	·人才來源較廣 ·新血注入帶來新作法、新風格 ·對特定的人才——例如技術人員，外部資源比訓練內部人員較經濟、容易 ·較沒有「政治包袱」	·吸引、聯絡及評估潛在員工的工作較困難 ·新員工在調適和社會化的過程較長 ·同資格、但未被升遷之員工的士氣問題

第三節　人才招募的管道

　　尋找合格人選的方式，稱之為招募管道 (channels of recruitment)。傳統上，招募者和應徵者會用一些方法互相尋找對方，但並沒有哪個特定方法是最好、最有效的，重點在於使用任何一種招募管道時要知道每個方法的特性與限制，必要的時候除選用多重招募管道外，還須搭配新的招募途徑以有效求才。有研究指出，企業所使用的招募管道可以根據其所使用的方式區分為傳統管道與網際網路兩類，前者泛指現職員工介紹、利用一般報章雜誌的刊登廣告、公立就業服務機構、人力仲介公司等方式來招募人才，而後者乃專指透過刊登廣告在網路上的徵才方式（吳博欽、潘聖潔、游佳慧，2004: 142）。較常用的各類型招募管道約可以整理成下列幾項：

一、傳統招募管道

(一)內部尋找

1.工作告示

工作告示 (job posting) 是將目前組織職缺的內容告知員工，並吸引他們前來爭取機會。作法是以張貼告示於公司內的主要地區，或在幹部會議中宣布，甚至透過公司內部刊物或網站，將資訊傳達給內部員工。此為企業內部求才的一項主要方法。一般的程序通常是有意願的員工把申請資料交到人力資源管理部門，再由該部門安排與職缺工作的部門主管面談。

2.員工介紹／推薦

現任員工的推薦是確保高素質應徵者的最佳來源之一。因為受到責任心的驅使與面子問題的考量，除非員工對應徵者的實力與表現有相當程度的瞭解，否則不會貿然予以推薦。另一方面，員工介紹可準確地獲得有關應徵者工作潛力的資訊，而且推薦者通常比透過職業介紹或報紙廣告更能給予應徵者有關工作的實際資訊，這種資訊可以減少不實際的工作期望和增加工作的存續。所以員工介紹或推薦的好處是，所介紹的人才已經過初步的篩選，一旦僱用後將會有較高的工作存續率。有些公司（如製造業、電子產業）為應付人員的大量需求，訂有員工介紹新進人員的獎勵辦法，按員工介紹新人的多寡及任職的長久，給予不同額度的獎金。

㈡外部招募

1.媒體廣告

在媒體上刊登求才廣告，是企業最常使用的對外招募方法，也是外部招募管道中一項有效的方法。因為透過媒體廣告可以接觸到多而廣的讀者，其中又以報紙分類廣告最為普遍。求才廣告基本上會描述工作性質、福利、僱主及申請方法，在美國，這類的廣告大都刊登在星期天的加版報紙上，內容幾乎囊括所有工作項目。若針對特殊技能的招募，則可將廣告刊登在一些專業雜誌或期刊上，例如招募會計人員的廣告便常出現在與會計相關的雜誌上。

然而，廣告的刊登通常取決於工作類型，因為我們可能時常看到一些招募藍領階級的廣告，但卻幾乎沒有看過招募總裁的廣告。可見在組織中，職位愈高、技術愈專業，或在勞力資源上供給愈少者，廣告的刊登就可能愈分

散；如較低工作層級的廣告通常出現在區域性的報紙上，而招募高階主管人員，可能須刊登在國際性刊物或報紙上。

另一方面，撰寫求才廣告是一項特殊的技巧，所使用的文字往往能影響應徵人數的多寡。需求與資格若寫得太寬，可能會吸引太多不合格的申請函；反之，則可能造成申請者太少、不夠選擇的情況。因此，廣告設計是非常重要。有經驗的廣告主會使用 AIDA——注意 (attention)、興趣 (interest)、慾望 (desire)、行動 (action) 之四項指導原則，以建構其廣告。

首先，廣告必須吸引人的注意，但如何吸引人則考驗設計者的智慧。在密密麻麻的分類廣告中，不起眼的廣告經常被人所忽略。若能在廣告中適度保留空白以突顯其標題，或是在關鍵的位置單獨刊登等都是吸引人注意力的方法；其次，發展讓人對工作感到興趣的廣告。這時可以運用工作本身的性質來引發人們的興趣；如「你會愛上具有挑戰性的工作」或「我要高薪我要你」等，都可以提高人們對工作的興趣。接著，藉由強調工作的有利因素與額外利益，如成就感或福利等，來創造人們的慾望。例如廣告設計的焦點若強調鄰近入學研究所，對於工程人員與專業人員則頗具吸引力。最後，廣告應該能進一步誘發行動。多數的廣告都會使用「今天就打電話來」或「趕快來函索取更多資訊」等字眼，即是誘發採取行動的最佳範例 (Gary Dessler 著，方世榮譯，2007: 166–167)。

此外，有學者建議，求才廣告要從應徵者的角度來撰寫，而且要考慮到廣告篇幅所花費的成本，因此要精簡、扼要、引人注意。好的求才廣告之設計要點為：有限空間下，能讓讀者瞭解此公司是保守或積極、規模大或小、穩定或成長、集權或民主；對工作性質與資格之描述要盡量具體，且強調福利制度 (吳美連，2005: 152–153)。

2.就業輔導單位

就業輔導單位主要可分為兩種：一種是政府就業輔導機構，另一種則是私人就業輔導機構及管理顧問公司等。以下針對這兩種就業輔導單位的特質進行說明：

⑴政府就業輔導機構

　　我國政府為了協助企業發展，並輔導國民充分就業，由行政院勞委會職訓局與青輔會等機關分設職業訓練中心，以及職訓局所屬的各地區職業訓練中心，負責對有意願就業人士進行各種職業訓練。基本上，勞委會或職訓中心所提供的人力以基層普通或技術工為主，而青輔會則為企業提供較高級的人才。整體而言，上述這些政府就業輔導機構除了可以提供國民就業的途徑外，也替企業開闢一條求才的管道。由於政府就業輔導機構或職業訓練機構所提供的人才介紹服務都是免費的，而且所仲介的人力有些已經經過甄試、訓練，具有某些第二技術專長，是值得企業善加利用的。

⑵私人就業介紹機構／高級人力仲介公司

　　相較於政府就業輔導機構所提供的服務，私人就業介紹機構所提供的介紹服務則是需要收取費用的。但政府和私人就業機構的主要差異在於形象的不同，亦即私人機構被認為可以提供一個較為完善的服務，會替僱主作廣告和甄選應徵者，同時提供六個月至一年的人才保證，以確保僱主的權益。

　　一般而言，會透過私人就業介紹機構為企業尋找人才者，該職位通常屬於高階職位或需要特殊專長的職務。由於公司所需填補的高階職位不多，且高級人才難尋，求才者可能在同業間挖角，事涉敏感，不敢貿然接觸；求職者也大多正在就業中，不願在事成之前曝光，以免謀事不成，反而破壞在原公司中的形象和忠誠度，因而透過中立的第三者進行初步的接觸與探詢，到一定的程度後再讓當事人雙方進行會面，此即所謂的獵人頭 (headhunter) 公司。

　　由於高級人力的尋求較難，人才媒合時間較長，成功率也不是很高，但因所提供的服務較為深入，一般收費並不低廉。但對用人的企業而言，因高級人力仲介公司手中握有相當資訊，且能提供較完善服務，可以節省高階主管許多寶貴的時間，因而仍覺得物超所值。此行業在國外盛行多年，大約80年代才引進臺灣，目前專門為外商徵才，或為大陸臺商徵才為主要業務。但利用獵人頭公司也存在一些問題，因為獵人頭公司可能無法相當清楚企業所

要尋求人才的特質、技能等，因此人力資源管理者在找尋獵人頭公司為企業網羅人才時，應與負責此任務的人員會談，詳細告知公司的需求，以及瞭解有關該職位的市場人才情形。

資訊補給站

管理錦囊／高階人才跳槽　多面向考量❸

根據人力銀行的調查，2011 年共有 27.6% 的企業釋出中高階人才的職缺。然而，中高階主管在轉職前，必須要有非常審慎的考量，包括新工作是否符合自身的專業領域、是否有發展空間、新老闆的支持等面向。

由於企業平時難以接觸到這些屬於「隱性求職者」的中高階人才，通常要透過獵人頭公司的轉介高薪挖角，還要支付新進者六個月的薪資給獵人頭公司。中高階轉職者除了有在短期內必須作出相當成效的壓力之外，還得面對能否收編人心的挑戰，不但要面對業績，還要學習領導。

隔行如隔山，中高階轉職者轉職失敗的案例也不少，除了薪水的增加之外，還必須考慮多元面向，才能順利轉職。

3.校園徵才

學校為多樣人才的豐富來源，並且經由科系的劃分，很容易接觸到符合眾多資格的應徵者。經由此管道不僅可以招募人才，還可提高企業的知名度與塑造形象，有助於日後招募工作的進行。因而，校園徵才是僱主派遣一位或多位公司代表至大學校園，期望能在學校的畢業班級中預先審核與招攬一群應徵者。其作法是先透過學校的畢業生就業輔導中心或社團（如畢聯會），安排時間和場地，屆時公司再派人員前來，除了介紹公司的基本資料、工作環境與待遇、福利等外，甚至還有公司會請來任職的校友現身說法，以增加吸引力。一般而言，管理人才、專業人才及技術人才多採用此種招募方式。

然而，校園徵才也有其缺點，一是此方法通常會耗費相當大的成本，因

---

❸ 資料來源：潘俊琳 (2011.05.11)，〈管理錦囊／高階人才跳槽　多面向考量〉，《經濟日報》。

為公司必須多負擔到校園招募的員工差旅費，以及為了配合校園招募活動，還須製作資料手冊等，無形中增加公司的負擔，但是否有顯著成效，能否招募到合適的人才卻不得而知。二是如果到校園進行招募的員工本身沒有很正確的觀念，甚至對於前來詢問的學生表現出趾高氣昂的態度，不但無法順利招募到人才，還可能破壞公司的形象，進而影響日後的人才招募結果。

4.建教合作

為了取得企業所需的合適人才，減少並縮短企業與新進員工的摩擦和適應，企業可以和學校建立合作關係，透過專案顧問、委託研究、學生實習等方式，和學校取得密切聯繫，支持學術研究。學生透過學校的關係得以進入企業實習，而企業除了運用學校的資源和老師的專業知識外，也可及早對學生進行考核，遇到優秀學生，即可約定畢業後至企業服務。此種方式特別適用於一些較冷僻或剛開始的專業領域。國內台塑企業早期設立明志工專培養該企業所需人才，學生利用寒暑假到關係企業實習即是一例。

5.人力派遣

「人力派遣」突破既有的主僱關係，是指僱用企業透過人力派遣找到暫時性的人力。對「派遣人員」來說，具備更彈性的時間、空間與機會，可透過服務累積豐富的職涯經驗；對「要派單位」而言，有關聘僱或招募的相關事務可同時轉移至「派遣單位」，由派遣單位代理原歸屬於「要派單位」的薪工作業，包括薪獎、勞健保費、相關福利以及有效安置有關僱主（要派單位）的資遣、退休金、職災賠償，除了有效降低企業人事成本，還能因應實際需求而建立彈性的人力調度制度。

據瞭解，目前國內使用派遣人力的企業以科技業的作業員、倉管員、電信業的客服員，以及金融業的電話銷售、信用卡推廣、帳款催收人員為主。有些大量使用派遣人力的企業，甚至還自行成立派遣公司。另外，人力派遣可依時間的長短，分為下列兩種方式：

(1)短期派遣

短期派遣是針對突發性的人力需求，卻又無法獲得即時支援時，所提供

的相關協助。換言之，透過短期派遣的協助可以完成一些公司非常態性的工作；也可因應季節、旺季所產生的即時人力需求，因此短期人力派遣可有效降低僱主的僱用成本。另外，一些流動性較高的職務，或是工作進度受到影響，以及對於特定人力有所需求時，短期人力派遣皆能扮演「及時雨」的角色，為求才廠商提供必要的協助。

⑵長期派遣

　　對於非正式、約聘或臨時人員，其自身歸屬不明確時，長期派遣可為企業提供解決之道；同時對於企業體系中，非核心競爭力的正職人員亦可透過「人力派遣」的方式，賦予企業更大的經營彈性。所以長期派遣可視為是企業受編制限制，無法擴充組織成員時，或不想負擔成本用以培育人才的一種解決方案。

二、網際網路招募管道

㈠網際網路招募的定義

　　關於網際網路招募 (internet recruiting) 有許多的定義與描述，國內常使用的是安德森 (Anderson) 和普力奇 (Pulich) 的定義。Anderson 和 Pulich (2000) 認為網際網路招募是平面廣告方式的另一種「變形」，是利用網際網路的通路，使公司本身的網頁或第三者的網頁及人才資料庫，刊登招募廣告，以尋找適合的就業人才的一種招募方法（黃英忠等，2003: 46；孫思源等，2008: 3）。皮圖羅 (Piturro) (2000) 則將網際網路招募廣義定義為電子化招募 (e-recruiting)，是一種能快速搜尋到符合資格之潛在應徵者的方法。由以上所述可知，隨著資訊科技的快速發達，網際網路因有迅速、互動性高與具有豐富資訊的特性，因而成為新的重要招募管道。

㈡網際網路招募的特性

　　相較於傳統的招募管道，可能面臨企業需負擔較高的求才成本，且經常無法掌握所刊登廣告的瀏覽人數，甚至耗費大量的時間在面試一些非條件符合者等問題，網際網路招募因主動性較高，能增加企業招募訊息的曝光度，

進而提高一般求職者獲取訊息的機會，也增加條件符合者的機率。此外，還可依企業需要隨時更新招募內容，較易進行跨區域徵才。

因此，大抵而言，網際網路招募具有下列幾項特性：1. 成本低，不受時間控制，廣告版面也不受篇幅限制。2. 匿名性，使用者握有主動權，公司難以追蹤。3. 傳播速度快，可獲得即時資訊並進行分享與交流。4. 更新速度快，任何人在任何時間、地點皆可上網更新網站的訊息。5. 易於雙向溝通，即時與互動的特性，增加媒合速度。6. 多媒體特性，網站呈現更多元的完整訊息架構。7. 接觸範圍廣，打破傳統的地理與空間限制，可接觸到更多的求職者，也更容易找到合適的人才。8. 自主性（個人化），使用者主動積極的要求並提供溝通內容，而一對一的網路行銷趨勢更使得網路招募的內容、功能朝向個人化模式發展，間接提高了使用者的自主性（孫思源等，2008: 3-4）。

此外，阿穆爾 (Armour) (2000) 提出使用網路招募吸引應徵者的方法，包括讓應徵者透過網路可以參觀公司的內部；讓應徵者和現職員工在網路中互動，以瞭解該企業；甚至公司還主動和潛在應徵者接觸等。有些公司還在網頁中提供更多的資訊說服應徵者到該公司工作。

雖然網路招募有上述多項優點，但網路的匿名性，使得發訊者的身分確認不易，難免發生以招募之名行詐騙之實的遺憾之事，且網路傳輸的安全性、不當轉載、公開或擅改的問題，皆容易讓使用者對網路招募的信度產生質疑，進而影響招募的成效。另外，目前上網普及率尚未達百分之百，且集中在年輕族群或剛畢業的學生，多數屬於初次求職者或無工作經驗者，對某些需要工作資歷的職缺而言，能否找到合適的人才，則是一項考驗。最後，整理傳統與網路徵才的優缺點如表 4-2 所示。

表 4-2: 傳統與網路徵才的優缺點

		優點	缺點
傳統徵才	報紙廣告	1. 最重要的傳統徵才方法。 2. 各種職務需求皆有。 3. 可提昇企業形象及曝光率。 4. 主動找人。	1. 工作內容不清楚，非及時性。 2. 費用偏高且有區域版面之限制，涵蓋範圍小，難跨地區募集大量人才。 3. 徵才內容無法隨時依需求增加或

		修改。
現職員工（含親友師長介紹）	1.省時且徵才成本較低，僅需提供介紹獎金。 2.較易掌握應徵者背景資料，一般成功機率較高。	1.有人情壓力，且可能因員工介紹而疏於審查。 2.人才供給來源有限，且不易掌握。
雜誌媒體	1.可配合年度徵才計劃，搭配企業專訪及主題報導，以提昇徵才效果。 2.可利用專業媒體之相關資訊，建立企業形象，主動爭取求職者之認同。	1.資訊量較少，徵才成本頗高。 2.普及率不及報紙廣告，廣告曝光率不高，稍不慎畫面即消失。 3.各類專業媒體所經營之客戶群均有所不同，必須仔細挑選。
公立就業服務機構及校園徵才	1.費用低廉。 2.多為大專以上人才，人才屬性明確。	1.人才資料庫更新速度較慢。 2.人才素質較難掌握，且多為無工作經驗者。 3.人才相關背景資料不足，不利企業篩選。
人才仲介公司	1.具專業性，可提供企業完整之人才招募服務。 2.可針對不易招募之特殊職位進行招募。	1.費用較高。 2.仲介公司素質良莠不齊，企業必須謹慎選擇。
網路徵才	1.各種職務需求皆有，工作內容較清楚，可立即搜尋企業相關訊息。 2.可提昇企業形象及曝光率。 3.履歷表內容更為詳盡。 4.費用普遍不高，無區域性限制，故涵蓋範圍大且易跨地區募集大量人才。 5.具備主動性、即時性、省時、方便、快速及更新迅速。 6.可供選擇之人才較多。 7.可搭配企業專訪及主題報導，建立企業形象，主動爭取求職者之認同以提昇徵才效果。 8.多為大專以上學歷份子，素質不差，求職者至少具備基本上網能力。	1.目前上網率尚不普及，對中高階人才招募效益不大。 2.找尋工程技術以外的人才時，只能從會上網者中尋得，欠缺全面性。 3.職務分類繁雜，造成企業困擾。 4.特殊專業或主管級人才較難找。

資料來源：吳博欽、潘聖潔、游佳慧 (2004)，〈成本、效率與企業招募人才方式的選擇——傳統與網路招募之比較分析〉，p. 143，《中原學報》，第 33 卷第 2 期。

㈢**網際網路招募的實例：人力銀行**

　　人力銀行的功能主要是在聯結招募者與求職者，以降低企業風險與成本的第三者商業網站（或稱人力仲介商業網站、人力銀行）。近幾年來，人力銀

行在招募作業中所扮演的角色與功能日趨重要。人力銀行網站擁有許多傳統媒介所無法匹敵的強大功能與特色，如目前大多數的人力網站允許求職者張貼一份以上的履歷，並可線上修改或刪除。而徵才的公司與求職者皆能依照需求設定多個條件（如：職務類型、工作地點等）執行查詢，甚至求職者在保密或網路安全的考量下，亦可選擇隱藏履歷讓公司無法進行線上查詢。

有研究結果指出，利用人力銀行來招募人才具有下列五項優點，分別為：(1)可接觸到龐大的人才庫；(2)較容易鎖定目標求職者；(3)相較於報紙，人力銀行所需的成本較低；(4)可不需仲介人員；(5)便利。

雖然人力網站擁有上述多項優點，但起初人力資源管理的經理人卻拒絕採用此方式。後來為了增加組織的競爭力，特別是對資訊科技專業人才的需求，近來公司開始運用這項新的技術以尋找具有專業技術的員工。

相反的，有些大公司的經理則認為，線上人力銀行並不是最完善的招募管道，仍有其缺點，如：

(1)網路上履歷數量過多，但有許多並不是認真要找工作的人，卻也將其履歷放在網路上，由於這些人大多數不會再更新資料，所以這些無用的履歷就一直不斷地重複出現。

(2)人力銀行網站仍在起步階段，但線上人力銀行網站卻以驚人的速率增加，過多的人力銀行網站儼然已造成問題，且眾多人力銀行網站尚處於起步階段，僅提供片段的服務。

(3)統一履歷格式產生限制，許多人力銀行網站僅提供固定的履歷格式，使用者無法做彈性的運用，更無法展現創意。

(4)網路最為人詬病的就是安全問題，與傳統招募管道相比，人力銀行網站常在過程中侵犯個人隱私。

(5)招募仍是人的工作，非機器所能取代，是否決定僱用的最後決策者仍是高層主管而非人力銀行網站本身。所以人力銀行網站所提供的查詢功能僅可視為是最初的過濾機制，無法取代僱主直接與應徵者面談的功能。

近年來臺灣由於工商業發達之故，就業市場顯得相當活絡，因此，提供

就業資訊的網路人力銀行便應運而生，如「104 人力銀行」、「1111 人力銀行」等皆頗為知名。一般而言，人力銀行的作法分為收費與不收費兩種，若是以高階主管為招募對象，通常由企業主提出用人標準，請受託的人力銀行代為尋找，事成即依雙方約定，由企業主付給一定的酬勞，類似「獵人頭公司」。至於不收費方式乃是人力銀行為了達到某種業務目的而提供給客戶的附加價值服務。

第四節　影響招募成果的因素與限制

一、影響招募成果之因素

雖然很多組織可能在同一時間進行人才招募活動，但很明顯的，組織規模大小是一個重要影響因素，例如一個超過 10 萬人的組織，比一個超過 100 人的組織更有機會招募到具有高能力之工作者申請。但除了組織規模外，尚有其他的因素會影響到整體的招募結果，如組織設置地區的就業狀況、組織所提供的工作條件、薪資和福利等等（David A. DeCenzo & Stephen P. Robbins 著，許世雨等譯，2002: 170）。

二、招募成果的限制

最理想的招募是組織能尋找到有品質的候選人。在招募期間，若申請人愈多，則招募者愈有機會找到最適合這項工作要求之人才。同時招募者必須對這項工作有足夠的資訊才能辨認出何者為適任的申請人。基本上，一個好的招募方案應該能夠吸引到合乎甄選條件的人進入公司，並且可以降低甄選到不合格者的成本。茲整理如下（吳美連，2005: 146–148；David A. De Cenzo & Stephen P. Robbins 著，許世雨等譯，2002: 171–172）：

(一)企業的形象

海爾夫 (Half) (1993) 強調企業形象 (corporate image) 對招募的重要性，相關研究也指出企業形象是影響求職者應徵行為的主要因素（轉引自黃英忠等，2003: 48）。例如由《天下雜誌》評選出的「2010 年企業公民獎」，大型企業

由台達電奪冠，中間企業由信義房屋蟬聯寶座，外商企業由 IBM 拿下第一，其他如台積電、華碩、旺宏電子、臺灣微軟等也都有進榜，意謂著這些企業都有著良好的企業形象，容易吸引優秀人才前來應徵。如果企業的形象很差，將不容易吸引到求職者，而且也不是所有求職者均對大公司有良好的印象，特別是有一些企業的形象並不是很正面。例如在許多社區中，地方性工廠所擁有的聲譽正逐漸在下降中，其原因是他們正在從事破壞環境、提供品質不良的產品及不安全的工作條件或不顧及員工的需求。這些不良的聲譽皆可能阻卻優秀人力前來應徵。

㈡工作本身不具吸引力

若工作無吸引力，則要招募到一大群具有資格的申請者是相當困難。例如秘書一職，在傳統上被視為是女性的工作，但是今日婦女已有較為廣泛的工作選擇機會，秘書這職位似乎已不再具有吸引力。此外，當任何一種工作被視為是無聊、危險、令人憂心、低薪資或缺乏潛在升遷機會時，均只能吸引到素質較差的人才。

㈢組織的內部政策

企業在進行招募時，若有「以組織內人員為優先」的內部消息釋放出來時，雖會提昇組織內部人員的士氣，但外部求職者因抱持不想「陪榜」的心態，可能降低外部求職者的申請慾望，進而影響優秀人才前來應徵。

㈣政府的影響力

在招募過程中，政府的影響力不應該被忽略。一位企業主在招募人才時，不得以非工作有關的因素，如身材外表、性別或宗教背景，而甄選出所偏好的個別員工，否則即違反政府法令規章。政府法律和規章對企業的招募活動有直接的影響，例如《勞動基準法》、《兒童及少年福利保護法》、《性別工作平等法》的通過，都顯示政府對企業招募特定人口群的規定或禁止。政府必須監督各類的徵才廣告，以防止不實或欺騙的行為出現。

㈤招募成本

一個企業的招募是有代價的。受到預算的限制，企業難以花費長時間來

甄選所需的人才，除非公司可以預見招募的投資能夠有所回收，否則將不願花費大量的資金來進行招募，因此也就較難吸引到較好的人才。

(六)工會

工會的影響在於招募高階層的員工時，會希望新進的對象是個支持工會的人；但在招募低階的員工時，則不會太在乎，而是由人力資源管理單位直接決定。基本上，臺灣工會組織的發展及性質與歐美工會有所不同，對企業的僱用決策並沒有實質的影響。

(七)企業的所在地

企業會以區域限制招募活動，以降低成本。在招募高階人員或專業人員時，會傾向在全國、甚至國外尋找合格人選，例如大專院校徵聘教師時，常在國外刊登廣告，以吸引海外學人的注意；但對於較低階職員或技術工人的招募，則以區域性或當地性為主。因此，企業的所在地也會直接影響招募地區的選擇，例如新竹科學園區的工廠，可能不會到臺南或高雄招募職員或勞工。

(八)勞力市場

當勞力充沛時，一個不正式的招募可能就可以吸引足夠的應徵者；但當勞力短缺時，企業就會面臨「找不到人」的問題。如何尋求新的途徑來招募人才，就成為人力資源管理工作的一大挑戰。臺灣在過去近 10 年，勞動市場面臨結構改變，老年人口增加、年輕人價值觀改變、就學率提高、就學年限加長，使得投入勞動市場的年輕人減少，連帶使企業面臨人力市場嚴重短缺的困境。因此，企業如要招募到足夠的人力就需要更加重視招募工作。另外，為解決勞力不足的問題，勞委會在 1993 年開始，積極地規劃「外籍勞工」的引進，並大力鼓勵臺灣企業開發兩個尚未充分利用的人力資源，也就是二度就業婦女與老年人力，如何有效地招募這兩種人力，即成為產官學界的一大議題與挑戰。

═══════════════ 第五節　結語 ═══════════════

　　企業能否招募到合適的員工，以補充企業所缺乏之人力，關係著企業整體發展與競爭力。而能否尋找到一群足夠、合適之人選，則端視招募活動所發揮吸引人才的功效。招募活動始於招募規模的確立，進而建立招募目標，發展招募策略，考量招募活動與干擾變數，最後須評估招募結果。

　　招募來源可分為內部招募與外部招募，無論何者皆有其優缺點，因此在決定招募來源之前應先評估組織所需的人力特質。至於招募的管道可大致分為傳統管道與網際網路兩類，前者包含工作告示、員工介紹、媒體廣告、就業輔導單位、校園徵才、建教合作和人力派遣等，後者則以人力銀行為主。整體而言，組織規模大小固然會影響招募的成果，但企業形象、工作本身的吸引力、組織內部政策、政府的影響力、招募成本、工會、企業所在地與勞力市場等因素都可能限制招募的成果。

課後練習

⑴您認為影響招募成果的原因有哪些? 試說明其理由。

⑵現今的網路資訊發達,舉凡線上招募與人力銀行網站都如雨後春筍般興起,請您嘗試比較說明這兩種招募管道的優缺點。

⑶若您負責公司的人力資源管理業務,面對下列各種不同職缺,請問您會採用哪些招募管道? 為什麼?

①客運司機　②總機人員　③總經理秘書　④電腦工程師

⑤大學教師　⑥專櫃人員　⑦超商店長　⑧保險公司業務

⑨航空機師　⑩理財專員

⑷請根據上述職缺,分組設計一則招募文宣的內容。

實務櫥窗

Google 員工超幸福❹

進入網路時代後,網路業者祭出殺手鐧吸引人才。網路業者龍頭──Google 公司,是靠什麼留住員工呢?

Google 提供員工非常優渥的福利,除了免費的美食可以讓員工吃到飽之外,還有從零件到儀器樣樣應有盡有的工作坊,不論是想要做木工或是拼裝電子零組件都可以,員工能夠在這邊激盪腦力,工作疲累時也可以在這邊充電放鬆。這些福利,讓員工得以源源不絕的補充創意,工作能夠更有效率。

個案研討

LEXUS 校園商業個案競賽❺

自 2006 年舉辦的「LEXUS 校園商業個案競賽」,在全國大專院校中「尋找企業接班人」,主辦單位提供品牌經營的實際問題及相關資料,參賽的同學要集結創意、耐力及毅力,藉著團隊合作分析問題、擬定對策。LEXUS 除了每年會定期舉辦校園說明會、參賽經驗分享之外,還推出多場品牌交流活動,邀請高階經理人分享實務經營經驗。

在這場「專注完美、近乎苛求」的挑戰賽中,LEXUS 提供了許多實務機會讓參賽者得以親身體驗營業所和維修廠,也可以和第一線人員交流,必能從中獲得不少經驗;而 LEXUS 可以獲得最新世代的創意及野心,也得以傳承其品牌精髓,可說是教學相長的最佳範例。

問題與討論

1. 對於 LEXUS 所舉辦的校園商業個案競賽,您認為有何意義或目的?這種

---

❹ 資料來源: 陳苓 (2011.05.13),〈谷歌員工超幸福　工作坊供創作　上班福利優渥免費餐廳吃到飽〉,《台視新聞》。

❺ 資料來源: 張泰嘉 (2008.11.22),〈提前開跑,第四屆 LEXUS 校園商業個案競賽啟動〉,《MSN 產業新聞》。

作法對該公司將來進行實際的人才招募會產生何種影響?

2.您認為校園徵才管道較適合哪些類型的行業? 為什麼?

5

人才選用

實務報導

應徵外商　恐要準備英文面試❶

　　在 21 世紀的地球村，英文能力愈來愈重要了。除了外商公司之外，就連公務人員、想要往海外的臺商、或者即將進入職場的大學生等，英文能力證明都已成為不可或缺的要素。除了要經手國際業務的工作必須檢附英文證明外，現今許多企業在全球都有營業據點，常有機會以英文和客戶溝通聯絡，因此會要求 TOEIC 至少有 500～600 分或全民英檢達到一定程度的證明，甚至有些外商在面試時可能會直接與外國主管面談。有良好的英文溝通能力，工作時才能順利與夥伴和客戶溝通。

　　如何為企業尋找到最適任的優秀人才，是人力資源管理的重要工作。由上述的報導得知，企業會將其需求與規劃融入選才過程，而語文能力證明和英文面試即是重要的例子。因此，在本章中，首先介紹人才選用的內涵與重要性；其次整理選用過程的有效性因素，以及選用程序；最後分析人才選用所面臨的課題。

━━ 第一節　人才選用的內涵與重要性 ━━

　　對組織而言，人才選用可算是人力資源管理的前線關卡，若能透過人才選用的程序選出最適合組織的人才，勢必將可以提高組織的生產績效。所以人才選用的目的，在於為組織挑選或僱用有能力、意願的工作者（張緯良，2006: 178；吳美連，2005: 177；廖茂宏等，2007: 123–124）。至於人才選用的定義，黃英忠有較詳細的區別，其從廣義與狹義兩方面來解釋人才選用，認為廣義的人才選用是指「選擇合適的人員配置在適當的職位上之活動，即將人員與工作的配置相結合，其中包括新進人員的僱用、公司內部的晉升、調任與降職」；至於狹義的人才選用則是專指「一個組織為因應本身需要而向外

---

❶　資料來源：伊娃兒・撒布 (2009.06.24)，〈應徵外商　恐要準備英文面試〉，《經濟日報》。

招募人才而言,從招募經甄選,最後配置的全部活動之過程」(轉引自李秀芬,
2007: 33)。換言之,人才選用為一個組織將有意願與能力的工作者與組織工
作相結合的過程。傳統的人才選用強調員工技能,而新的選用方式則不僅考
慮員工能力,也更重視對組織文化的配適度,所以選擇對組織合適的員工,
比選擇優秀的員工更為重要。

對管理者而言,人才選用是一個相當重要的過程,若選擇得當,將提高
組織的生產力,並可能降低時間、成本或離職率、缺席率等,然若決策錯誤,
則不僅將造成資源與金錢的浪費,亦可能使得應徵者產生挫折感(吳美連,
2005: 177;何明城審訂,2006: 167)。

然而,對於組織而言,人才選用雖為重要的過程,卻也可能存在風險。
如表 5-1 所示,面對眾多的應徵者,組織的人才選用決策可能出現下列幾種
組合結果:正確錄取了所需要的應徵者、正確的淘汰了不當的應徵者、錯誤
的錄取了不當的應徵者、錯誤的淘汰了合格的應徵者。

選用決策		應徵者	
		合格	不合格
	錄取	正確錄取	錯誤錄取
	淘汰	錯誤淘汰	正確淘汰

表 5-1: 選用決策

資料來源:何耀庭 (2005),〈員工甄選工具效標關聯效度驗證之研究——以 A 電子公司
員工為實證樣本〉,p. 6,桃園:中央大學企業管理學系碩士論文。

從表 5-1 所顯示的各種結果來看,左上角與右下角屬正確的決策,可以
為組織挑選到好的人才,同時將不合格的應徵者予以淘汰,但左下角與右上
角則為錯誤決策,前者不僅會損失潛在人才,更可能因此將人才送至競爭對
手手中。至於後者則可能因錄取不合格的人才,使得組織需花費更多成本(張
緯良,2006: 178-179;何耀庭,2005: 6)。由以上所述得知,選才乃是一透過
種種方式對於人力進行篩選的過程,主要的目的是希望為組織找到合適的人
才,並淘汰不適任者,用以提高組織的生產力並強化其競爭力。因之,在人
力資源管理所涵蓋的選才、育才、用才與留才中,「選才」扮演了重要的把關

角色，可視為是一切人力資源的開始。

第二節　選用過程的有效性

組織從事人才選用，目的是為了透過選用的程序使組織能夠選擇適任以及能完成使命之人才。所以在進行選用之前，工作分析為其不可或缺之作業，而工作分析所發展出的工作說明，則有助於決定衡量工作成功的績效標準，包含產品品質、人事資料或其他行為準則，稱之為工作成功準則 (criteria of job success)。

另外，工作規範也有助於提供用來預測工作成功準則的因素，例如教育程度、個人背景資料或面試考核成績等，這些資料一般稱之為效標預測因子 (criterion predictors)。透過效標預測因子作為選用之標準，理論上可有效選出適任者，然而由於各因子之間預測能力不同，為達到功效，必須考慮其信度與效度（黃同圳等，2008: 168；吳美連，2005: 180），例如若以應徵者之教育程度作為選用的效標預測因子，則組織必須考慮此因子是否具有信度與效度，以作為選用之依據。在本小節中，乃針對選用過程的有效性，亦即信度與效度的概念與內容進行說明。

一、信度

信度 (reliability) 即是測量的可靠性 (trustworthiness)，是指測量結果或分數的一致性 (consistency) 或穩定性 (stability)。換言之，若用相同的測量工具，反覆測量某現象，其所得結果的穩定程度，稱為信度（羅清俊，2008: 53-54；邱皓政，2006: 15-10）。舉例而言，若以相同一把尺反覆測量身高，若 10 分鐘之前所測得之數字，與 10 分鐘後所測得之數字相同，則稱這把尺的信度高，若前後所得出之數字差異極大，則稱這把尺信度不高。

而測量是否具有信度可透過幾種方法加以檢驗：再測信度、複本信度以及折半信度，分述說明如下❷：

(一)再測信度

再測信度 (test-retest reliability) 意指將一份測驗於前後不同的時間間隔反覆施測於相同的受測者，檢視其測驗結果的相關程度。若結果差異小，相關係數高，則可稱此測驗信度高，反之則信度低。但需要注意的是，此一方法容易受到受測者是否於兩次測驗中間學習的影響。

(二)複本信度

複本信度 (alternative-form reliability) 意指以兩份分開，內容卻相似的測驗內容分別施測於受測者身上，而檢視其測驗結果的相關程度。若結果相關係數高，則可稱此測驗信度高，反之則信度低。

(三)折半信度

折半信度 (spilt-half reliability) 意指將測驗拆成兩份（依據題號單雙號，或是 100 題區分成為各 50 題等方式），施測於相同受測者身上並檢視其結果。若相關係數高，則可稱此測驗信度高，反之則信度低。

另外，亦有內部一致性信度 (coefficient of internal consistency)，其意指若測驗中有多個問題測量一個相同或相似的概念，則答案理應是相近的或是相同的，亦可透過檢視結果關聯性以得知信度高低程度，例如「是否會使用網路」、「是否會使用文書軟體」等皆為測驗電腦能力之問題，結果若相似或相近，則可稱為信度高。

---

❷ 有關資料請參閱邱皓政著 (2006)，《量化研究與統計分析：SPSS 中文視窗板資料分析範例解析》，15–13、15–14，臺北：五南；羅清俊著 (2007)，《社會科學研究方法：如何做好量化研究》，p. 54，臺北：威仕曼；張緯良著 (2006)，《人力資源管理：本土觀點與實踐》，p. 181，臺北：前程；黃同圳、Lloyd L. Byars、Leslie W. Rue 著 (2008)，《人力資源管理：全球思維　本土觀點》，p. 172，臺北：麥格羅希爾。

二、效度

效度 (validity) 為測量的正確性，即測驗能真實測量出所欲測量概念的程度，簡言之，即為效標預測因子❸能準確預測工作成功準則的程度（羅清俊，2008: 51；邱皓政，2006: 15-18；張緯良，2006: 179；黃同圳等，2008: 168）。舉例而言，可以用銀行存款數目來衡量個人財富程度，或是可以用加班時數來衡量個人工作投入程度，這些效標預測因子所能準確預測的程度，即為效度。若因子所涵蓋的範圍大，則稱效度高，反之則效度低。

效度具有效標關聯效度、內容效度與結構效度等類型，分別整理說明如下❹：

(一)效標關聯效度

效標關聯效度 (criterion-related validity) 又稱實證效度 (empirical validity)，其建立於資料蒐集與統計相關分析上，進而確定效標預測因子與工作成功標準的關係，即測驗是否能測量出員工未來在組織內的工作績效。任何特定效標預測因子的效度皆可用相關係數（coefficient of correlation，或稱 r）來表示，此係數範圍介於 -1 至 +1 之間，-1 與 +1 皆代表完全相關，效度高；0 則是代表缺乏相關，即不具效度，而正負號為代表兩組資料朝相同或相反的方向移動。一般而言，大於 0.3 或小於 -0.3 的相關係數，即被視為有效度。

而效標關聯效度的關鍵在於效標預測因子的選用，若是在測量同時即可

❸ 效標預測因子為能夠預測員工未來勝任工作與否的特質與技能。當工作成功準則（如產品品質、出缺席率、服務期限等）被加以界定後，透過效標預測因子級可預測員工達成工作成功準則的程度，如對選用裝配線的員工來說，效標預測因子可能包含操作靈活性或耐性，而工作成功準則即可能為每小時的產量與產品不良率；文書處理員的工作成功準則能夠透過打字來預測等。

❹ 相關資料請參閱邱皓政著 (2006)，《量化研究與統計分析：SPSS 中文視窗板資料分析範例解析》，15-20，臺北：五南；吳美連著 (2005)，《人力資源管理　理論與實務》，p. 181，臺北：智勝；黃同圳、Lloyd L. Byars、Leslie W. Rue 著 (2008)，《人力資源管理：全球思維 本土觀點》，p. 168-170，臺北：麥格羅希爾；張緯良著 (2006)，《人力資源管理：本土觀點與實踐》，p. 179-180，臺北：前程；何永福、楊國安著 (1992)，《人力資源策略管理》，p. 138-139，臺北：三民。

獲得資料的效標預測因子，稱為同時效標；若資料於測量完成後方可獲得資料的效標預測因子，稱之為預測效標，其分別建立為預測效度與同時效度：

1.預測效度

預測效度 (predictive validity) 意指透過特定效標預測因子作為測驗，將其施行於全體應徵者，然而此測驗結果與是否聘僱無關，乃是於日後將此結果與其工作成功準則加以進行相關分析，從而瞭解測驗中分數較高者，其日後表現是否較分數較低者佳。然而，由於預測效度成本高，且建立關聯所需花費的時間緩慢，需要加入專家意見與指導，故實務上一般企業較少採用。舉例而言，如組織欲瞭解教育程度與工作績效關聯性，須將錄取的應徵者予以分類，但不以教育程度高低作為錄取與否之條件，並將錄取者施行相同之訓練與指派相同之工作。等待一段工作時間後，再檢視這些員工的績效，與其教育程度之間的關聯性，若教育程度高與績效表現較佳關聯性強，則證明此測驗可成為預測工作成功準則，並作為未來的選用標準。

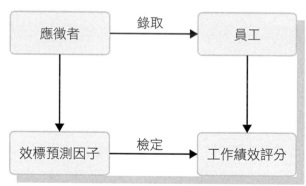

圖 5-1： 預測效度檢定

資料來源： 何永福、楊國安著 (1992)，《人力資源策略管理》，p. 139，臺北：三民。

2.同時效度

同時效度 (concurrent validity) 意指透過特定效標預測因子作為測驗，將其施行於組織現有員工，並檢視測驗的結果與員工工作績效的關聯性，若關聯性高，則表示可作為未來選用員工之標準。然而此一方式的缺點在於，現有員工在面對工作的績效表現，容易受到性別、訓練等影響而有所差異，若將此種測驗的結果作為選用的標準可能會有所偏差。舉例而言，若根據教育

程度來比較研究所畢業的員工與高中畢業的員工兩者之績效，發現教育程度高者績效較好，然而此種差異並非必然為教育程度所導致，也有可能跟員工進入組織後所受到的訓練與面對工作投入的程度有關，因此以教育程度作為效標預測因子，其同時效度較低。

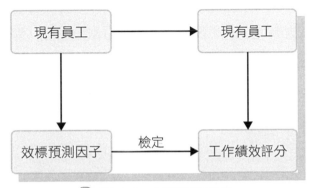

圖 5-2：同時效度檢定

資料來源：何永福、楊國安著 (1992)，《人力資源策略管理》，p. 139，臺北．三民。

㈡內容效度

內容效度 (content validity) 意指測量工具內容範圍與廣度的適切程度，簡單來說，就是選用過程中所採用的測驗是否能夠代表工作績效的程度，又稱為專家效度 (expert validity) 或表面效度 (face validity)。由於此種效度在實務上驗證較為不容易，故多傾向參照專家意見為依據（邱皓政，2006: 15-19；吳美連，2005: 182；張緯良，2006: 180；黃同圳等，2008: 171）。舉例而言，銀行存款數目、名下汽車數目、名下房屋數目等皆可用以測量個人財富這個概念，或者員工遲到次數、員工加班次數等可作為衡量員工績效的概念，然而由於這些概念多難以用單一指標來代表，因此若單以銀行存款來評斷個人財富，或以遲到次數來評斷員工績效，都可能使得內容效度不佳。

㈢結構效度

結構效度 (construct validity) 意指測量工具能夠測得抽象概念或是特質的程度，換言之，即表示測驗可以衡量出應徵者具有哪些成功績效很重要可辨性質的程度（邱皓政，2006: 15-20；黃同圳等，2008: 172）。舉例而言，從事工程工作的員工，須具備空間感及立體圖的解讀能力，此為該項工作不可或缺的要素，也為結構效度。

三、選用關聯性

選用過程中，信度與效度對於測量指標而言，佔有相當重要的地位，一般而言，信度是效度的必要條件，但並非充分條件。換言之，沒有信度就不會有效度，但如果有信度卻不一定會有效度，兩者須分別測量（張緯良，2006：181）。對於信度與效度於選用過程與工作分析中的關聯，如圖 5-3 所示（黃同圳等，2008：169）：

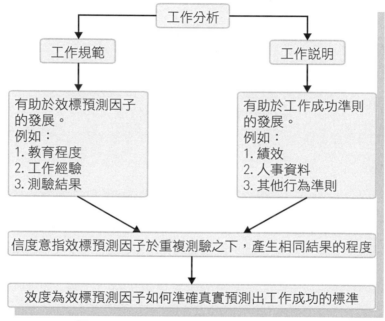

▲ 圖 5-3：工作分析與效度之間的關係

資料來源：黃同圳、Lloyd L. Byars、Leslie W. Rue 著 (2008)，《人力資源管理：全球思維　本土觀點》，p. 169，臺北：麥格羅希爾。

從圖 5-3 得知，在選用過程中信度與效度的重要性，然而信度與效度亦可能出現不佳的情形。信度不佳的原因可能包含測試內容設計不當，或是受測者的主客觀因素，如受測者態度等，而效度不佳的原因則可能是測量過程不佳，或是效標預測因子不佳等所造成（黃同圳等，2008：181；邱皓政，2006：15-29）。

有鑑於人才選用決策優劣對於組織具有成本與時間等的影響，故當組織進行選用過程時應留意效標預測因子的信度與效度，才不至於在測量的過程

中因為使用的效標預測因子的信度效度過低,而使測驗結果產生較大的誤差,進而造成錯誤的選用決策。

第三節　選用程序

　　整體來說,人才選用的過程包含一系列的步驟,且對於組織而言可能是不斷地進行。當組織自訂出招募目標並收到應徵者應徵函後,須決定哪些應徵者得以進入組織,而此過程的施行結果將會影響組織未來的發展,故組織需確保選用過程無違反公平性。一般而言包含下列幾個過程: 應徵表、初步面試、測驗、面談、資料查證、健康檢查、通知結果與建檔等,如圖 5-4 所示,而各階段內容分述如下:

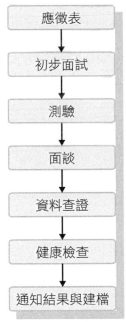

圖 5-4: 人才選用程序

資料來源:吳美連著 (2005),《人力資源管理——理論與實務》,p. 178,臺北: 智勝; Donald F. Harvey、Robert B. Browin 著,何明城審訂 (2002),《人力資源管理》,p. 173,臺北: 智勝。

一、應徵表

　　組織完成招募程序之後,便開始受理應徵。由於此階段不僅為組織與未

來可能的員工進行接觸，更為未來員工面對工作環境建立知覺的起始點。應徵表通常為選用程序的第一步，透過應徵表，組織可獲得應徵者的基本資料，以作為未來與員工進一步接觸或是初步淘汰的依據。

一份好的應徵表應包含應徵者的基本資料，但須與選用標準有關。雖然我國對於應徵表未有硬性規定之格式，但太長或過於複雜的應徵表容易使得應徵者望之卻步，且依據我國《就業服務法》中的規定❺，應徵表中應避免涉及關於種族、階級、身心障礙等等相關問題，以保障就業機會平等。至於應徵表的填寫內容是否屬實，雖然應徵表下方多有警告文字，但成效仍有待查證，有效的建議為請應徵者列出前任上司姓名，以備後續查證之用（吳美連，2005: 182–183；黃同圳等，2008: 157–159；張緯良，2006: 183；李長貴等，2007: 152）。

除了制式的應徵表外，多數的應徵者多會附上自備的履歷表。履歷表的好壞，須從用人單位主管的角度來評估，其目標是為公司選才，履歷表只是第一個篩選關口，所以社會新鮮人的目標，應放在如何讓主管對你好奇。不過履歷再怎麼創新，總有幾個基本項目：個人基本資料、教育程度或學習歷程、工作或社團經驗、個人的興趣喜好、專業能力或技術檢定、應徵的項目、希望的工作地點、希望的待遇、備註等等（可以自行增加）。原則上，最好能夠讓主管用最少的時間對你有最多的認識。要製作一份完整又能令主考官印象深刻的履歷表其實很簡單，只要記住三大要點：內容切中要點、格式簡潔大方、慎選照片。

㈠內容切中要點

履歷表的組成包括四大部分——基本資料、學歷、經歷及專業素養。內容的撰寫必須簡潔扼要，切忌不要像流水帳般記錄自己的生平，專業素養才是最重要的。

---

❺ 《就業服務法》第 5 條：為保障國民就業機會平等，僱主對求職人或所僱用員工，不得以種族、階級、語言、思想、宗教、黨派、籍貫、出生地、性別、性傾向、年齡、婚姻、容貌、五官、身心障礙或以往工會會員身分為由，予以歧視。

1.基本資料

除了年齡或出生年月日外,詳細的聯絡電話及通訊地址千萬不能有錯誤,另外男生可註明兵役狀況。但星座、血型等與工作無關的資料則無須特別註明。

2.學歷

將學歷逐次條列,應將最近的學歷列在最前面,方便資料的審核。

3.經歷

詳實列出以往的工作經驗,包括公司名稱、職務及年資,也可以簡述工作內容,若有相關的工作經驗可以特別註明,讓公司瞭解你進入公司後的適應力,能將以往的工作經驗應用到新職務上,以後若是遇到問題時,會是主管的絕佳幫手。新鮮人可寫打工和社團的經驗,註明職稱及所做過的事務內容,幫助企業瞭解個人特質、合群性、成熟度等。

4.專業素養

如果領有任何執照或證明的相關專業技能也可標示在履歷表中,增加主考官對個人專業素質的印象加總。

其他部分則包括:

1.應徵項目

人事部門要收管許多人的履歷資料,他們不會那麼清楚你來應徵什麼,一定要註明清楚,以確定可以被收件處理。

2.希望工作地點

如果想應徵的單位有許多分處的辦公室,可以填上自己想去的工作地點,甚至扼要交代原因。

3.希望待遇

如果對市場行情有所瞭解,不妨寫下自己希望的待遇。如果沒有信心又怕錯失機會,可以保守地填寫金額,或註明彈性在多少與多少之間,寫「依公司規定」也行。

㈡格式簡潔大方

如果能自己設計履歷表最好，一方面表現自己的誠意，另一方面也可以在千篇一律的相同格式中，突顯個人的風格，但是千萬不要為強化個人風格而畫蛇添足，增加許多不必要的設計或標新立異，否則將適得其反成為自己臨門一腳的障礙。

履歷表最好是以一頁完整表達的分量為主，紙張為 A4 大小的白紙，版面清爽、條列分明，以方便主考官審閱相關資料的格式為主。若個人經歷或可供參考的作品明細太多，也可另外準備一張經歷單，不必將個人資料完全擠入空間有限的履歷表中。

㈢慎選照片

履歷表最好附上照片。照片只要形象端莊、乾淨清爽就可。忌用沙龍照或生活照，建議應以彩色 2 吋個人照為主。男性最好穿正式西裝打領帶，以簡單款式及顏色為主，頭髮梳理乾淨不可蓄長髮；女性則為套裝樣式即可，略施淡妝，若留長髮最好能紮起，顯得乾淨俐落。

二、初步面試

應徵表填寫完成後，便進入初步面試的階段，有時部分組織亦會將應徵表與初步面試兩個階段合併舉行。在此階段中，管理者可以對於應徵者的能力與想法等進行瞭解，如應徵者專長、工作偏好等，以瞭解應徵者是否具備職位適用的資格，或探詢瞭解是否有應徵表內未記載之資訊，以利於進一步篩選（吳美連，2005: 183；黃同圳等，2008: 159；何明城審訂，2002: 178–179）。

資訊補給站

履歷的撰寫與面試的準備❻

【如何準備履歷】

＊撰寫項目

---

❻ 資料來源：陳若齡 (2010.05.22)，〈薄薄一紙　匆匆一面　把自己推銷出去〉，《聯合報》。

1. 基本資料——姓名、年齡、生日、畢業學校、聯絡方式（電話、手機、e-mail）、照片等。

2. 經歷資料——教育程度、工作經驗或社團活動、語文能力、專業訓練或特長（特別資格或通過考試檢定）、獲獎。

3. 應徵職務。

4. 自傳（突顯個人特色、加分的重點）

　　即將出社會的畢業生面對的第一個挑戰就是該如何寫履歷呢？雖然多數畢業生沒有工作經驗，但是仍可以針對想要的職務，在履歷和自傳中好好發揮自己的優點和特長，讓主管瞭解你的特質和特色。特別是可以描述社團經驗或是研究過程中所學習到解決問題、與人溝通協調之道，都是能表現個人做事風格的好例子。

＊重點提醒

1. 盡量以電腦打字，即使你寫的字很好看也最好不要用手寫。

2. 自傳篇幅勿超過 2 頁。

3. 盡量將工作經歷等項目條列化、量化，便於閱讀也較有條理。

4. 除非公司規定，不然最好不要用市面上販售的制式履歷表，可以設計自己的風格，但最好清楚明瞭、容易閱讀，除非是應徵創意職務，否則還是中規中矩為佳。

5. 自傳不需贅述經歷已寫的項目，應著重在從中學到的經驗。

【7 秒決定是否被錄取：如何準備面試】

　　面試時給主管的第一印象非常重要,在數秒鐘之內就可能作出關鍵決定,如何利用適當的穿著打扮,表現出最完美的形象,是你不可不知的面試之道。

＊可加分的表現

1. 面試該如何裝扮

　　不同行業面試適合的服裝各有千秋。應徵大型企業或老師、銀行、業務等,以套裝為宜;應徵時尚、創意產業是可以適度的展現個人的品味和風格,

但也要小心不可太誇張而導致反效果。切記最重要的原則就是要乾淨清爽。

2.面試應有的態度

面試時不論是說話語調、肢體動作等小地方都是影響面試官判斷的依據。記得要眼神專注、清楚的表達自己的看法、認真聆聽問題，也可以善用肢體語言、用輕鬆幽默的態度減緩緊張的氣氛，除了讓對方留下深刻印象之外，最後離開時也要記得禮貌的應對。

*會扣分的禁忌

1.眼神飄忽、東張西望、身體動來動去。

2.避免將手臂交叉於胸前或是翹二郎腿，會讓人有距離感、心生防備。

3.避免在面試官問話時插嘴，也不可在講到擅長話題時就不節制的高談闊論；也要避免回話時遲疑太久，形成尷尬的冷場。

4.說話方式保持輕鬆自然但不可失莊重，講話要清晰，不要含糊。不恰當的玩笑、無厘頭、髒話都不適合出現。

5.沒有禮貌。基本的見面打招呼和離開致謝等禮儀，請不要忘記。

三、測驗

人才選用乃是在應徵者中挑選合格與優秀者的過程，因此測驗在選用過程中扮演重要的角色，同時也是一種找出應徵者行為特性的工具。一般來說，測驗在人才選用過程中扮演預測與診斷兩種角色：前者用以發現應徵者在未來工作上的可能成就，多著重於人際差異，以及個人與標準差異的瞭解；後者作用則為發現個人優缺點，著眼於個人特性的發掘。

由於測驗的應用較為便利，因此使用日益廣泛，現今已發展出許多測驗類型可供組織使用，然而進行測驗時須注意對於信度與效度的要求，以提高其價值。有關測驗的類型，包含專業知識測驗、適性測驗與人格心理測驗等，分述如下：

㈠專業知識測驗

專業知識測驗或稱工作知識測驗，可用來衡量應徵者的專業知識，尤其

是職缺須具備高度專業性時更需要舉行此項測驗，如資訊工程師可測試程式撰寫能力、理財規劃師可測試其金融商品相關知識。雖然透過專業知識測驗可要求應徵者回答用來區分專業知識與經驗程度的問題，較不存在歧視的爭議，但是否能透過專業知識測驗選出較優秀的員工，則須視測試工作內容與工作相關程度而定（張緯良，2006: 183；黃同圳等，2008: 160）。

(二)適性測驗

適性測驗可衡量個人能力或是學習執行工作的潛在能力，其測驗項目包括文字、空間、推理、記憶與知覺等。文字測驗衡量個人於思考、溝通與規劃的能力；數字測驗則是衡量受試者在加減乘除方面的能力；空間測驗則衡量個體於空間中確定物體關係與形象化的能力；推理測驗則為衡量個人依據資料以進行邏輯分析與推論，進而做出正確判斷的能力。

另外，適性測驗中也包含一般智力測驗，或稱 IQ 測驗，為企業界過去較常使用的方式。一般智力測驗項目亦包含推理、知識性等，然而由於智力測驗常出現與工作內容無關之問題，故現今於實務中較少使用（黃同圳等，2008: 160；吳美連，2005: 184–185；何耀庭，2005: 20）。

(三)人格心理測驗

組織所需要選用人力的職缺，有時並不需要十分專業的知識技能，此時對於組織而言，員工的發展潛力與興趣更為重要。而人格心理測驗正是能協助組織找到適任的員工的一種測驗方式。人格心理測驗依據測驗內容的差異，可區分為性格測驗以及較具爭議性的測謊試驗與筆跡試驗等三種，分述如下（吳美連，2005: 185–186；黃同圳等，2008: 162–163；張緯良，2006: 183–184）：

1.性格測驗

性格測驗為衡量個人的人格特質，較為著名的測驗法為羅莎墨跡測驗(Rorschach inkblot test)。此種測驗方式是向應徵者展示一系列不同墨跡的圖形後，要求應徵者回答其代表的內容以便測出人格特質。由於人格特質較難以被定義，因此，這類型的測驗一般多帶有不確定的效度與信度低的特點。此外，心理類型的測驗屬於高度專業化的工作，測試結果的解讀須依賴專家，

因此在選用測試中較少被應用。

2.測謊試驗與筆跡試驗

測謊試驗為在受測者回答一系列問題時記錄其身體變化並加以分析，以對於受測者回答問題的真實性做出判斷。其目的在於降低員工的偷竊率。筆跡試驗則為透過分析個人筆跡，從而評估受測者人格、績效、情緒與誠實度等。進行此一測驗往往需要專業人士之協助才能加以分析。

由上述測驗的類型與方式可知，測驗確為企業選才過程中重要的一種方式，可以幫助企業對於受測者有更深的瞭解。雖然測驗類型與測驗之內容種類繁多，但如能根據企業需求選擇合適的測驗方式，應可以協助企業選出較適任之員工，並降低離職率。

四、面談

企業在選才過程中，普遍使用面談來篩選所需要的人力，因此面談可以說是選才過程中一種重要的方法。基本上，面談為應徵者與管理者面對面之溝通，除了能夠協助管理者對應徵者有較深入的瞭解外，還能補充或察覺在其他階段未能發覺的資訊。

㈠面談的方式

基本上，不同情境下有不同類型的面談方式。一般而言，依據面談過程引導的程度，可將面談區分成為結構式面談、非結構式面談、壓力面談、小組或團體面談以及情境面談等，分述如下（吳美連，2005: 186-187；黃同圳等，2008: 164-165；張緯良，2006: 188-190；何永福等，1992: 156）：

1.結構式面談

結構式面談 (structured interview) 意指以工作分析為基礎，透過一系列相關且設定一致的問題來詢問受訪者，換言之，即為面試者透過事先設定之問題大綱依序向應徵者提問，然應避免在施行結構式面談時過於僵化。一般而言，結構式面談的效度高於其他面談，且由於此方式對於所有應徵者皆提供一致性的提問，較能確保其公平性。

2. 非結構式面談

相較於結構式面談，非結構式面談 (unstructured interview) 較有彈性，不會事先擬定問題大綱與提問順序，而是留給面試者較大的空間來提出問題，再視應徵者回答的情形加以調整問題方向。換言之，非結構式面談賦予應徵者較可能主導面談的機會。然而，正由於此種面談方式無固定問題大綱與形式，若組織事先準備較不周全，將可能形成面談資料較難以比較的困境，且此種面談方式容易使得測量結果受到面試者主觀偏見的影響，因此信度與效度較低。

3. 壓力面談

壓力面談 (stress interview) 意指賦予應徵者模擬的壓力情境，面試者要求應徵者發表想法，或檢視應徵者於壓力下之表現，以對於應徵者抗壓性或反應能力進行瞭解。雖然現今社會競爭壓力日漸升高，許多企業皆採用此種面談法，然而由於此種方式有可能引起應徵者的不悅而拒絕接受聘僱，故須謹慎使用。

4. 小組或團體面談

小組面談 (board interview) 意指在面談過程中，一組面試者可採用任一形式與應徵者進行面談，如此可使得較多面試者的意見得以被發表與整合，避免因單一面試者的偏見而影響測量結果。至於團體面談 (group interview) 則與小組面談相似，差別為同時面對多位應徵者，所採用的方式有可能是結構式面談也可能是非結構式面談。

5. 情境面談

情境面談 (situational interview) 為管理者在事先設計問題時，便設想應徵者於某情境下，面對問題會有何種答案，進而依照答案給予不同評分並篩選應徵者。舉例而言，面試者有可能提出下列問題：「當下班時間到，而辦公桌內線電話卻響了起來，可能有任務要交代，請問您該如何處理?」若應徵者回答「接電話，並處理好事情後再下班」者得 5 分；一樣回答說接電話，但卻在明天上班時優先處理事情者得 3 分；而回答當作沒聽到趕緊下班者得 0 分，

即屬於情境面談的方式。

(二)增加面談有效性的作法

　　早期面談被視為是一種信度與效度皆不佳的測量工具，並未有預期準確的效果。就效度的概念而言，若面談的問題和評斷與選才條件相關性高，則較具有效度，反之則否。雖然面談可能受到許多因素影響而使準確性受到質疑，如問題關聯程度、情緒態度以及面談技巧等，但卻可以透過面談設計的改善，或是較為完善的面談準備，以達到其本身應具有的準確性。改善面談設計以增加面談有效性有下列幾種作法（吳美連，2005: 187；張緯良，2006: 193–195；何永福等，1992: 163–165；羅新興等，2004: 68–69）：

　　1.注重面試者的選用與訓練，面試者除了應事先瞭解應徵者的背景資料外，亦須學習完整的面試技巧並維持穩定與客觀的情緒。

　　2.面試應先列出欲瞭解的問題大綱，透過較為公平方式進行面談，仔細聆聽並注重應徵者的自在感，提問應與工作相關，避免涉及暗示性或隱私性的問題。

　　3.面試者應留意應徵者的情緒並使其保持輕鬆，且須注意保持面試主導控制權，卻又不至於發生與應徵者搶話，或面談時間太過冗長之情形。

　　4.面試完成後立即製作成書面資料，持續追蹤瞭解應徵者後續績效表現以作為修正面試計劃有效性之依據。

(三)影響面談有效性的因素

　　良好有效的面談，除了上述所言，可以透過改善面談過程、面談者技巧等方式來提昇其準確度外，也可能受到下列因素的影響，而降低其準確性。試分別敘述如下：

1.過於迅速下判斷

　　面試者於面試開始後一小段時間內，會對應徵者產生判斷，而這些屬於面試者主觀印象的判斷一旦成形之後，便難以改變其對應徵者的看法。更有甚者，面試者可能僅就應徵表資料來下結論，在面談開始之前即對錄取與否有所想法，如此一來，則失去客觀立場，使面談僅淪為尋求支持決策的工具。

2. 強調負面資料

意指面試者容易受到應徵者過去較差的資料所影響，事實上，面試本身常常由於面試者忽略面試過程的功用，而成為暴露應徵者負面資料的過程，如此一來，應徵者的負面資訊較其正面資訊容易加重面試者印象，而使得應徵者難以獲得較高的評等。

3. 月暈效果❼

在實務上，當面試者過度容許應徵者的單一條件影響面試者判斷，而忽略其他條件或特點時，即稱為月暈效果 (halo effect)。例如由於應徵者具有親切的氣質，而忽略在面試中其他特質的表現，進而產生親切氣質等同於良好工作能力的錯覺，即是月暈效果的表現。

4. 個人偏好或偏見

企業面試的時間往往有限，短時間內應徵者所有舉動皆可能被納入評估的依據。面談者個人對於應徵者的外表、種族、年紀、性別、個人背景或過去工作經驗等，甚至於於面談中應徵者所表現出的非口語行為，如點頭、微笑等偏好或偏見，也會造成面試過程中過度著重某些條件，而失去客觀立場，使得測量結果產生不準確的情形。但有學者透過實證研究指出，應徵者於面談時所表現出的非口語行為，多有助於應徵者之面試評價（羅新興等，2004: 57）。因此，面試者應盡量屏除個人偏見，客觀觀察應徵者在面談時所表現的舉止行為。

整體而言，在現代社會中，面談已成為人才選用過程中相當普遍的一種測量工具。因為透過面對面的談話，可以觀察應徵者的談吐、反應和行為舉止，彌補應徵表或測驗所難以提供的實際資訊。因此，企業在使用此項選才工具時，應多加小心謹慎；除了須視組織需求選擇適當的面談形式外，另一方面亦須留意面談計劃的設計，用以提高面談的信度與效度，使得面談能較為準確，為組織測量篩選出適任人才。

---

❼ 月暈效果為心理學之詞彙，是指當某人有良好表現時，對其之評價會高於其實際表現，便如同看月亮之時，所見的不僅是月亮實際大小，也包含了月亮暈光。

資訊補給站

面試常被問到的問題 ❽

　　企業常藉由面試的對答來認識求職者的個性和做事風格，以此研判是否適合其組織文化。以下是求職者在面試時常被問到的問題，這些問題可以供作參考，讓事前準備更充分。

①請您簡單的說明一下您的學經歷。

②您有什麼專長，可以為本公司貢獻?

③您過去有什麼最值得肯定的工作成果?

④您能否詳述一下您的專長工作內容?

⑤您為何選擇本公司?

⑥您的英文能力如何? 能否簡單用英文介紹自己?

⑦請您說明一下未來的工作生涯規劃。

⑧您曾經遭過哪些挫折? 又如何克服?

⑨您的抗壓力如何? 可以超時工作或配合加班嗎?

⑩您對薪水有何要求?

⑪請問您瞭解本公司嗎?

⑫您為什麼要應徵這份工作? 您喜歡類似這樣的工作嗎?

⑬請問您學生時代對什麼課程最有興趣呢? 為什麼?

⑭請問您短期還有繼續進修的計劃嗎? 您預計可以在這裡工作多久?

⑮可以談談您的家庭背景或父母的教育方式嗎?

⑯可以談談您的價值觀嗎? 可否簡單的描述一下您的個性?

⑰如果錄用您，您希望在本公司能有怎樣的發展呢? 您對這份工作的期望是什麼?

⑱這份工作上下班時間不固定，您願意配合嗎? 若是需要常加班，您的時間

---

❽　資料來源: 戴國良著 (2004)，《人力資源管理——企業實務導向與本土個案實例》，p. 63，臺北: 鼎茂。

可以配合嗎？

⑲當您遇到不講理的同事或顧客時，會如何面對或採取何種解決方案？

⑳可以談談您最近讀的一本書，或者是您讀完之後的想法或心得嗎？

五、資料查證

資料查證在選用過程中亦為重要的環節，可以於面談之前或之後加以實施。雖然應徵者的資料在應徵表以及面談過程中均已提供，但為了避免發生個人背景不實或是自我膨脹的情形，對於應徵者的證書、執照、過去服務證明、財力證明等相關文件均需加以查證核實。一般而言，雖然資料查證為一項較需要投入時間與成本的活動，但卻可能有效避免錯誤決策的發生。所以可透過電話詢問應徵者過去所服務的單位或上司其工作表現、薪資水準、離職緣由等，甚至瞭解應徵者過去與同事相處的情形。

另外，推薦函雖為選用過程中經常被要求準備的一項資料，但其作為測量工具的有效性卻是最低。因為推薦函的撰寫者通常是對應徵者較為友善的人，再加上報喜不報憂的心態也使得推薦函的可信度普遍呈現較低的情形。

六、健康檢查

健康檢查為選用過程後期程序，目的在於讓企業能夠瞭解應徵者的生理情況是否適合工作需求，進而降低未來的缺席率。而應徵者亦可透過健康檢查紀錄作為日後保險與賠償之依據，所以對勞資雙方而言，健康檢查乃具有相互保障的功效。

部分企業在受理應徵表階段即要求應徵者檢附健康檢查紀錄，然有部分組織則等到人選確定之後才要求新進人員從事健康檢查。但此種作法具有危險性，因為人選確定後，若健康檢查結果顯示此人不適任，則可能使得組織面臨資源與時間成本上的浪費。另外，健康檢查的結果為避免違反《就業服務法》中之相關規定，除異常現象會直接影響工作外，不能作為不聘用之理由。

■ 七、通知結果與建檔

選用過程的最後步驟即為根據上述階段決定適任人選。不論應徵者錄取與否，企業皆應盡快發出通知。對於錄取者而言，得以使其盡早進入組織服務，且避免等待過程中有其他較佳選擇的情形出現，使組織失去適任人才。另一方面，對於未錄取者而言，也得以盡早準備繼續求職。

一般而言，錄取與否皆應以正式書面文件予以告知，除應通知錄取者基本錄取訊息外，也應註明工作相關事項。至於未錄取者則需使其瞭解未錄取的原因，並禮貌性感謝對此工作的興趣，同時將未錄取者之資料加以建檔保留，建立組織人力資料庫，以利於未來人才選用。

第四節　人才選用的課題

對於企業而言，人無異為最重要的資產，若得以聘僱適任員工，將有助於組織生產力與績效之提昇，反之將導致資源浪費與營運成本的增加。然而，隨著社會的發展與環境的改變，如科技發達迅速、價值觀念改變，以及少子化與高齡化等社會現象的日益深化，都使得企業在未來人力資源的選用上，面臨高度的挑戰。以下為企業在進行人才選用時所可能面臨的課題：

■ 一、應著重瞭解應徵者的心理層面

隨著教育水準的提昇與社會分工日趨專業化、技術化，目前企業在進行人才選用時多強調專業知識與技能，傾向選用學歷高、專業技能較佳的人才，以強化組織的競爭力。然而，受到價值觀改變、少子化以及網際網路發達的影響，現代人之間的交流與溝通日漸減少，許多年輕應徵者雖擁有高學歷，但對於過去組織中所強調的責任感、歸屬感，甚至是抗壓性等特質則是相對缺乏，因此，企業在選用人才時，不能僅著重應徵者的專業知識和技能，還應重視應徵者的人格特質、性格或價值觀等心理層面的健全程度。

二、盡量使用多元的測量工具

　　為避免在選用過程中因受到管理者個人偏好或主觀意識的影響，而無法為組織選出真正合適的人才，因此在選用過程中應盡量採用多元的測量工具，並將原本單向的選用，轉變成為包含吸引人力、新人訓練與社會化階段的選用活動，並從講究單一技能的選用目標，改變成為選用多元化人才的原則，用以因應組織需求。

三、選用過程中避免涉及個人隱私的問題

　　近幾年來，隨著教育程度的提昇與個人權利意識的抬頭，政府保障工作者的法令也日趨完整。因此，企業在從事選用的過程中除了須留意對員工權利之維護外，應避免詢問涉及個人隱私的問題，如結婚與否、有沒有小孩等。若組織希望能多瞭解應徵者，則可以透過多樣的測驗方式來獲得所欲瞭解之資訊。

第五節　結語

　　人才無疑為組織的重要支柱，當組織對外或對內進行招募人才時，選用的結果往往會對組織的績效產生影響。錯誤的選用決策，不論是錯誤的錄取抑或是錯誤的淘汰，都將造成組織資源的浪費。好的組織希望網羅優秀人才，而優秀人才亦期待進入好的組織中服務，如何將兩者加以連結，即為人才選用過程的目標，亦可突顯出此過程的重要性。尤其在現今競爭激烈，資源卻有限的社會中，唯有聘用適任人才才可為組織創造雙贏的局面。

　　整體而言，人才選用乃是一系列有計劃人才篩選的步驟，過程中各階段環環相扣。在測量工具多樣化的情況下，如何有效地組合這些測量工具，以達成組織選用人才的目標即成為相當重要的課題。在多種選用的工具中，透過履歷表以及初步面試能使管理者對應徵者的背景有粗淺的瞭解，也使得應徵者有機會突顯出自己的與眾不同；而藉由專業測驗與適性測驗，可協助管理者瞭解應徵者的專業能力與人格特質或潛在能力；而深入面談則是提供管

理者得以進一步瞭解應徵者的機會，特別是有關應徵者的思考模式、工作態度等深層的認知；至於健康檢查除提供組織瞭解應徵者的生理情況，作為判定是否適任工作的依據外，由於可以避免日後可能發生的糾紛，能提供組織與應徵者彼此保障的機會。在選用過程的最後，無論組織決定是否錄取該應徵者，都須將結果予以告知，並將未錄取者的資料予以建檔，以備日後之所需。

綜上所述得知，由於人才選用過程的複雜性，使得組織所採用的測量工具皆須留意其信度與效度的關聯性，如此測量指標才能發揮應有之功效，而不致對管理者產生錯誤決策的影響。此外，由於面談普遍被企業採用，因此在面談過程中，面試者如何透過各種面談環境的設計，以及面談技巧的運用，使得面談得以在客觀公平的情況下進行，同時給予雙方表達意見並瞭解彼此的機會，而不致因個人主觀或偏見使面談淪為支持決策的工具，失去選才的作用，則是組織在進行人才選用時所需面臨的課題。

課後練習

⑴對企業而言，人才選用的重要性為何？選用的程序又為何？

⑵面談為何是許多企業普遍採用的選用人才方式？在面談過程中可能出現哪些錯誤？應如何加以避免或改善？

⑶面談有哪幾種類型？各有哪些特點？

⑷若您欲選用下列人才，請問您會用哪些選才方式來找尋合適的人才？

　①電子工程師　　　　　　②超商店長

　③公車司機　　　　　　　④總經理秘書

　⑤廣告公司企劃專員　　　⑥銀行儲備幹部

⑸請練習寫一份應徵工作的履歷。

中國信託的人才選用❾

前中國信託商業銀行歷經兩次組織變革後，於民國 91 年轉變為中國信託金控。為了因應公司的規模擴大，中國信託金控不斷網羅各地新鮮人和求職者，除了提供公平又有激勵效果的薪酬制度之外，還有三節獎金、年終分紅、績效獎金、員工參與認股計劃等，甚至還有行員優惠存款、退休金優惠等各項福利，這些完善的制度讓中國信託金控一直都是求職者尋覓工作的首選之一。

在人才選用方面，從 93 年起每年都舉辦校園獵英計劃，在國內各校網羅人才並接受為期兩年的訓練，成為公司的儲備幹部。在選用人才時，會建立一套有制度的人力資料庫系統，包括履歷表的登錄及篩選、面談及測驗等，以備日後不時之需。

個案研討

找工作　看看名人的第一次❿

對每個人來說，第一次找工作一定都是又期待又怕受傷害，有人形容，就像初戀一樣令人印象深刻。

廣三崇光百貨人事部副理游秋芹，20 年前剛從國貿系畢業找工作時，特地穿了套裝和高跟鞋表現出專業，且在面試時附上中英文自傳、簡歷、成績單還有參加社團及打工的心得，憑著她誠懇的態度，及外文、打字、國貿專業的特長，讓她順利的贏得這份工作。

中友百貨協理廖獻凱的第一次經驗則是一場誤會。他以日本學生未畢業就開始找工作的習慣，拿著推薦函到臺北的某間大百貨公司應徵美工，

❾ 資料來源：中國信託金控網，http://www.chinatrustgroup.com.tw/jsp/newsContent. jsp?pKey=93030402；中國信託金控徵才網，http://hrbank.chinatrust.com.tw/default. asp?page=require.asp?wkmode=search-mrno=200600082。

❿ 資料來源：林中偉 (2005.05.20)，〈找工作　看看名人的第一次〉，《民生報》。

但卻因「沒有畢業」而遭到拒絕。而今，廖獻凱已是中部百貨業創意絕佳的設計鬼才。

中友研發室經理陸平當年剛從會計科畢業，就經由長輩介紹到了一家大公司應徵會計。當時她穿了一套漂亮的洋裝，只和老闆聊沒幾句話，第二天就去上班了。但是因為工作常需要一個人南北往返，待了不久她就跳槽了。

問題與討論

1. 從上述個案中，您認為對企業而言，應徵者需具備哪些基本條件才能被視為是合適的人才？

2. 根據本個案，您認為企業在選用人才時有哪些盲點需要改進？

3. 當您去應徵工作時，請問您認為履歷表上應檢附何種資料才能使您在眾多應徵者中脫穎而出？另外，您認為面談時應表達哪些內容？

【附錄】如何寫好英文履歷表[11]

履歷表是你與僱主接觸的第一道窗口，如何讓對方第一眼看到履歷表，就認定你會是他所需要的人，是非常重要的。隨著國內職場對於員工英文程度的重視，要求應徵者撰寫英文履歷的機率也日益增加，如何寫好一份英文履歷，經常困擾著求職者。以下參考美國最大求職網站 Monster.com 所歸納的撰寫英文履歷之 7 項原則：

1. 頁數不超過兩頁

履歷表不是自傳，愈簡短愈好，只要把和應徵工作相關的資料或是經歷寫出來就可以。企業主每天收到上千封的履歷表，其實沒有多少時間看你長篇大論的介紹自己。如果對方希望深入的瞭解你，會等到面試的時候再問。履歷表只要列出相關的重點就好，盡量幫對方節省時間。

2. 不要一表多用

儘管你應徵的是相同領域的工作(例如行銷或是業務)，但是不同的公司，

---

[11] 資料來源：吳凱琳 (2006.04)，〈如何寫好英文履歷表〉，《Cheers 雜誌》，第 67 期。

對工作有不同的要求。事先瞭解每家公司的企業文化，對工作有哪些特別的要求，需要什麼樣的人才，再根據這些資訊決定刪減或是增加哪些內容，而不是把你所有過去的經歷全部寫出來，直接印 10 份寄給 10 家不同的公司。

3. 避免重複的資訊

如果每次兼職或是實習工作的職務非常類似，例如你在不同公司同樣是擔任店員的工作。寫履歷時就要再額外說明工作的成就，例如獲選為當月最佳店員。否則應徵的人看到的是重複的資訊，沒有什麼特別的。

4. 刪除不相關的訊息

像是個人的嗜好興趣、生日、或是婚姻狀況等，這些都是和工作無關的資訊，不需要註明，不要因此浪費了履歷表的寶貴空間。

5. 日期不可少

包括學歷背景、工作經歷、課外活動項目等，一定要註明日期，以增加可信度。

6. 以詞作開頭，不要造句

你不是在寫文章，不需要精心造句。直接以詞作為開頭，例如："Assisted in..."、"Processed orders..."。句子也要盡量簡短，讓人一眼看到就明白你在做些什麼。

7. 再多的檢查也不嫌煩

千萬不可以出現拼錯字或是打錯字的情況。寄出履歷表之前，一定要一再的檢查確認，或是給其他人看過一次。即使只是小小的錯誤，但是卻會讓企業主認為是不專業的表現。

履歷表就是你的銷售工具，它並不能保證你一定可以得到工作，但是能帶給你面試的機會。因此，你的履歷表必須引起僱主對你的興趣，想要再約你當面談一談。

筆記欄

6

教育訓練

實務報導

培育臺灣咖啡綠洲的尖兵——星巴克的員工教育訓練❶

星巴克如何將咖啡消費文化帶入習慣喝茶品茗的臺灣社會呢？誰想得到現在不管是學生、上班族或是主婦，喝咖啡已經成為一種習慣，休息、工作時都要來一杯星巴克咖啡呢？星巴克成功帶入咖啡文化的秘訣就是他們妥善的經營自己的第一線顧客——員工。

星巴克相信「成功完全建立在員工與企業的關係上」，他們把員工當成顧客一樣對待，投資廣告和行銷資源在員工身上。因為有高漲的員工士氣，才能給予消費者最良好的服務，特別是要直接與消費者面對面的門市，互動成效是決定了品牌形象成功與否的最大因素。每一個員工都是構成品牌的一份子，對外也代表了星巴克。

星巴克堅持直營不做加盟，才能把一套完整的經營模式套用在每家店上。他們訂定了一套詳細的經營模式，給予員工非常完善的訓練，要熟記各種咖啡的知識，每個環節都變成反射動作，使員工成為星巴克的咖啡大使。星巴克對「人」的互動更是要求，在顧客進門 10 秒內要有眼神接觸、對顧客要尊重、有同理心。更特別的是，星巴克的員工還要上放鬆課，因為他們相信有輕鬆的心情，才能煮出最美味的咖啡。

針對每一個職位的員工，星巴克都有相對應的訓練。在 80 個工作小時內要學習的內容有：

1. 關於咖啡的知識。

2. 如何熱情地與他人分享有關咖啡的知識。

3. 準備膳食和飲料的一般知識，包括基本知識和顧客服務知識。

4. 為什麼星巴克是最好的。

5. 關於咖啡豆、咖啡種類、添加物、生長地區、烘焙、配送、包裝等方面的

---

❶　資料來源：Howard Schultz 著，韓懷宗譯 (1998)，〈STARBUCKS 咖啡王國傳奇〉，臺北：聯經；維基百科，http://zh.wikipedia.org/。

詳細知識。

6. 如何以正確的方式聞咖啡和品咖啡，以及確定它什麼時候味道最好。

7. 描述咖啡的味道；喚醒對咖啡的感覺，以及熟悉咖啡的芳香、酸度、咖啡豆的大小和風味。

核心訓練除了讓員工具備工作時最初步的服務技巧之外，還有商品銷售技巧及店內設備維護保養等技巧的提昇。經過兩個月的訓練後，針對表現優異的員工，星巴克會提供領導技巧的訓練課程，管理階層需要進行實際的現金管理、樓層管理、人力排班、人力預測等方面的領導技巧訓練。星巴克相信給予員工愈是充分的訓練，員工就愈能準備充足的上場，再加上適時的獎勵，這些都是讓員工樂在工作的原動力。

實務報導中所介紹的星巴克文化，相信你我一定不陌生，也都親身體驗過。星巴克之所以成功，重點在於重視員工的專業教育訓練，並且視員工為品牌最佳代言人。由此可知，教育訓練對於企業而言是項必要的投資，同時也是人力資源管理重要的工作。因此，在本章中，首先介紹訓練的基本概念；其次整理訓練方式與評估；最後探討教育訓練的課題與發展趨勢。

第一節　訓練的基本概念

一、訓練的意義與目的

對企業而言，透過人才選用可獲得其所需要之人力資源，然而即使經過篩選，所獲得之人力卻並非皆能夠滿足組織需求，甚至可能由於應徵人數不足而使組織被迫錄取最接近需求特質之員工，因此須加以訓練使其能夠合於組織需求。至於現有員工也可能因外部環境（如科技發展、市場變化）的改變，以及配合組織內部發展（如績效不佳、溝通不良、升遷）等，而須透過教育訓練來維持組織的人力素質，確保組織競爭力於不墜。

因此，訓練 (training) 的意義可從兩方面來加以闡述：首先就組織角度而言，訓練乃是透過組織提供員工系統化教學活動的安排，使其獲得或提昇執

行工作所需之知識、技術與能力 (knowledge, skills, and ability, KSA)；其次就員工角度而言，訓練可以增進員工的工作知識、技能與工作態度，以提昇工作績效的學習過程（吳美連，2005: 211–212；李長貴等，2007: 186）。另外，若從廣義與狹義來定義訓練，廣義的訓練意指組織基於未來執行工作之需求，而對其員工進行知識技能再學習與心理重建等活動，而狹義的訓練則著重於工作技能與知識的部分，即所謂技術訓練 (skill training)（吳美連，2005: 212；李長貴等，2007: 186）。

在競爭日益激烈的現代社會中，人才為企業最重要的資源之一，企業透過訓練對人才加以投資，以提昇工作產出、效率與品質，並維持其競爭力。而訓練對於企業的目的，可以分述如下（何永福，1993: 187；吳復新，2003: 265–266；吳美連，2005: 214；黃同圳等，2008: 191）：

㈠提昇員工生產力

就社會環境與組織變革而言，由於外在環境，如經濟、技術、社會與政府政策等的變化，甚至新設備的引進，使得員工自身技術可能面臨過時的困境。而透過對員工的再教育訓練，可以使員工的學習不至於間斷，甚至組織可變革成為一學習型組織，以維持或提昇企業自身競爭力。

㈡提昇組織生產力

就企業經營管理觀點而言，透過訓練可減少工作中所產生的績效不彰問題，如熟習設備操作方法可提昇生產效率、熟稔操作流程可避免不必要的資源浪費等，皆是藉由訓練以降低負面組織績效問題，進而提昇組織生產力，增加組織利潤之結果。

㈢發掘人才

在訓練過程中，可以發現許多受訓員工的可訓練性 (trainability)。換言之，即可幫助企業瞭解員工的潛力，能夠及早發覺可造之材，加以有計劃的培育使其能夠在組織中擔當重要角色。

二、訓練的系統化程序

由於訓練必須幫助組織目標達成，如提昇員工、組織生產力與績效，以及發掘人才等，且往往需要企業投入較大量成本，因此訓練需為一系列經過系統安排的學習活動，組織方能將其資源運用於要加強之部分。

一個理想的訓練過程，應包含評估訓練需求、設定訓練目標、擬定訓練計劃、施行訓練計劃、評估訓練結果等步驟。亦即組織透過評估訓練需求以瞭解員工真正需要的訓練內容，並於考量企業現狀後，設定訓練欲達成之目標以利於未來之衡量，其後透過訓練計劃的擬定與施行，再由評估來回饋施行之成效，流程如圖 6-1 所示，以下將就評估訓練需求、設定訓練目標、擬定與實施訓練計劃等部分加以說明，而評估訓練結果則於下一節中加以說明（王居卿，2000: 160；吳美連，2005: 216-220；張緯良，2006: 209-212；李長貴等，2007: 189、192-193；陳銘薰等，2006: 79；王喻平等，2008: 51-52）。

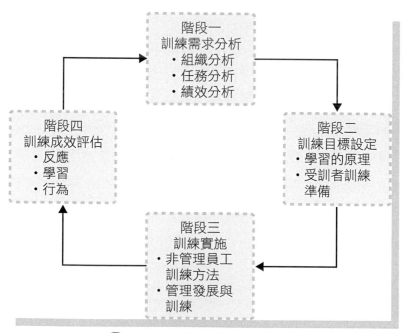

圖 6-1：訓練的系統化程序

資料來源：吳秉恩審校，黃良志、黃家齊、溫金豐、廖文志、韓志翔著 (2007)，《人力資源管理　理論與實務》，p. 236，臺北：華泰。

(一)階段一：訓練需求分析

由於訓練涉及組織營運成本，若欲使訓練不致盲目以減少浪費，首要步驟即是透過系統化的、客觀的分析確認訓練需求。一般而言，可透過組織分析 (organizational analysis)、任務分析 (task analysis) 以及績效分析 (performance analysis) 來評估組織員工所需之訓練。

1. 組織分析

組織分析為以組織整體面臨之環境變遷與策略導向為依據，亦即以策略性與系統性觀點，將組織視為一個系統，將人力資源策略視作為組織策略的一部分對其進行分析。分析的內容主要為理解員工應具備何種能力以因應未來變革，並能加以訓練。若將組織分析加以細分，則可區分成：(1)組織維護 (organization maintenance)，即組織保持存續所需維持的人力狀況；(2)組織效能 (organization effectiveness)，即檢視組織生產力、服務品質與效率等；(3)組織文化 (organization culture) 或組織氣候 (organization climate)，即組織價值系統或哲學。簡言之，組織分析的內容包含組織目標、結構、文化、績效、未來發展等面向，分析重點則著重於確定績效差距、瞭解組織文化、辨別訓練與非訓練的問題等。

2. 任務分析

任務分析係透過系統化方法蒐集特定工作資料加以分析，依其形式可區分成兩種：一是工作內容分析，即依據工作說明書與工作規範來瞭解工作內容與表現，並依此決定訓練需求；員工所具備之技能與該工作之績效標準差距稱之為能力差距，如差距超出可忍受範圍，則該員工需要接受訓練。而另一種任務分析則是藉由將員工所執行之工作內容依據重要性加以排列，而後依據此種排列檢視其是否應加強訓練以提昇工作績效。一般而言，任務分析多適用於新進員工的訓練，抑或是即將調職員工的職前訓練。

3. 績效分析

績效分析又稱個人分析 (personal analysis)，主要係針對現有員工進行分析，且對此類員工而言，訓練需求較為複雜。現有員工之訓練需求通常來自於績效不佳，然訓練是否為解決績效不佳之道則須加以分析釐清。一般而言，

績效 (performance) 決定於能力 (ability)、意願 (willingness) 與機會 (opportunity)，即 $P = A \times W \times O$，若績效不佳為訓練不足，則可透過訓練目標的設定，進行訓練而改善。換言之，透過績效分析瞭解績效是否合乎標準，並更進一步釐清是「願不願」所產生的問題，抑或是「能不能」所產生的績效問題。若為前者，則可能須依賴薪酬獎勵或其他方式來加以解決，如為後者，則可透過訓練加以改善問題。

綜上所述，由於資源有限，是故企業往往需要透過訓練需求之評估，以使資源能夠被適切的加以運用。而上述三種評估訓練需求方式中，組織分析適用於企業內部整體面需求之確立，使訓練目標與組織策略契合，屬於由上而下 (top down) 之需求決策制定；而任務分析與績效分析則是用於個人或單位之訓練需求，屬由下而上 (buttom up) 之決策。然一般在企業中，多須結合三者分析所得之結果，才不致過於偏重或是忽略某階層之訓練需求，使得訓練之成效不彰。

㈡階段二：訓練目標設定

藉由訓練需求的分析，不僅可以瞭解員工是否具有訓練需求外，亦往往連帶認知訓練欲達成的目標。因此，在正式擬定訓練計劃之前，應對於訓練目標加以設定，除確立共同努力焦點，避免淪為為了訓練而訓練外，更可作為訓練績效評估之依據。

另外在訓練目標的設定上，需考量 SMART 原則，即目標要有特定性 (specific)、可衡量性 (measurable)、可達成性 (attainable)、實際性 (realistic) 與時效性 (timing)。事實上，訓練目標的設定多以知識的獲得、態度的改變或增強、技術的取得與工作績效的改進等為主，且設定應清楚列出三項要素，即訓練後績效或行為要求標準的敘述、在何種狀況下此績效標準能夠加以運用，以及衡量績效或行為標準的方法以及尺度。

面對不同訓練需求的員工，組織對於目標設定亦會有所不同，如對於新進員工而言，其訓練目標可能以熟習組織工作內容或程序、認同組織價值觀等優先；而面對因生涯規劃而產生訓練需求的員工，則可將其日後可能面臨

的工作異動與個人成長列為目標，但無論目標設定為何，最後仍以反映於組織競爭力與績效提昇為最終目標。

(三)階段三：訓練實施

在訓練需求與目標皆被確立之後，便進入擬定訓練計劃與施行的階段，用以決定訓練的方法、時間、師資、設備與場地等種種因素。在擬定訓練計劃階段，除了訓練計劃須符合組織訓練需求，以及契合訓練目標外，尚有下列因素需加以留意：

1.師資

訓練師資可分為內部講師與外部講師，前者即由組織內部人員擔任，後者即透過聘任外界學者專家擔任講師，其安排需視訓練內容與組織人才而定。內部講師對於組織文化與實務等較為瞭解，訓練結果亦較容易於組織中加以展現，因此若是一般性技能訓練，或攸關組織價值與文化等訓練課程宜採用內部講師，然而卻也可能產生教學品質參差不齊，以及缺乏理論基礎等缺點。

相形之下，外部講師則對於理論與教學技巧較為嫻熟，且能引進新觀念與作法，因此教育性或發展性的課程宜聘外部講師，以強化員工的能力並達到學以致用的目的。但外部講師也有其缺點，即對於組織需求與受訓員工掌握度可能較有困難，另外成本較高亦為須考量之因素。

2.時間

訓練計劃可區分為長期性的系列式計劃與短期性的一次性計劃，前者為依據訓練需求而進行一系列課程訓練，後者乃是針對組織特定需求，以進行一次性的訓練。另外，根據訓練課程的時間亦可區分成為密集型訓練與間斷型訓練，前者意指訓練課程集中於某一時段，通常為具有時效性的訓練；後者則多見於須理解性的課程，而將訓練分散於較長的時間中。對於企業而言，採取間斷型課程較有利於工作與人力之調派，亦有利於受訓員工時間之安排，故較常見於企業自辦或委外之訓練中。

3.學習原則

由於企業進行訓練之對象往往為成年員工，因此其教育方式與一般學生

略有差異，在擬定訓練計劃時應多留意成人學習特性，並遵循成人學習原理方能使訓練收事半功倍之效。

簡言之，成人學習原則可歸納如下列幾點：(1)自我指導原則；(2)經驗導向原則；(3)協同學習原則；(4)問題取向原則；(5)立即實用原則；(6)回饋強化原則；(7)動態學習原則；(8)個別差異原則；(9)情境學習原則；(10)完形學習原則。因此，企業在進行訓練時，應把握下述學習原則：(1)課程設計理解應大於記憶；(2)須切實可用，避免無意義之學習，以引發其興趣；(3)須與以往經驗相連結；(4)雙向溝通，重視回饋並尊重受訓員工意見；(5)課程可加入實作操練；(6)正面加強與學習激勵。

4.受訓員工

就內容而言，受訓員工因素可區分為能力與動機兩項。

就訓練過程而言,企業在擬定計劃之前便已對訓練需求加以評估與確認，因此清楚受訓練對象，然由於部門內之員工能力具有個別差異，致使每人訓練需求多不相同，可能出現受訓員工尚未具備接受訓練的基本必備能力，抑或者受訓員工數目過低，甚至受訓員工與訓練計劃所需求之員工不同等不合成本效益的情況。

另外，受訓員工動機亦可能為影響訓練成效因素，亦即動機高低亦可能決定績效高低。若受訓員工參與訓練動機不高，則訓練效果與學習效果將較不彰顯，反之亦然。換言之，訓練動機在訓練效能上扮演關鍵角色，若受訓員工具備受訓所需能力，卻缺乏動機，即訓練對其沒有好處，將導致效能不彰，也就是說具有動機之員工會比缺乏動機者獲得較多知識技巧，並展現出較多行為與結果的改變。而要提昇學習受訓員工動機，則可藉由減少使用威脅與處罰方法、設立受訓員工個人目標、訓練課程彈性化、減少訓練生心理障礙等方式加以改善。

5.其他

企業為員工安排的訓練往往為一系列活動，且活動內容環環相扣，許多要素皆須彼此留意與配合，如預算成本、教材、場地等細節皆然。在預算成

本方面，須留意者為於訓練計劃擬定後，計劃所需預算即須加以確定以便列入部門預算，避免計劃因經費問題而有所影響；教材則需配合課程內容與訓練方式，須留意於訓練課程開始前即須將教材準備妥當，避免供應不及；而場地則須視訓練方式而定，課堂講授、實作訓練等不同的訓練內容對於場地也會有不同程度之要求。

訓練計劃的擬定與實施，為從事員工訓練過程中之關鍵階段，一份良好的訓練計劃，不僅使得計劃所欲達到之訓練目標皆能達成，還能提昇或增強員工知識、技能與態度。更有甚者為藉著員工訓練，受訓員工可體認與充實自身能力，進行完善的自我生涯規劃；就長期而言，組織亦可提昇績效與競爭力。換言之，良好員工訓練計劃的擬定與實施，對於企業組織與員工而言，為一雙贏之結果。

第二節　訓練方式與評估

一、訓練的類型

訓練的類型繁多，依據不同之分類標準，有不同之訓練方式。若依訓練對象加以區分，則有新進人員訓練或稱引導訓練 (orientation)、職前訓練 (pre-service training) 與管理才能訓練 (management skill training)。新進人員訓練意指藉由組織人才選用過程所招募而得之人力，在成為組織正式成員之前，須接受訓練以對組織有所瞭解並減少融入團隊所需之時間。職前訓練則為於正式就職新職位前對新工作需求施以的訓練，前述新進人員訓練即屬於此。至於管理才能訓練之目的則在於改善員工績效、調整其態度甚至提供員工成長發展的機會（張緯良，2006: 208–209；吳美連，2005: 221）。

若依據訓練場域加以劃分，可將訓練區分成為職場內訓練 (on the job training) 與職場外訓練 (off the job training)。前者是指工作的同時，員工也接受訓練，亦即工作與訓練乃為同時發生的，其原因可能是企業沒有充分時間進行職前訓練，或是訓練的內容需與工作完全結合，故藉由職場來訓練員工；

後者顧名思義，即受訓員工離開工作場域而接受訓練，地點可能為組織內外，時間則可能為長期性的或是短期間斷性的。以下介紹企業常使用的幾種訓練方式（吳復新，2003，277–283；吳美連，2005: 221–222；張緯良，2006: 217–218、221–224；方世榮譯，2007: 294；李長貴等，2007：196–197、200–202；黃同圳等，2008: 196–197）：

㈠新進人員訓練 (orientation)

新進人員訓練為組織引進新員工時所實施的基本訓練，目的在於使得新進員工能於短時間內熟悉企業環境，以便融入組織，產生績效。簡言之，新進人員訓練乃為一項使新進員工熟悉組織、工作單位與工作內容的正式化過程。一般而言，新進人員訓練可達成下述功效：減少新進員工因新環境引起的不安與焦慮；提高新進人員績效與生產力，並加強其對組織印象與忠誠度，減少離職率；提高新進人員對組織瞭解程度，以及協助新進人員社會化過程。

新進人員訓練的內容，依據舉辦單位與參與對象的不同，可進一步再細分為由組織舉辦或是個別部門舉辦兩種類型，前者是以全體新進人員為訓練對象之組織引導，後者是以部門新進人員為對象之部門引導。分別敘述如下：

1. 組織引導

組織引導多以介紹整體企業給新進人員瞭解熟悉為目標，包含組織歷史與價值觀、組織重要政策與人事規定、工作內容與環境簡介、福利等。組織引導一方面可使新進人員迅速瞭解組織文化，早日建立符合組織標準的行為標準，另一方面亦可檢視組織與自身價值觀是否契合，以作為日後是否留任之依據。

2. 部門引導

部門引導是由新進人員所屬部門對其員工所施以之訓練，時間長短則視工作性質需要而定。一般而言，多以新進人員要從事的工作為主，如工作內容、環境介紹、相關工作知識等。目的是希望新進人員能盡快熟悉工作內容與瞭解本身所屬職場的特質。

㈡職場內訓練 (on the job training, OJT training)

由於部分工作內容涉及實際操作，受訓練者須在實際工作過程中加以學習，因此須採取職場內訓練以達成訓練目的。換言之，即透過實際執行工作的方式以習得工作技能，或透過較具經驗者對於新進人員加以指導，以獲得工作執行較佳技巧。一般而言，職場內訓練又可區分為工作輪調、教練法、學徒制等多種方式，整理介紹如下：

1. 工作輪調

工作輪調 (job rotation) 又稱交叉訓練 (cross training)，乃是藉由接觸不同職務並執行一段期間，培養員工多元化工作技能與多元學習機會，以避免員工在固定工作中所產生的惰性或弊端。此種訓練方式的優點為使部門更具彈性，有機會引入新觀念，並培養員工通才性的職能，以解決人力需求不平衡的問題，以及培育組織未來重要幹部。然而須注意的是，使用此種訓練方式須考慮員工之專長，否則可能導致相反的訓練結果。

2. 教練法

教練法 (coaching or understudy) 為指定較有經驗的同仁或主管以訓練者的身分，對於遭遇工作困境的員工加以指導、協助或糾正，使員工從中學習並熟悉工作內容，進而展現訓練效果。此一訓練方法不僅適用於基層員工，可以使其透過訓練而獲得技術，更可用於培養高階主管接班人之訓練。

3. 學徒制

學徒制 (apprenticeship training) 或稱師徒制 (mentoring system)，一般常見於技術性的工作，是指透過有經驗的員工或上司，對於新進人員進行工作指導與經驗傳承，以將經驗從資深人員轉移給新進人員。此一訓練方式的成功關鍵不僅取決於資深者是否具有耐心與細心的教導能力，更須考量新進人員的用心與觀察能力。換言之，唯有二者建立起良好關係時，此訓練方式方能獲得較佳功效。

㈢ 課堂講授

課堂講授 (lecture) 為訓練中常使用的方式之一，屬於快速傳授知識或理論等資訊給受訓員工的有效方法。課堂講授的優點為可取得訓練的規模經濟，

即同時可供多人訓練、場地受限小，不但可節省時間成本且講師易於掌握學習狀況。然卻也有無法滿足受訓員工個別需求、欠缺團體參與、對於實作部分無法獲得經驗、容易流於紙上談兵等缺點，因此課堂講授學習轉移效果較差。此時，執行課堂講授法的講師為關鍵要素。若講師對於訓練主題經驗豐富，且能激發學習意願並清楚教學目標，同時認真教學，並鼓勵受訓員工提問之方式，將能改善此種訓練方式之成效。

㈣模擬訓練 (simulation training)

當員工現場受訓成本、危險性等過高，或容易降低現場生產力時，便可以採用模擬訓練。模擬訓練為受訓員工以工作實際所使用的設備或模擬器具，但不在實際工作場合進行的訓練。因此，模擬訓練之目的即在於不須將受訓員工置於工作環境中，卻依然能獲得訓練的效果。由於電腦等科技的進步，且此種訓練方式不僅可以降低訓練成本，亦可增加員工學習效率，具有較佳的學習轉移效果，使得模擬訓練逐漸被企業組織採用。

㈤個案研究 (case study)

個案研究可訓練員工組織發展與解決問題的能力，通常是由主持人提供與訓練主題相關之案例，藉由參與者共同討論，以分析診斷問題，甚至提出解決之道。透過個案研究，有經驗的主持人能領導受訓員工高度參與，表達意見並質詢他人意見，以達成決策。相較於一般教學，個案研究較偏重理論可使得受訓員工培養出較為全面與整體性之觀點，但缺點為容易產生理論與實務的落差。成功的個案研究須留意個案的選擇、受訓員工的能力以及主持人，個案須具有一定程度的模糊性，答案不可過於淺顯，而受訓員工則須具備一定程度之能力，避免研究變成口水戰，而有經驗的主持人則對於受訓員工具有引導啟發之作用，其須保持中立客觀之態度，鼓勵參與者提出多面向思考與多元解決方案，引領個案研究完整進行。

㈥角色扮演 (role playing)

角色扮演為一種普遍可見的訓練方式，適用於非操作性卻也需要實際演練的工作之上，主要目的是希望透過扮演他人角色的方式以理解他人行為模

式，進而改變受訓員工態度與行為，增加同理心。另一方面，藉由角色扮演，受訓員工可經由模擬操作而體驗不同情境，以發展解決問題與改善人際關係之技巧，拓展受訓員工之經驗。

(七)程式化學習 (programmed study)

程式化學習為提供受訓員工經過設計的學習工具，經由預先設定的程序引導學習。一般程式化學習為將教材與電子器材結合，使用者可個別依據自身速度操作以學習，其中包含提出問題、事實或意見給予受訓員工、受訓員工回答問題、系統對其回答正確性做出判斷等三部分。程式化學習的優點為受訓員工可擁有個人化學習環境，並減少學習所需時間，以及提高學習效果。

(八)視聽教學 (audiovisual methods)

課堂講授固然可達到訓練規模經濟，然容易受限於場地、時間等因素，而視聽教學則可採取多媒體視聽設備以彌補這些訓練問題。透過視聽科技的發展，以 DVD、光碟片等作為配合學習的工具，發放至各地區播放，不僅可以大量製作降低成本，亦可使得學習情形個人化，更可透過影片的實作畫面提昇學習成果。而另一種視聽教學的表現形式為遠距教學 (distance learning)，其為透過視聽媒體，以資訊通訊設備將教學現場與遠端學習場所加以連結，使得有限師資能獲得較大之運用，降低成本發揮效益。近來隨著科技發展，透過視訊會議，教學端與學習端可同時進行互動，更能夠提昇訓練學習成效。

(九)線上學習 (e-learning)

隨著科技進步與電腦應用普及化，使得企業透過企業內建網路 (intranet)、企業外網路 (extranet) 與網際網路 (internet) 來加以實施訓練與學習，以突破傳統課堂講授之限制。一般而言，線上學習意指藉由網路、光碟或數位化科技加以學習的方式，而線上學習則更著重於「透過網路科技傳送一系列學習的解決方法，以提昇知識和績效」，或者亦稱網路化教育訓練 (web-based training, WBT)❷，由於內容皆多涉及網路之使用，因此本章於此統稱線上學

---

❷ 其意涵為透過全球資訊網 (world wide web, www) 幫助學習者接受訓練的指引和活動，亦即藉由此方式達成分散式訓練，使受訓者不須集中於同一地點接受訓練。

習。

　　拜科技發展之賜,線上學習使得在家工作者或跨國籍者亦能夠加以學習,此為其他種類訓練方式無法達到之功效。美國產業分析師——布蘭登雷爾認為,對於企業而言,相較於傳統的企業員工訓練,必須耗費在人員時間、挑選地點、僱用講師、課程規劃等上面,運用線上學習不僅可減少企業 40%～60% 之投資成本,亦能夠提高員工 25% 的學習技能,並提升企業 10%～15% 的競爭力(周秉榮,2001: 160)。線上學習的優點,一般而言有:(1)配送門檻低,即透過網路即可使用;(2)具重複學習特性,教學一次可重複播放,減少成本;(3)即時與彈性,即不侷限於時空限制;(4)以學習為中心的學習,意指學習狀況可靠自身掌握加以達成;(5)思考模式轉變,意指線上學習取代傳統學習直線思考模式,對學習潛能較有所啟發;(6)提高生產力等(武文瑛,2002: 29–32; 盧佩易,2000: 46)。

 資訊補給站

信義房屋的員工訓練❸

　　企業的最高價值就是建立於顧客之上,特別是需要與客戶直接面對面接觸的房仲業,服務人員的選用是非常重要的。信義房屋建立了嚴謹的遴選制度,還提供多項訓練課程,對於人才培育給予相當程度的重視,如此才能讓員工成長、對工作有信心。主要的訓練有:

一、新進人員職前訓練

　　包括灌輸新進人員信義房屋的企業沿革、經營理念、未來展望和組織結構等認識外,也教育新進人員基本的仲介技巧和態度。職前訓練包括了新人基礎數位課程、新進人員基礎訓練和新進人員職場內訓練(分店實習)。

二、在職訓練

　　信義房屋提供了優勢談判、風水與仲介、生涯規劃、壓力管理、行銷企

---

❸　資料來源: 信義房屋精英招募網,http://www.sinyi.com.tw/hr/index.aspx。

劃、主任動力營、品質活動營等課程，加強員工的專業知識並且協助員工與客戶建立和諧的關係。

三、專業培訓

提供成功複製訓練、專案管理訓練、管理才能評鑑訓練、核心職能訓練、豪宅訓練課程、行銷專案企劃課程、服務品質營課程等，讓員工的專業知識更豐富。

四、主管培訓

為了培養管理能力，信義房屋還提供完整的管理訓練課程，經過不斷的學習，才能成為稱職的經理人。課程包括：店主管育成訓練、新任店主管訓練、店主管基礎教育訓練、店主管進階教育訓練、高階主管基礎教育訓練、高階主管進階教育訓練、高階主管經營策略訓練、總經理培訓班等。

一、評估訓練結果

訓練程序的最後一個步驟即為評估訓練結果，也就是對早先設定的目標加以檢視，並評估訓練後所產生的績效，以作為日後改善與反饋的重要依據。另外，企業藉由投資教育訓練使員工獲得知識技能後，亦須透過績效考核與獎懲設計以強化員工能力，並透過內部講師制度與升遷來加以保留員工能力（陳銘薰等，2006: 94）。

㈠評估結果要素

評估訓練結果的目的在於協助講師改善教材與教學方法、增進訓練效能、評定員工受訓成果與評估訓練計劃之成本效益等。在評估訓練結果須同時考量訓練內容與情境兩種因素，因此，一般而言，需要檢視受訓員工對課程的反應、學習的成果、行為的改變與績效的提昇等四部分，分述如下（張緯良，2006: 229-230；吳復新，2003, 284；黃同圳等，2008: 199-201；蔡維奇，2006: 117-118；王居卿，2000: 145）：

1. 反應

反應 (reaction) 意指受訓員工對於訓練課程的反應與喜好程度，組織往往

在訓練課程結束後或短期內，透過面談或是發放反應評價問卷的方式，蒐集包含是否喜歡課程安排、食宿等安排是否滿意、課程內容是否有所需要改進等資訊。透過這些資訊的蒐集，可使組織瞭解受訓員工反應，以作為改善之參考。

2. 學習

學習 (learning) 意指受訓員工學習的成果，即於訓練中所習得之知識、技能或觀念等的程度，而組織可透過訓練課程結束時，辦理紙筆測驗或考試，以瞭解教導原則與事實方面的學習成果，抑或者透過課堂示範來獲得實作上之學習成果。

3. 行為

行為 (behavior) 是指受訓員工於訓練課程結束後，工作行為改變的程度。行為的改變多需要透過同事間、顧客與上司的反應加以觀察或進行面談而得知，較前兩者難以測量。此外，組織氣候也可能成為影響測量行為改變之因素。

4. 結果

結果 (result) 意指訓練對於個人工作績效或部門工作績效，甚至為整體組織績效所產生的影響程度，其中包含成本減少、品質提高、離職率降低等要素。由於訓練結果需要時間加以呈現，績效改變可能受到外界因素影響而非僅受訓練影響，故較難以測量，通常需要透過財務報表或績效報表來呈現。

(二)評估方法

由於員工經過訓練程序後,其改變的部分並非皆為短時間即明顯可見的，是以針對不同的評估要素，須採用不同之評估方法。以下就參與者評估、事後評估、事前／事後評估、實驗設計等方法加以介紹(何永福,1993: 194–195; 吳美連，2005: 228; 張瑋良，2006: 230; 蔡維奇，2006: 119–120)：

1. 參與者評估

參與者評估為最基本又簡單的評估方式，乃是要求受訓員工對其參與學習的內容加以反應，通常藉由意見調查表或評估表的方式來評估教學內容、

講師能力、訓練方式或環境等。然須留意的是，此種評估方法僅能獲得受訓員工對於施行訓練計劃的反應，卻無法真正得知受訓員工的學習效果。

2. 事後評估

事後評估意指員工於接受訓練後，衡量其於該訓練項目上的績效改變。然須注意的部分是，員工績效改變原因繁多，其中不乏外在環境因素，並不盡然為訓練所導致，故在測量上將可能產生誤差。

3. 事前／事後評估

事前／事後評估是用以彌補事後評估不足之方法，即在員工接受訓練之前先行測量其績效表現，再將所得之結果與接受訓練後所測得之結果相加比較，若此績效有進步則可推論為受到訓練之影響。然此一測量方法依然可能面臨事後評估之測量困境。

4. 實驗設計

實驗設計為較理想測得正確績效之評估方式，意指除了受訓練員工外，另找一組工作環境相當、任務類似之對象，即控制情境因素在相同的情況下，將兩組無顯著差異之員工區分為實驗組與對照組，實驗組接受訓練，而對照組則正常工作，待訓練結束後比較兩組員工績效上之差異，由於其他條件兩組皆為相同，因此若實驗組績效優於對照組，則可推論訓練使得績效提昇。

第三節 教育訓練的課題與發展趨勢

一、教育訓練的課題

如前所述，教育訓練關係企業競爭力的提昇，然而教育訓練卻也面臨到教育訓練經費過低，以及訓練困難兩項重大課題。在教育經費過低的部分，根據《天下雜誌》〈天下企業公民〉2010 年調查，臺灣企業教育訓練時數一年多半 10～50 個小時，高雄塑酯、臺灣微軟、信義房屋等企業的教育訓練一年甚至高達 200 小時以上，由此可見企業對員工訓練的重視度。但即使如此，擁有「500 大執行長搖籃」美譽的奇異 (GE) 公司，一年花十億美元以上在訓

練、評估上，佔營收的 0.6 ％；臺灣的常勝軍台積電 2009 年教育訓練營收比重僅佔 0.02 ％。此一數據顯示出企業雖普遍肯定教育訓練的重要性，但真正重視並願意投入成本長期培養員工，以提昇員工競爭力者則相對很少，也因此多少影響企業整體的競爭力。

另外，對於企業而言，無論企業負責人、部門主管、訓練主管與一般員工，多存在認知、期望、專業與成效上的困難，如企業負責人的認知困難可能為「教育無所不能」、部門主管的期望困難可能為「希望舉辦有實用價值的訓練」、員工的專業困難可能為「公司所舉辦的訓練沒有管理顧問公司專業」等。

一般而言，面對期望困難時，應「以心讀人」，掌握員工需求，換言之，即舉辦訓練者應針對各級人員的不同認知找出成因，正視真正訓練需求；而面對期望困難則可藉由訓練課程詳細完整的規劃加以改善；專業困難則須透過教育訓練者吸收較新的訓練知識，提昇自身專業度，妥善應用於訓練課程中並透過互動的方式，達到訓練諮詢的目的；最後成效困難的解決之道，一方面須將訓練評鑑細節如方法、內容或成效等，事先建構於訓練制度中，另一方面則透過部門、階層間的互動，以瞭解訓練成效、期望或認知中差異的部分，提供反饋並將訓練制度與實務相加結合（石銳，1999: 110-115）。

表 6-1： 企業教育訓練所遭遇的困難矩陣

困難	企業負責人	部門主管	教育訓練主管與同仁	員工
認知困難	・教育訓練不是第一優先,無急迫性 ・教育訓練無所不能	・訓練與工作的關聯性並不高 ・訓練影響工作及業務	・公司對訓練的重視程度不夠 ・各級主管對訓練的支持與合作不足	・訓練是另一種福利
期望困難	・訓練預算要用在刀口上,訓練要有效果 ・訓練應解決立即問題	・希望舉辦有實用價值的訓練 ・希望訓練少一點	・希望公司把訓練列為高優先順序 ・各級主管多支持,但不要干預太多	・希望與工作及成長有關,愈多愈好 ・希望訓練不要利用下班時間
專業困難	・教育訓練似乎	・訓練單位是未	・專業的訓練,不	・公司所舉辦的

	任何人都可以做，沒有特別專業 ・訓練的專業太理論	辦訓練而訓練，沒有我們專業	亞於其他功能的專業 ・各級主管對訓練專業的瞭解及重視不足	訓練沒有管理顧問公司專業
成效困難	・訓練成效的有無，訓練單位要負主要責任	・訓練成效是訓練部門的責任	・各級主管應負責教育訓練的成效及追蹤	・公司或主管重視，效果就大 ・只要認真學習，學到是自己的

資料來源：石銳 (1999)，〈企業教育訓練所遭遇的瓶頸及解決之道〉，p. 111，《金屬工業》，第 33 卷第 6 期。

二、未來趨勢

　　企業從事員工教育訓練之目的，往往在於提高生產力、降低離職率、改善績效等，進而藉由員工績效的改進而提昇組織整體績效，增加組織競爭力。換言之，以傳統觀點而言，員工訓練的目的乃以直接提昇員工生產力為著眼點。然而隨著時代的演進，訓練的對象以不再侷限於基層員工，中階規劃群甚至高階領導群亦須接受相關訓練。

　　另外，根據《管理雜誌》所作的調查顯示，2000 年與 2003 年企業所需要的訓練課程排序為團隊合作、績效管理、領導統御、情緒管理、人際溝通、顧客滿意、學習型組織、壓力管理、目標管理、策略規劃，轉變成為團隊合作、外語能力、領導統御、顧客滿意、主管管理能力、績效管理、人際溝通、壓力管理、時間管理與講師培訓（王為勤，2003: 68–69），由此可知，在現今社會中，企業關注員工所需具備的能力日趨多樣，員工訓練的重點將不僅只是強調訓練技術專才，同時更須講求全面化與多元化，而員工自我管理能力的提昇更被視為是近年來訓練的重要課程內容，如人際溝通、壓力管理與時間管理等。以服務業而言，由於組織日益龐大之故，工作項目隨之增加，因此組織員工所須具備的能力將被要求更為多元，如銀行櫃檯人員亦須具備外匯、放款等專業知識，即為最佳寫照。

第四節　結語

　　人是組織最重要的資源之一，因為人力資源素質的好壞高低將會影響組織的競爭力與獲利能力。由於外在環境變動劇烈，早期員工所受的訓練與技能可能無法跟上科技的進步而顯得過時。因此，為因應此種變化和彌補不足，企業需透過教育訓練以改善工作知識與專業技術，才能提昇員工的工作水準。另一方面，企業也可以透過訓練員工，達到提昇生產力、降低離職率、改善績效等目的，進而改善組織整體競爭力與績效。換言之，訓練不僅是企業消極為改善員工行為的作法，還可視為是企業積極投資自身的一種方式。

　　訓練的類型相當多樣，應視組織和員工需求而定。如對於新進人員而言，可採用組織引導訓練與部門引導訓練。至於既有員工，則可以施行職場內訓練、課堂講授、模擬訓練、個案研究、角色扮演等多種訓練方式。然而，無論採用何種訓練方式，若能透過評估來瞭解訓練的結果，將可以避免訓練流於形式，提高訓練的有效性。另外，由於訓練可以充實員工的知識技能，協助組織瞭解員工的能力和潛力，因此，企業若能真正瞭解訓練的價值與意義，應能創造有利企業與員工雙贏的有效訓練機制。

課後練習

⑴企業從事員工教育訓練的目的與意義為何？

⑵評估訓練需求時，可以從哪些面向加以分析？

⑶企業可採行的訓練方式有哪些？請分述其優缺點。

⑷請分組自行觀察一企業的訓練方式，並針對其作法加以評析。

⑸針對下列不同行業別的員工，您會建議採取何種訓練方法？為什麼？

　①程式設計師　②廣告企劃人員　③建築工地工人　④便利商店店員

　⑤保險業務專員　⑥客服人員　⑦客運司機　⑧電子公司作業員

　⑨保全人員　⑩銀行理財專員

滙豐銀行訓練神話論❹

　　滙豐銀行擁有令人稱羨的學習文化，將訓練的重點專注於 2,400 多位員工身上，平均每一位員工全年上課時數達 6 小時，部門主管也願意主動配合，共同發展學習部門。

　　儘管重視教育訓練，但仍要將資源做最妥善的分配，單位必須先進行 15 項目的考核，才能通過評估，以此決定教育訓練的優先順序或是實施與否。當然，最終的目標還是藉著教育訓練能讓公司達到整體發展。

　　滙豐銀行還提供線上教材，員工可以上網學習，如此可大幅減少開班授課成本。像是新人進入公司後的訓練都已經轉換為方便的線上課程。滙豐在 5 年前導入了 c-learning，啟動數位學習時代，降低實體授課的比例後，也有更多空出來的時間可以投入線上課程的研發，讓它發展得更有創意、更成功。

　　2007 年起，滙豐更要求內部講師也要成為公司內部的「關係經理人」，能協助部門進行訓練分析、提出解決方案等。建立完整的內部講師制度也能節省滙豐的成本，妥善運用內部講師的資源，才得以長期運作。

　　儘管投入了大量資源，滙豐仍堅持不附帶懲罰條款，建立這張緊密的學習發展網絡，協助員工逐步成長，成為激烈的金融戰場中無可取代的競爭優勢。

個案研討

訓練，是為了發展……❺

　　早期因為能力不足才需要「訓練」的觀念已經落伍了，新時代的企業教育訓練已成為員工為了增加更多技能而自發性的學習，成為個人生涯發展的一環。如今，企業應該配合外在潮流，協助員工和公司同步學習成長，

❹ 資料來源：陳珮馨 (2007.06.15)，〈滙豐銀行訓練神話論〉，《經濟日報》。

❺ 資料來源：方正儀 (2008.06.04)，〈訓練，是為了發展……〉，《管理雜誌》，第 408 期。

這也是訓練的目的——使員工、工作和組織三者能夠達到最佳的契合度，同時達到組織經營和員工發展的目標。

訓練可以提昇工作績效、加強工作能力，甚而能幫助員工達到個人發展目標，也能強化組織的營運目標。除了增強員工目前的工作效率的訓練外，再加上員工發展，更能瞭解問題、解決問題、作出決策。

訓練課程的四大層次，是「取得知識」、「熟習技術」、「改變態度」與「創造績效」，這決定了訓練的內容規劃及目的。企業在花了大筆金錢投資之外，也不要忘記知識落實的重要性，以免成效不彰。要切記的是，訓練過後還必須從做中學，才能發揮訓練最大的效益。

問題與討論

1. 如何將員工自身的學習意願與企業的訓練加以結合？

2. 除了技能不足之外，請問您認為若企業希望所提供訓練，能符合員工所需，應考慮哪些面向？

3. 透過本個案的閱讀，您認為企業在辦理員工教育訓練時，為了避免流於形式，應考慮哪些因素？

7

績效評估

三明治績效面談 ❶

經濟景氣不佳，企業對績效要求更為嚴格。績效考核包括了組織設定的「目標面」和員工表現的「行為面」，主管應將工作內容、環境等都列入評估，才能客觀的表現績效，績效管理是讓員工可以瞭解自己的表現以及找出需要加強之處。

績效面談應該對事不對人，主要是幫助員工找出改善問題、提昇績效的方法。溝通時可以利用「三明治」原則——正、負、正的溝通法，先稱讚員工表現不錯的地方，再舉出可以加強之處，傾聽員工的意見及對未來的期許後，最後再給予勉勵。如果績效評估不是建立在薪酬基礎上，員工較能夠虛心聽進主管的建議。溝通的主要目的是「找出原因，提昇對策」，和員工共同尋求改進方法並一起訂定未來的發展目標，才能達到最有效的共識。

　　面對經濟不景氣與市場競爭，多數企業會透過績效評估來檢視組織人力的合適性。然如何做到公正客觀的績效評估，以避免負面效應的產生，則考驗著評估者的智慧。上述報導中的三明治績效面談乃是可以參考的例子。在本章中，首先介紹績效評估的基本概念；其次說明績效評估的程序；接著分析績效評估的方法；最後論述績效評估所可能產生的矛盾與限制。

第一節　績效評估的基本概念

一、績效評估的意涵

　　當員工進入企業一段時間後，大多數的企業會要求主管對其下屬的工作表現進行評估，以瞭解員工完成任務的水準，並辨認員工的優缺點，以作為日後員工教育訓練發展，甚至獎懲的參考。因此，績效評估並非毫無意義與目的，也不是例行公事，而有其重要意義與目的。所謂績效評估 (performance evaluation) 意指對於員工在工作期間的努力與成果，進行客觀的檢視考評，並

---

❶　資料來源：黃玉珍 (2009.03.20)，〈領導統御　三明治績效面談〉，《經濟日報》。

依據其結果給予獎懲，以提昇工作效能的過程。換言之，績效評估即為確定員工對於組織貢獻的方式，也可以視為是組織給予員工的一種回饋。藉由此過程，使得組織運作與個人表現能被充分瞭解，並對於組織管理階層提供參考資訊，以作為強化並提昇組織競爭力之依據（張緯良，2006: 228；吳復新，2003: 381；何明城，2002: 208）。

任何一個體系（如企業或員工），在朝著目標前進時，都需要一些反饋訊息，來使得此體系瞭解是否朝著正確方向前進？若不是朝著原定方向前進的話，差距有多少？需要怎樣的措施以矯正偏差？在企業中，績效評估正可以發揮此功能，提供上述三種訊息給企業和員工。因此，就某程度而言，績效評估為一種控制措施。透過績效評估的過程，不僅可影響和改善整體或個別員工工作特徵（如主動性、合作行為）、工作行為與工作結果，更可為組織人力資源規劃提供依據（何永福等，1993: 95–96）。由此可知，績效評估為人力資源管理重要的一環。

■ 二、績效評估的目的與功能

績效評估一方面為支援性的角色，提供企業現存人力資源的基本訊息，如透過績效評估將生產力與獎酬加以連結，以得知哪些員工可以升遷；或是獲得員工工作領域需要改善之資訊，以決定哪些員工需要予以訓練等。另外，企業在招募員工時，即依據工作規範訂定人才選用標準，然而所獲得的人才是否符合組織需求則有賴長期觀察，並透過績效評估，比較不同員工在工作績效上的表現，以調整未來的選才程序。因此，績效評估所得之結果，往往為許多人事決策之依據（何永福等，1993: 95；吳美連，2005: 339–340；張緯良，2006: 228；何明城，2002: 209）。換言之，藉由績效評估對於員工進行招募甄選、訓練、生涯規劃等的回饋，以及對於組織內部升遷、培訓等作業上所提供支援的作用，可使這些作業具有施行或改善之根據。

而另一方面，績效評估亦扮演著功能性的角色，也就是自身即具有改善員工工作能力與態度之效用。舉例而言，藉由績效評估中主管或同僚的訊息

反饋，使員工有機會因為自身表現優良而獲得肯定，亦可藉此對員工表現不佳之處提出檢討，以謀改進之道，甚至透過績效評估，可以協助員工個人職涯發展之目標。換言之，績效評估能讓員工更瞭解自身優點或缺點，以致能夠改善其自身態度、行為與績效。

就學理而言，績效評估是企業為了衡量員工對企業的貢獻所採用的一種評估制度系統，對企業維持運作效能提供基本的動力（陳振東等，2008: 35）。此外，績效評估亦能夠對於組織文化的建立與維持有所助益。績效評估可作為企業評估政策與計劃之基準，可據此建立員工之行為準則，使員工瞭解企業所重視之核心價值，亦可藉此與主管溝通自身績效標準之合適性，以及對組織目標的關切，來達到建立與維持組織文化之目的（吳美連，2005: 340）。

綜上所述得知，雖然績效評估之功能會因企業規模而有所差異，但基本上，對一般企業而言，績效評估所能發揮之功能可以簡單歸納如下（吳復新，2003: 382–383）：

(1)透過績效評估制度，可以激勵員工維持工作績效或將其提高至較滿意的績效水準。

(2)提供員工個人成長發展之機會，若進一步配合進修、正式訓練課程或與工作有關的訓練發展，將能有更好效果。

(3)藉由定期、正式的績效評估，可以敦促主管人員定期檢討部屬的工作績效，並發掘績效欠佳的原因，以督導部屬採取改正措施，健全組織控制。

(4)正確而客觀的績效評估制度，可作為管理階層進行職位升遷、解僱、賞罰等管理決策之參考。

(5)績效評估制度的結果可作為主管調整員工薪資的依據。

(6)從績效評估過程中發掘並評鑑員工的潛力，企業可因此找到合適的接班人選，並讓企業及早安排人力培訓事宜。

(7)績效評估可使企業瞭解哪些員工的績效低於原訂標準，以便安排必要的訓練課程。

綜上所述得知，績效評估為一種檢視之機制，同時也具有回饋的功能，

可以協助企業進一步瞭解員工的能力與不足，由於其往往牽涉企業人事或財務上之相關決策，並攸關組織競爭力之維持，因此在企業人力資源管理計劃中，扮演重要且不可或缺之關鍵因素。

第二節　績效評估的程序

一般而言，績效評估的程序通常包含了三個步驟：決定績效標準、決定績效評估者，以及提供回饋等。決定績效標準旨在使管理者與員工對工作內容及應達到之標準建立共識；評估績效則是將員工之績效與標準加以比較，其中須用到各種評估方式與工具的運用；最後，績效評估須向員工提供回饋，以討論其績效與對未來期望（張緯良，2006: 239）。關於績效評估程序各步驟之內容，分述如下：

一、決定績效標準 (defined performance standard)

在進行績效評估時，界定執行工作的員工所期望達到的績效水準，以及確認工作內容為不可或缺的事，若對於工作內容與標準定義不夠清楚，則容易導致績效評估失敗。因此，若績效標準定義得不夠明確，或是管理階層與員工間對於績效標準有不同意見時，可能使得績效評估過程產生爭議，甚至引發員工不知該如何努力等問題（吳美連，2005: 341–342；張緯良，2006: 240）。由以上所述可知，績效評估最基本的部分即是評估的內容，由於此內容的制訂代表企業對員工在工作上的期望，故容易直接影響員工對於工作的看法。因此，工作說明書成了工作內容與績效標準的主要來源。換言之，績效評估的程序中，首先即是自工作分析的資料中，找出需要審核的主要技能、行為、成果與產出，透過工作分析對於工作內容做詳盡的描述，有的工作說明書甚至還會訂出績效標準，使員工能明白工作內容與期望（張緯良，2006: 240；何明城，2002: 210）。

由於各企業之間的策略、文化與技術不同之故，以及員工之間差異的績效要求，因此在制訂績效標準時，應依據下述準則加以制訂。

(一)就組織角度而言

首先為技術性準則，即員工於有效完成一項工作時所應有的態度、行為與結果，由於此部分是基於工作分析延伸而來，所以容易因工作而異；其次為策略文化準則，主要乃為由於企業運作之環境不同，各有獨特的競爭策略與企業文化，因此評估可能有其著重獨特之面向，而不會因員工工作有所不同；第三為法令性準則，即不同國家對於人事管理法則皆有所差異，因此評估須將此因素考量在內，以免觸犯相關法律（何永福等，1993: 97-98）。

(二)就員工角度而言

績效評估標的可區分為四類範圍，分別為工作成果、工作行為、技術能力與人格特質：工作成果意指員工達成企業所賦予目標的程度，此多為企業組織追求的目標，因此自然為績效評估的重點，然須注意的是部分評估結果並無法充分反映員工工作的情形，需要其他輔助指標的協助；工作行為是員工於執行企業所賦予工作時所表現出來的行為，如出缺席情形等；技術能力與人格特質則為提供作為績效評估結果可能涉及員工升遷與生涯規劃決策時的參考（張緯良，2006: 240-241）。

因此，設定績效標準中，包含兩層面任務：首先為依據工作內容以訂定績效評估的指標，而當績效評估指標訂出來之後，企業組織必須讓員工知道評估的標準，亦即決定應達到的績效水準，一個明確的目標本身將具有激勵的作用。績效評估標準須明確描述應達成的事項，以及衡量成效的基準，並於事先即加以設定，而非事後按情況來加以更改變動。大抵而言，若績效評估標準設定愈明確，則績效評估制度的實施成效將愈佳（張緯良，2006: 240；何明城，2002: 210；何永福等，1993: 104-105）。

二、決定績效評估者

當企業訂定出明確的績效評估標準後，即開始著手進行。績效評估在於此階段主要是決定該由誰來進行評估，以及選擇績效評估的方式。一般而言，只要與該員工工作有關的人員皆有資格成為評估者。以下根據評估者的不同，

將績效的評估區分為主管評估、部屬評估、同僚評估、自我評估、顧客評估、多重評估與 360 度回饋等，整理分述如下（張緯良，2006: 254–255；何明城，2002: 212；吳美連，2005: 344；李長貴等，2007: 239；吳復新，2003: 401；黃同圳，2006: 146）：

㈠主管評估 (superintendent rating)

整體而言，一般企業是由主管來考核員工，因為直屬主管是最容易直接觀察到員工表現者，較能客觀公平地評估員工績效。在評估上應強調對事不對人，避免批評員工個性部分，而將重點著眼於事件上。此一評估方式的缺點在於主管通常相當忙碌，花在觀察員工的時間較不充裕，所以實際能瞭解員工行為之真正動機者不多，而影響評估的成效，使得評估較為膚淺與偏差，甚至可能引起員工不滿。

㈡部屬評估 (subordinate rating)

部屬評估的目的在於幫助主管改善本身及幫助組織評估管理者的領導能力。常見的有學生評估老師，員工評估主管。由於員工多而主管少，故相較於主管評估，部屬評估能夠避免時間分配不足之問題，且能幫助主管改善自身能力與幫助組織評估主管領導能力。另外，透過部屬評估，能集合多人的看法，可能較為客觀，且此一方式可以使得主管在行事時能考量員工意見，並敦促主管對於員工需求給予有效的回應。雖說此種方式多以無記名方式來進行，然而由於員工多害怕主管事後會挾怨報復，故適用範圍與成效皆有其限制。

㈢同僚評估 (peer rating)

在企業中由於同僚每天相處在一起，對彼此的工作能力與表現具有相當程度的瞭解與認識，因此同僚評估乃是一種可行方式。但同僚評估適用於較不開放的工作環境，而且是個人評等皆已完成的情況。藉由同僚評估，員工潛在的管理能力得以被發掘，且亦可增強彼此間合作關係。然而此種評估方式卻也容易造成同僚之間互相掩護的情形，使得評估結果所反映的是人際關係而非工作績效，因此對於其評估結果須多方確認。

㈣自我評估 (self appraisal)

在許多機構的評估制度中，都包含自我評估的方式，此乃基於員工本身最瞭解自身的工作情形，亦給予員工於績效評估中表達意見之機會。換言之，自我評估的主要目的乃在於幫助員工發現本身之優缺點，進而設定目標加以改善，使其更加自動、自願的追求更有效率與績效的工作行為，對於提昇員工本身的績效水準助益甚大。一般而言，自我評估可以為正式途徑或非正式途徑，前者如透過正式書面文件或表格，後者則可能為私下瞭解或交換意見，以及透過面談等方式。但採取此種評估方式，須留意員工自利的心態，往往偏向報喜不報憂，自我辯解為主，因此管理者一方面要瞭解員工心態，另一方面則需要做好評估過程與資料蒐集，方能避免受到員工的影響。

㈤顧客評估 (client rating)

實施顧客評估的目的是因服務的特性在於生產（服務）與消費幾乎同時進行，所以顧客也能參與管理中的互動，尤其是適用於工作上與客戶具有密切關係者，將可使員工瞭解與顧客維持良好關係的重要性。在各行業中，餐廳是最早採用顧客評估者，因為餐廳的服務水準顧客最清楚。因此，自全面品質控制 (total quality control, TQC) 到全面品質管理 (total quality management, TQM) 的實施，顧客評估皆著重內外部的顧客關係，或於工作系統中上下、平行、協調、支援等關係，以及上下間監督、指揮與領導人際關係等。

㈥多重評估 (multiple rating)

多重評估或稱複式評估，雖然一般公司多採用主管評估，但有些公司為使評估方式更為多元、客觀，採用主管評估搭配自我評估，再透過評估結果回饋面談來討論雙方差距，或除了主管評估搭配自我評估外，再加入更高階主管的評估，並以加權計算的方式計算績效評分。由於多重評估強調多方蒐集資料，所以能減少誤差，而提高績效評估的準確性。

㈦360 度回饋 (360-degree feedback)

360 度回饋或稱多重來源評估 (multiple-source feedback)，或多位評估人

評核 (multi-rater assessment)，其為要求包含自己在內的多位評估者，如主管、同事、顧客等在內，來進行評估的一種方式。換言之，即透過管理者本身與其周圍的人對其本身管理做多方面的評估以達客觀之效果。主要的目的是希望能夠增加管理者對於本身優勢與劣勢的瞭解，以作為未來發展計劃的指引。在美國，360 度回饋可加強管理者對於自身的察覺與發展、作為績效評估及組織接班人計劃選任人員之用，甚至可以促進組織變革，然而由於使用該評估方式的時間成本較高，故亦影響其推展。

以新光人壽而言，在 2006 年進行了績效管理的重大變革。該公司的年度績效評估表包含「工作目標」、「核心能力」、「改善發展計劃」與「總得分」四大區塊，其中前兩項是平常表現的「事蹟佐證」；後面兩項則是未來發展的結果與計劃。由於「工作目標」在個人績效考核中比例佔 70%，且是年初時，由主管和員工一起從每人幾十項的工作內容中，挑選出 3～5 項作為該年度要完成的主要目標。這對於這家具有 47 年歷史的「老」企業來說，此績效管理的大改革，有助於員工整體實質工作績效的提昇❷。

 資訊補給站

360 度評估引領人才成長❸

中國生產力中心 (China Productivity Center, CPC) 自 2007 年開始建構了「多面向動態式績效發展與管理模式」，此系統包括了「管理職能評鑑」、「核心價值評核」和「工作績效評估」三面向，前二種面向利用 360 度評估，由主管、同儕、自己、部屬等多元面向作評估，結果更客觀、更具參考價值。

以管理職能評鑑為例，針對管理主管進行 360 度評估，可藉此瞭解自己不足之處並加強訓練，更有效率的將資源用在刀口上，更有利受評者增進「自

---

❷ 作者參考李欣岳、黃亞琪 (2010.05)，〈7 大企業，升遷密碼大公開〉，《Cheers 雜誌》，第 116 期。

❸ 資料來源：張寶誠 (2010.07.02)，〈360 度評估引領人才成長〉，《能力雜誌》，第 201007 期。

我察覺」(self-awareness)，進行補強。

核心價值評核則是從直屬上司、自己、同儕及內部顧客等面向，評估自身是否有達到組織使命與願景；工作績效評核則是以動態式指標設定的方式，評估每年度的產出目標，採用恰當的權重讓部屬可以清楚的瞭解目標重點所在，主管也可依據個人不同的特點補強。透過以上諸多方法，所有員工更能加強自身職能發展，組織也得以培養生生不息的人才資本。

三、提供回饋 (feedback)

當企業自各方面對員工績效表現加以評估之後，如何使績效評估對於企業有正面效益，則有賴於績效評估的回饋。績效評估的回饋提供管理者與員工針對評估結果加以討論的機會，使員工能檢視自身的表現，也使主管瞭解員工之反應。換言之，績效評估的回饋促使員工與主管共同檢視績效，以發掘問題並找出解決之道，進而改變員工技能、態度或管理制度，最終達到組織績效提昇之目的。

雖然績效評估的回饋很重要，但不可否認的，其為整個績效評估中相當困難的部分，因為很多時候主管不知道如何將評估結果有效的讓員工知道，而且在反饋的過程中，員工容易產生自我防衛或反抗情緒，使得預期目標不僅無法達到，更可能發生誤解與情緒失控的情形（何永福等，1993: 109）。一般來說，績效評估的回饋通常以面談的方式來進行，藉由面談提供一個雙向溝通的機會。但在回饋面談之前，面談者應先閱讀績效評估的相關資料，必要時還須輔以工作說明書，用以確實掌握面談者的全部資訊（張瑋良，2006: 252；吳復新，2003: 403）。

從事回饋面談時，應注意幾項原則：(1)對事不對人，即評估須重視績效與發展，所以是基於績效而非人格；(2)給員工說話的機會；(3)面談結果為導向問題解決與績效的提昇，即管理者須引導員工反饋以改進績效等。在面談時，若績效評估的結果為正面，則可以鼓勵或開發員工，反之若是負面，則須給員工說明的機會，此時管理者必須加以傾聽。值得注意的是，員工在面

談時可能出現自利性偏差 (self-serving bias) 與基本歸因誤差 (fundamental attribution error)，前者是員工在自我評估時，將較好績效歸因於自我內在因素，將較差績效歸因於外在環境因素，後者是指主管在評估員工績效時可能出現高估內在因素而低估外在因素的現象，所以面談不應流於意氣之爭。

當績效評估的結果獲得雙方認可後，即需要訂出一個未來努力的目標，以及建立達成之共識。在此過程中，需避免員工與主管流於討價還價的過程，因此主管應基於事實與客觀分析來訂定目標,而非任意開出過高的績效標準，等待員工討價還價,倘若目標訂立合理,則應將討論焦點導向如何達成目標。簡言之，實施回饋面談應注意下列幾項 (何明城，2002: 225；吳復新，2003: 403；黃同圳等，2008: 278)：

(1)主管在評估員工優缺點時，宜多要求正面性的效果或採用正面激勵技術，如此員工才會有較高的意願與主管進行面談。

(2)由主管與員工雙方共同設定績效改進目標，會比一般討論或批評引發更好的成效。

(3)強調面談為雙向溝通，由雙方共同討論與解決哪些可能會妨礙員工目前工作績效的問題，以協助改進員工績效。

(4)著重員工可以發展的優點，而非須克服的缺點，並重視其於職位架構內的成長機會。

(5)主管與員工對於績效回饋面談皆須於事前有所準備。

(6)若員工對於績效評估結果與組織報酬關連性的認知愈高，則面談愈有利。

第三節　績效評估方法

選擇有效的績效評估方法是績效評估過程中重要的環節。一般而言，績效評估的方法可區分為圖表指標法、行為定向指標法、目標管理法、配對比較法、強制分配法、排名法、逐項查核法、論文法、特殊事件法等，整理分述如下 (吳美連，2005: 349–354；何明城，2002: 215–219；張緯良，2006:

244–251；黃同圳，2006: 149–156）：

一、圖表指標法 (graphic rating scale)

　　圖表指標法是所有績效評估法中使用較為普遍的一種。其運用結構化的測量表，以工作量、可靠性、工作知識、出缺席率、工作正確性與合作性等因素來評定員工績效。圖表指標法通常包含 5 點或 7 點尺度等數字範圍，加上空白評語書面說明等部分，為兼具質化與量化的評估。然而使用此方式可能會產生選用與工作績效缺乏關連的類別，或忽略對工作績效有重大影響的類別等問題，且評估的結果詮釋將會因人而異，無法評估真正的工作表現。

二、行為定向指標法 (behaviorally anchored rating scales, BARS)

　　行為定向指標法乃結合特殊事件法、圖表指標法與工作分析，係於績效尺度上加註敘述性的績效評估標準。一般而言，行為定向指標法設計過程如圖 7–1 所示：

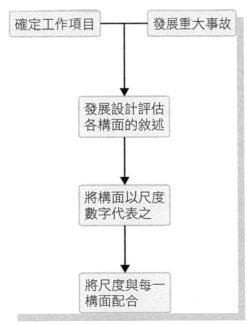

圖 7–1：行為定向指標法設計過程

資料來源：吳美連著 (2005)，《人力資源管理——理論與實務》，p. 352，臺北：智勝。

以下乃根據上述過程，以收銀員為例加以說明。首先是透過對此工作內容相當瞭解的主管對於工作表現的好或壞加以描述，其次是將這些描述分為幾個績效構面，再決定各構面的尺度而發展出量表；例如好的工作行為是知道哪些商品價格經常變動，此構面可能被定義為 6 分，而壞的行為可能是在上班時間和其他人聊天，可能被定義成 2 分等。

表 7-1：行為定向指標法

績效極優	7	收銀員知道商品價格，故應能指出未標價或標價錯誤的商品項目。
績效優異	6	收銀員應知道哪些商品價格經常變動。
績效尚可	5	收銀員應知道商品編號。 收銀員若對商品是否課稅感到疑惑會請教同事。
績效中等	4	收銀員對於標價與貨品不相符時，會於加總金額前向同事求證。 於結帳櫃檯能迅速為顧客結帳。
績效稍差	3	收銀員於不知商品價格時詢問顧客。
績效差	2	收銀員於上班時間與他人聊天。
績效甚差	1	收銀員於休息時間到即不顧排隊的顧客而關閉出口。

資料來源：張緯良著 (2003)，《人力資源管理：本土觀點與實踐》，p. 231，臺北：前程。

此種方式由於評估過程等同於提出回饋，因此適用於專業性的工作，又因評估的尺度與標準較為明確，評估結果更為可信。而且由於此評估法是透過主管與員工共同發展而來，故接受度較高。但因此評估法所需要的時間與投入成本也相對較高，為主要之缺點。

三、目標管理法 (management by object, MBO)

目標管理法為彼得‧杜拉克 (Peter Drucker) 於 1950 年代所提出，類似的名稱包括結果管理、績效管理、工作規劃與檢查計劃等。目標管理法強調員工與管理者共同參與，設定出具體、明確又客觀的衡量績效，員工被視作團隊的成員，而個人的績效則視完成共同目標的能力而定。目標管理法的作法是由上而下，逐層將組織目標往下轉換成為各部門或個人目標，在員工與主管對於共同目標達成共識後，由主管定期管理與評量，再將績效回饋給員工，因此，高層所訂的目標須與基層能夠相容，以避免兩者追求目標不同之窘境。

目標管理法具有四個共通要素，即目標具體化、決策參與、限期完成與

　　績效回饋。換言之，一個目標管理系統要能成功，首先，目標須能夠被量化與衡量，以避免缺乏挑戰性或無法達成；其次，須使員工能夠參與目標設定的過程並限定在一定期限內完成；最後則是須將結果告知員工與主管。目標管理法的優點在於能誘發員工工作承諾，激勵工作潛能以訂出高難度目標，但缺點可能是在嚴格專制的管理制度下，主管未具備參與式管理風格，或者是缺乏彈性的工作都難以適用此法。此外，目標管理法若缺乏高階主管認同，或管理階層不願或無法設立有效的酬償目標，也會影響該評估法的成效。目標管理法程序如圖 7-2 所示：

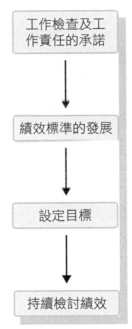

圖 7-2：目標管理法程序

資料來源：吳美連著 (2005)，《人力資源管理——理論與實務》，p. 352，臺北：智勝。

四、配對比較法 (paired comparison)

　　配對比較法是指將所有受評的員工兩兩加以配對比較，如以數學公式而言，若單位有 n 名員工，則有 $n \times [(n-1)/2]$ 的配對比較組合，依據配對過程中獲得好評多寡以排出受評估員工的優劣順序。配對比較法適用於單一指標，如整體績效之衡量，但使用此評估法須注意受評估員工人數不可過多，否則將容易削弱管理者區分員工差異表現的能力。

五、強制分配法 (forced distribution)

強制分配法是將員工區分為數個等級，每一等級有固定比例，迫使管理者評估比較員工的績效，並將其分配至不同績效水準中。強迫分配法的理論基礎在於假設員工團體的績效水準會成一鐘形分配或常態曲線，績效表現極端的員工只佔群體中的少數。此種績效評估方式的優點在於不受人數的限制，缺點在於不同單位間績效表現不同，卻採用相同的比例分配，不僅影響其公平性，也容易淪為形式。另外，若接受績效評估的員工表現超過或不及某個級數的水準時，對於該等級的信度有所影響。

表 7-2：強制分配法

優等	5%
甲等	20%
乙上	50%
乙等	20%
丙等	5%

資料來源：張緯良著 (2003)，《人力資源管理：本土觀點與實踐》，p. 234，臺北：前程。

六、排名法 (ranking)

排名法是以單一的績效評估為標準，來評估員工的排名先後，適用於單位小、人數少的情況。其作法是先列出績效最好與最差的員工，再列出次好的與次差的員工，直到得出每個人的排名為止。此方式的優點在每個人皆可排出名次，但缺點在於名次好壞差異無法得知，而且亦可能受到評估者認知或不同標準的影響，故此法的實用性較小，常見於評估業務人員的業績。

七、逐項查核法 (check list)

逐項查核法為人力資源部門所發展出的簡易問題清單，稱為檢查表，表上列出員工被評估的項目，管理者則依據員工實際表現逐項加以評比。此法提供管理者對員工進行績效評估的具體項目與內容，亦即員工受到評估的項目相同。然由於管理者可就問題敘述得知正面或負面關聯，所以此評估法容易受到管理者主觀因素影響而產生偏差。另外，由於不同職級所需評估的項目不同，如欲發展出適合的問題，所耗費時間成本較高。

八、論文法 (essay appraisal)

論文法要求評估以書面的敘述形式來說明一個員工的績效，通常會提供需要涵蓋何種主題的提示。換言之，即由評估者將受評者的表現，如員工擁有的優勢、劣勢與對未來發展的建議等，以書面撰寫短文方式加以具體描述。論文法的優點在於直接、簡單不複雜的方式，但評估者個人文筆能力好壞以及對重點選擇的判斷皆會影響到紀錄的詳實程度。此法固然很有彈性，然受限於評估者的寫作能力，且費時無法量化，將使其運用受到限制。

九、特殊事件法 (critical incidents)

上述之論文法若要詳細記載受評估者平常的表現，可能太過瑣碎，而特殊事件法即是在彌補論文法的缺點，只記載員工日常工作中重要或特殊事件，由於這些書面紀錄具有持續性，因此可作為績效評估的基礎。此法的優點在於員工行為的好壞皆有文字說明，缺點在於管理者對重大或特殊事件認定程度的差異，將影響紀錄結果，且其持續性亦增加管理者負擔。另外，此法亦較容易造成主管與員工關係緊張，且不同員工之間難以比較，也無法量化，故其評估結果可能受到影響。

如上所述，績效評估的方法雖然多樣，但各公司仍可以依照組織的特性自行選擇或創設合適的評估方式。例如產品遍布全球 170 多個國家的友訊，就顛覆過去的思維，打破「滿分一定等於 100 分」的刻板印象，將個人績效滿分定為 120 分。也就是員工職能評估的指標是由部門主管以及同仁自行選擇，各指標所佔比重，由雙方共同討論決定。累積總分中超過的 20 分，有 10 分是由其他部門推薦記功才能獲得，另外 10 分則是跨部門專業執行成效佳才可取得。因此績效評估總分要破百，關鍵在於多參與跨部門合作。該公司這項新制度的特色，讓員工除了專注自己部門的工作外，也能更重視與其他部門的團隊合作❹。

---

❹ 作者參考李欣岳、黃亞琪 (2010.05)，〈7 大企業，升遷密碼大公開〉，《Cheers 雜誌》，第 116 期。

第四節 績效評估的矛盾與限制

績效評估的結果因可能涉及員工薪資的調整、組織的獎勵或職位的升遷與否等，因此需要謹慎執行，以免影響員工士氣。但不可否認的，任何的績效評估方法都可能有其缺失，以下乃針對績效評估所產生的矛盾問題加以說明，並對於其錯誤加以釐清。

一、績效評估的矛盾

績效評估制度的實施包含企業與員工雙方。然而績效評估的結果，卻可能產生矛盾的現象，分述如下（何永福等，1993: 113–115）：

㈠企業角色的矛盾

在績效評估的過程中，企業往往扮演評估員工表現，以及協助員工發掘潛能的雙重角色。然而，前者由於涉及員工待遇與組織資源分配，為考核性角色，多具批評性，但後者則多扮演幫助者的角色，所以可能會出現企業主管顧此失彼的困難。

㈡員工內在的矛盾

對員工而言，希望盡量聽取有利於自身的正面評語，以爭取較好的福利與個人形象，然正面評語多屬片面，若是員工自身希望達成學習改進與發展的目標，則需要聽取負面評語。然因負面評語可能不利於自身發展，所以員工容易面臨內在矛盾的困境。

㈢企業與員工間評估性的矛盾

企業在審核員工表現以作為人事決策基礎時，須確保資料全面性與正確性，然員工提供資料時，卻可能為了自利而隱瞞本身弱點，僅強調優點，導致在評估過程中可能因為利益關係而造成彼此不信任或是摩擦。

㈣企業的發展性與員工的評估性矛盾

此部分類似於上述，即企業則希望透過績效評估的結果來協助員工學習改進與發展，所以績效評估是激發員工工作潛能的重要制度，其制度系統的

優劣良窳，影響人力資源管理功能的整體表現甚巨（陳振東等，2008: 35）。然此亦需要全面性與正確性資料作為基礎，惟對員工而言，由於考量到獎賞升遷問題而隱瞞自身缺點，僅強調自身優點，而影響評估目的的達成。

二、績效評估的限制

　　績效評估的目的在於檢視員工績效，然而實務上卻發現，員工的績效評估往往是工作中最困難且最容易感到挫敗的任務，管理者費盡心思設計評估表單希望能夠客觀的衡量員工表現，但得到的結果通常是上下溝通不良、意見看法不一、衡量指標不當或是主觀意識太強等答案（陳振東等，2008: 34）。之所以如此，主要是在績效評估的過程中，常可見到下述問題的出現，如不同標準問題、近因問題、刻板印象、月暈效果、趨中傾向、對比錯誤等，而限制了績效評估的成果，分述如下（諸承明，2000: 143；吳復新，2003: 416；吳美連，2005: 355-357；張緯良，2006: 257-258；黃同圳，2006: 164；黃同圳等，2008: 276）：

(一)標準問題 (unclear standards problem)

　　在從事績效評估時，不明確與不適當的標準等問題應加以避免。如果員工對於績效標準的認知不夠明確，只能根據自身的猜測來努力，在成效上將有所落差。而且績效評估具有強烈的引導作用，不明確的標準將使績效評估喪失誘導員工行為的功能。

　　若標準定義明確，但標準卻不適當的話，對於引導效果亦會有所折扣，而太容易達成的目標缺乏對於員工的鼓勵，至於太困難的目標則容易使員工喪失信心。另外，在評估類似工作時，應避免使用不同的標準，應盡量發展出較為客觀的評估工具。

(二)近因問題 (recency problem)

　　績效評估容易受到員工最近的表現所影響，特別是當評估過程過長，或評估日期快接近時，評估者容易受到近期的工作結果來評定員工，近因問題將更為顯著。因此，可以透過對於重大事件的紀錄，或管理者以日誌或週記

的方式來記載員工平時的表現，用以減少此問題的發生。

㈢刻板印象 (stereotype)

刻板印象意指由個人所屬的群體以偏概全的推論其績效行為，如女性比較嬌弱、男性業務成績較好、美國人比較獨立等，皆是刻板印象的表現。當受評估員工的年齡、性別、種族等不符合評估者的認知時，即會對於評估的結果造成影響。

㈣月暈效果 (halo effect)

月暈效果意指對於員工進行評估時，以其某項較為突出的特質，或是僅以一個特質來推論該員工其他項目的表現。換言之，即為以偏概全的錯誤。此問題常見於員工與主管關係要好時，因此，評估者應能夠盡量以客觀的態度加以評估，或是在制度上提供全方面的績效評估系統，除卻主管評估外，還輔以前述所提及不同類型的評估者來加以評估，一方面較為客觀，另一方面還可以約束主評估者的故意偏差行為。

㈤趨中傾向 (central tendency)

許多評估者對於員工的評估會有趨中傾向，亦即評估者以常態分配的方式使評估分數趨向中間，多集中在小範圍內。主要的原因是評估者不願意得罪他人，但也可能是因員工過多對於其工作情況無法掌握。類似的錯誤尚包含仁慈錯誤與嚴格錯誤，前者為評估者不願意給員工較低的分數，而後者乃是評估者要求很高使得分數偏低。面對此類型的錯誤，評估者應維持客觀嚴格的態度，或者透過評估者的自覺，以及嚴格定義評估項目與強制規定分散評估分數來加以改善。

㈥對比錯誤 (contrast error)

所謂對比錯誤意指評估者進行評估時，以別的員工為比較基礎，而非根據員工自身績效為評量標準。換言之，如果評估單位的員工表現都很差時，表現普通者極有可能被評定為傑出，反之亦然。面對此一問題時，可透過清楚明確的效標和評等尺度加註的方式來改進。

第五節　結語

　　對於企業而言，透過人才選用過程，予以聘任的員工，其工作表現將影響企業競爭力與績效。因此，企業需要在既定的時間，以各種績效評估的方式，來檢視員工在工作上的表現。透過績效評估機制，除了能夠使企業瞭解員工的績效表現外，亦可提供反饋的效果至員工自身，諸如加薪、升遷、訓練等，有助於員工未來生涯規劃與成長。最重要的是，透過績效評估機制，企業與員工對彼此的工作內容與成果有較深度的理解，進而達成維持或提昇組織利潤的目標。

　　一般而言，績效評估的過程包含決定績效標準、實施績效評估與提供反饋等三階段。明確的績效標準使得員工有具體努力方向，而評估者亦可維持評估的公平客觀；實施績效的方式則取決於企業運作的環境，其中包含有將員工加以排序的排名法、讓員工共同參與目標擬訂的目標管理法、記錄性質的論文法或是特殊事件法等皆為可採用的評估方式。至於評估的人選常見的有主管評估、自我評估、同僚評估、顧客評估或是 360 度回饋等。然而，如欲使績效評估能發揮其原有功效，企業應盡量避免標準問題、近因問題、刻板印象、月暈效果、趨中傾向與對比錯誤等多項容易影響績效評估結果的限制因素產生。

課後練習

⑴請問企業實施績效評估的理由與目的為何？

⑵請問績效評估的方法有哪些？各項方法的優缺點為何？

⑶實施績效評估的過程中可能產生哪些限制？該如何解決？

⑷請根據下列各種不同性質的工作，尋找出較為合適的績效評估方式，並敘述其理由。

　①專櫃小姐　②保險業務員　③電子工程師

　④超商店員　⑤大學教師　⑥總經理秘書

⑦客運司機　⑧客服人員　⑨專案企劃員

 實務櫥窗

大眾銀行的績效評估❺

大眾銀行設立於 1992 年，自 1999 年上市，營業單位有營業部、信託部、OBU 與國外部等四大部門，員工 1,400 人及臺幣 296 億 4,631 萬餘元，以及敦化分行等 68 家分行，合計 72 個國內營業單位及香港之眾銀財務（香港）有限公司。

大眾銀行對於員工所採用的績效評估，其標準如表 7-3 所示。簡單而言，除了試用期的考核外，每半年會辦理一次平時考核，各級主管也會對員工的工作態度、年度目標之達成等進行年度考核。決策經營管理委員會則是依各單位的經營績效和目標達成情形決定考核人員的比例。

▼ 表 7-3：員工評鑑標準表

		業務人員		非業務人員
十等職以上	個人工作目標 70%	盈餘績效 30% 內控能力 10% 營業量成長 10% 競賽達成狀況 10% 業務品質 10%	個人工作目標 60%	工作品質 15% 工作效率 15% 工作態度 10% 帶領團隊合作能力 10% 全員銷售與競賽 10%
	個人工作行為 30%	責任感 5% 領導能力 5% 規劃能力 5% 溝通協調能力 5% 培育部屬能力 5% 控管能力 5%	個人工作行為 40%	責任感 6% 領導能力 9% 規劃能力 8% 溝通協調能力 7% 培育部屬能力 5% 控管能力 5%
九等職以下	個人工作目標 70%	業務品質 20% 工作目標達成狀況 30% 營運量成長 10% 競賽達成狀況 10%	個人工作目標 60%	工作品質 15% 工作效率 15% 工作態度 10% 全員銷售 10% 各項競賽 10%

---

❺　大眾銀行，http://www.tcbank.com.tw/。

個人工作行為 30%	團隊合作精神 5% 主動積極性 5% 控管能力 5% 溝通協調能力 5% 客戶服務 5% 學習態度 5%	個人工作行為 40%	團隊合作精神 7% 主動積極性 7% 控管能力 7% 溝通協調能力 5% 客戶服務 9% 學習態度 5%

資料來源：蔡聰泳 (2002)，〈我國民營銀行消費金融員工績效評估之研究〉，p. 117，桃園：元智大學管理研究所碩士論文。

個案研討

中華汽車績效考核❻

每年年底就是中華汽車績效考核的時節。在年初時，主管就會和部門員工討論今年的工作目標，以作為考核的基準。在進行考核時，每個人必須填寫一張自評表，負責規劃考核制度的管理部經理黃得超認為，愈簡單的評量表愈能讓員工仔細作答，才能讓主管看到員工的差異。完成自評表之後，主管和員工雙方都必須為接下來的面談作準備，包括過去一年的成果和紀錄，讓考核更有信服力。

除此之外，員工還可以利用匿名的電子郵件，依照團隊合作、貢獻度、主動積極和配合度四項指標，對同僚與主管進行交叉考核。如此一來，考核的結果不只有主管主觀的看法，還必須參酌部門員工的意見。

黃得超認為主管和員工的關係就像親子一樣，若員工表現不如預期，主管有義務去輔導員工，一起想出解決方法。他相信績效管理如果做得好，能夠凝聚部門的向心力，且能讓員工更瞭解自己的貢獻和價值。然而，隨著企業不斷的成長，績效考核制度也應該隨之不斷改變，才能夠因應潮流。

問題與討論

1. 您認為中華汽車績效考核的特色為何？請說明之。

---

❻ 資料來源：曾茹萍〈公平至上　績效考核首重公信力〉，2011.05.30，CAREER 就業情報網，http://media.career.com.tw/company/company_main.asp?no=355p154&no2=64

2. 針對此個案，您是否覺得中華汽車的績效考核項目還有可以改進的空間？試分組討論之。

8

薪資管理

實務報導

新鮮人起薪凍結？　　學者：應是 M 型差距拉大 ❶

　　根據勞委會歷年的「職類別薪資調查」顯示，大學畢業新鮮人的起薪從 2004 年到 2010 年都在 2 萬 6,000 元左右，沒有什麼調漲。但是根據中山大學政治經濟學系副教授劉孟奇分析，其實是整體 M 型差距愈來愈大；根據 104 人力銀行針對近五年大學畢業生進行起薪的調查結果也發現，最高薪和最低薪的職務甚至相差近 6,000 元。調查顯示，行情最好的三個職務則是生技研發、工程研發、光電工程三個產業。

　　景氣復甦之後，雖然企業進用新鮮人的意願提高，但是如果沒有兩把刷子，很容易就被淘汰。特別是要創造自己的不可取代性，以及加強國際化、IT 程度，還要具備積極進取的精神，才能成為在現代職場中致勝的人才。

　　上述的報導顯示，受到景氣好轉的影響，新鮮人的起薪雖有微幅上升，但薪資的高低仍受到職業別的不同而有相當的差異。身為人力資源的管理人員如何在不增加企業的營運成本下，又設計出具有吸引力的薪酬制度，則是件相當重要的課題。因此，在本章中，首先介紹薪資管理的概念與原則；其次歸納薪資項目與控制方式；接著整理薪資結構的內容；最後探討影響薪資管理的其他因素與限制。

第一節　薪資管理的概念

一、薪資管理的本質

㈠薪資管理的意義

　　謀生為人們就業的主要目的之一，其方式即透過加入組織，從事工作以賺取報償。因此，如何謀得更好的生活即成為參與企業組織或其他機構之成

---

❶　資料來源：王品棻 (2010.04.30)，〈新鮮人起薪凍結？　學者：應是 M 型差距拉大〉，《華視新聞》。

員關心的課題。一般而言，報償為組織吸引員工之主要工具，內容包含薪資、獎金與福利等等，其中薪資制度因直接關係到組織與成員之間的關係，所以完善與否將影響組織中人才的去留，進而影響組織的競爭力，而成為人力資源管理中相當重要之環節。

薪資 (pay) 一詞源於薪水 (salary) 與工資 (wage) 的通稱（吳美連，2005: 379；吳復新，2003: 311），意指員工因工作而獲得的基本酬勞（張緯良，2006: 330）。也因之，薪資為由薪水與工資所組成。

如嚴格加以區分，薪水是以一段期間為基礎的報酬，其單位可能為週或月或年為計，即按時計酬，支付對象以勞心者，或稱白領階級 (white collar) 為主，而通常支付領域以業務單位的行政機關或企業組織為限，如政府行政機關或企業界的業務與幕僚部門人員皆屬之；至於工資則以實際工作數量來計算報酬，即按件計酬，支付對象以勞力者，或稱藍領階級 (blue collar) 為主，支付領域則限於生產單位，如工廠的直接作業人員即屬之。儘管就理論而言，薪水與工資的計酬方式、支付對象，乃至於支付領域皆有所不同，然而，隨著科技的發展，生產自動化與機械化的進步，使得員工勞心與勞力之區別不甚明確，薪水與工資難以明確區分，因此多以薪資一詞加以通稱。

對企業與員工而言，薪資存在重要的意義。就企業而言，薪資為生產成本的重要部分，如製造業中，薪資所佔之生產成本可高至 40%，至於服務業更可高達 70%，另外政府機關之人事支出更佔預算中之大宗，所以，薪資高低決定了組織所能夠獲得的人才之質與量，並進一步影響產品或組織在市場上的競爭力。

另一方面，薪資亦為影響員工工作態度與行為的重要因素，雖然激勵理論認為非貨幣因素也能鼓舞員工士氣，並提振其努力的程度，但卻無人能否認薪資所能發揮的重大激勵效果。對於員工而言，薪資具有雙重意義，除了是組織對於員工付出的時間與勞力（或勞心）的一種報酬，藉此建立起互利的交換關係，亦即使員工得以應付生活之需要外，同時也具有象徵性意義 (symbolic meaning)，代表員工在企業中受重視的程度，加上企業支付的薪資

較高，也會使員工在生產力上的表現較佳（林文政等，2007: 86）。所以，薪資高低不僅為工作與責任之象徵，亦為地位與資歷象徵，以及生活水準之展現。

　　若檢視薪資管理的過程發現，主要工作可區分為二：即是薪資設計 (pay design) 與薪資控制 (pay control)，內容大致包含政策發展、技術、結構與給付、步驟以及執行等階段，透過薪資制度的合理設定，並有系統的實施、調整及統制的作為，達成擬定合理薪資政策與制度，使員工能在最佳條件下履行工作契約，同時也能夠獲得足夠的生活費用。因之，良好的薪資管理，除了能成為有效僱用、運用與升遷員工的基礎，還可促進和諧的勞資關係（吳美連，2005: 380）。

㈡薪資管理的目的

　　根據研究顯示，薪資管理具有下述四項主要目的（吳復新，2003: 314；郭正文，2005: 1）：

1.確保員工服務品質

　　即意指透過公平合理的薪資制度，提供員工生活所需之保障與收入，使其能於工作上全力以赴。換言之，即透過薪資管理，以吸引優秀人才、降低員工流動率，並激勵員工以獲得最佳績效。

2.保證企業生存與發展

　　薪資為企業組織中比例較重之成本，因此，企業須訂定健全之薪資管理制度，除了可確保擁有優秀人才外，亦能適度控制企業營運成本，

政策發展
・薪資水準
・薪資晉升
・整體薪酬計劃
・薪資溝通

技術
・工作分析
・工作評價
・薪資調查
・薪資諮商與協商

結構與給付
・薪等
・整體給付水準
・員工福利

步驟
・薪資計算
・核薪
・薪資異動

執行
・薪資成本
・內在結構
・外在結構

🔼 圖 8-1：薪資管理過程

資料來源：吳美連著 (2005)，《人力資源管理——理論與實務》，p. 380，臺北：智勝。

以保證企業得以永續經營。

3.維持良好勞資關係

報酬不合理往往為引發勞資糾紛的主要原因之一，因此透過健全的薪資管理制度不僅可以保持員工與組織間的和諧，更能促進勞資雙方合作，共謀企業組織發展與繁榮。

4.遵守相關法令

通常政府對於企業的薪資制度均訂有須遵守的規範，故企業的薪資制度須符合法規的要求，以展現企業守法之良好形象。

 資訊補給站

死薪水變活了！浮動薪資時代來臨 [2]

固定薪資制的「死薪水」將成為歷史名詞，與業績息息相關的浮動薪資制時代即將到來。許多企業為了降低薪資成本、提昇員工競爭力，紛紛提倡浮動薪資制取代過去以職級和年資掛帥的固定薪資，對於有能力的員工來說，將有機會領到比主管或資深同事更高的薪水。

東元集團也在 2004 年廢除了傳統的固定給薪和年資制，經理級以上幹部的薪資將依據業績而定，東元內部也成立了專屬的考核部門。另外，也有許多銀行業者開始調整底薪和年終獎金，悄悄轉向績效給薪之路。

近年來，提高變動獎金的比例已經成為企業間的趨勢，特別是外商公司多用此方法提高員工的競爭力。當薪資結構走向「紅利化」，上班族得培養自己的能力，想要拿到多少薪水要各憑本事！

第二節　薪資管理的原則

無論薪資是採按時計酬（簡稱計時制）或按件計酬（簡稱計件制）的方式，其設計須配合職務、責任、績效與技能等要求之差異，而支付不同的額

---

[2]　資料來源: 曾茹萍 (2004.11.06)，〈死薪水變活了！浮動薪資時代來臨〉，《CAREER 職場新聞報》，http://media.career.com.tw/epaper/enews/center_news.asp?no3=20271。

度（張緯良，2006: 332）。一般而言，薪資制度的管理須把握下述幾項原則（何永福等，1993: 202；諸承明，1997: 26；吳復新，2003: 315–318；盧俊榮，2003: 21；吳美連，2005: 381–383；郭正文，2005: 16–18；李長貴等，2007: 264–265；黃同圳等，2008: 300–302）：

一、具體、準確、明確與公開原則

薪資為員工投入勞動之主要條件，因此企業在員工開始工作、訂定勞動契約之前，須向員工明確說明支薪標準與薪資發放內容，避免隱瞞現象發生，而且對於薪資發放之時間與數字須要求準確。換言之，即薪資須準時發放，且數目與項目須明確，以建立員工對於薪資的信心。

二、公平原則

公平原則是薪資制度中最重要的概念。合理的薪資制度必須符合公平原則，也就是同工同酬 (equal pay for equal job) 原則。具體而言，公平原則須滿足三方面要求：

(一)外部公平

意指組織的薪資水準 (pay level) 是否能夠符合外部市場對於類似工作所給予的薪資水準。其可透過薪資調查，將市場行情納入薪資設計之考量而達到外部公平 (external equity)。

(二)內部公平

內部公平 (internal equity) 意指組織內不同類型工作間給薪結構是否合理，即某項工作的薪資是否與其於組織內之價值相吻合。

(三)個人公平

個人公平 (employee equity) 意指薪資給付應以個人績效為依據，即工作性質相同者，績效與薪資給付應呈現正面相關。

三、合理原則

合理原則意指薪資給付或控制所賴以參考的要素，須兼顧個人資格條件、

所負職責程度、社會一般薪資水準以及企業支付能力，若薪資標準超過個人資格水準，將形成支出浪費；若薪資與職責不符則無激勵效用；若薪資低於社會水準則難以招募優秀人才；若薪資超出企業支付能力將導致企業虧損，故上述條件皆須兼顧。然須注意的是，無論薪資變動為何，皆須對於受影響之員工加以明確說明。

四、實惠原則

此一原則意指薪資調整須能增加購買力，而非只是數字上的增加。一般員工注意的部分為金錢報酬 (money compensation) 或現金報酬 (cash compensation)，而忽略實際報酬 (real compensation)，前者為員工實際所得的金錢或現金，後者為所得之金錢或現金所能購買之物品。換言之，實際報酬之增加，須符合下述條件之一：

(1)物價指數不變，現金報酬增加。

(2)物價指數下降，現金報酬不變。

(3)物價指數上升，現金報酬上升幅度較大。

(4)物價指數下降，現金報酬減少幅度較小。

(5)物價指數下降，現金報酬上升。

五、互惠原則

由於健全的薪資管理可使勞資關係和諧，並增進雙方之合作，因此，合理的薪資管理制度必須使勞資雙方皆能蒙受其利，亦即提高薪資與增加生產應齊頭並進。就組織而言，須瞭解勞資關係為相互依存的夥伴關係，不能為了降低成本而剝削員工，而應給予相當之報償；就員工而言，則須瞭解資本在生產過程所佔之地位，缺乏資本則員工亦難發揮其勞力，因此，合理的薪資制度實為薪資管理的重要課題。

六、彈性原則

良好的薪資制度應保持部分固定、部分變動的彈性。固定的部分意指正

常情形之工作報酬，可透過市場調查以及工作分析與評價得出合理數字；變動的部分則須考慮工作性質難易、責任與職位而給予彈性運用。

七、激勵原則

薪資制度的設計須符合激勵原則，以提供激勵作用，增強員工的工作與學習動機。如以需求層級理論為依據，人類的需求可分為五種層次，而金錢除了可以直接應用於滿足人類生活需求外，也可間接滿足社交、自我實現等需求，因此組織多視薪資為重要的激勵工具。一般而言，薪資如欲達到激勵效果，須具備下列幾項原則：

(1)薪資計劃保有適度彈性，能對於績效較優之人員予以金錢上之鼓勵。

(2)薪資幅度足以應付資深人員升級加薪之需要。

(3)內容相當之工作應給予相當範圍內之薪資。

(4)高低薪資之間應有一定差距，以激勵低階人員努力獲得較高報酬。

(5)工作報酬與職責相符合。

綜上所述可知，薪資對於員工與組織而言皆具有某種程度之意義，透過薪資管理，不僅員工可使自身的生活受到保障，組織亦可藉此與員工建立良好關係，進一步共同追求績效、競爭力之成長，以達成永續經營之目標。

第三節　薪資項目與控制

一、薪資項目

所謂薪資項目意指構成薪資的各種內涵，包含基本薪資與獎金紅利兩項。基本薪資通常是底薪加上各種津貼或加給，屬於經常性的報酬，是企業支出的固定部分，而獎金紅利則屬於浮動報酬的部分。

㈠底薪 (base salary)

意指企業支付給員工的基本薪給，常作為其他薪資給付的計算基礎，如加班費、工作獎金、退休金等。一般而言，可區分為年供給、工作給以及技能給，分述如下（吳美連，2005: 394；吳復新，2003: 319–320）：

1. 年供給

年供給是依據個人學歷、年資、考試或經驗等人為條件決定薪資的等級，此制度在亞洲被廣為採用，尤其是受到日本終身僱用制度的影響，使用年供給的情況較為普遍。

2. 工作給

工作給又稱職務給，意指按照工作分析與評價的過程來計算各職務的相對價值，再依據同工同酬之原則決定薪資，其中相對價值意指工作所負的責任度、困難度、危險度與複雜度等要素。

3. 技能給

技能給又稱職能給，意指以員工個人工作表現的能力或對某一職務的貢獻度來決定薪資。技能給雖與工作給類似，但兩者的差異在於工作給之評價對象為職務，而技能給之評價對象則為工作能力，包含基本能力、意志力與業績等。

㈡**加給**

意指針對情況較為特殊之職務，於底薪之外所增給之報酬，目的在於彌補底薪之不足，使其獲得的酬勞更為公平。一般可區分為職務加給、專業加給與地域加給，分述如下（吳復新，2005: 320）：

1. 職務加給

加給對象為主管人員，或職責繁重、工作具有危險性之人員。

2. 專業加給

或稱技術加給，對象為具有某種技術或專業之人員。

3. 地域加給

對象為服務於偏遠地區、特殊地區與國外之人員。

㈢**津貼**

津貼類似於加給，皆為底薪之外所給予之額外補助，用以配合實際需要。津貼的種類眾多，因企業而異，主要有物價津貼、眷屬津貼、房租津貼、超時津貼、交通津貼、地域加給等，分述如下（吳美連，2005: 395；吳復新，

2003: 320–321）：

1. **物價津貼**

　　因應物價波動，參考物價指數而給予之。

2. **眷屬津貼**

　　對於員工眷屬，按眷口多寡予以津貼配給，目前公務機關已取消此項津貼。

3. **房租津貼**

　　對於未獲配住宿舍之員工給予之，目前公務機關亦已取消此項津貼。

4. **超時津貼**

　　或稱加班費，即對於超過工作時間者按超過時數加成給予之，此項規定可見於《勞基法》中❸。

5. **交通津貼**

　　對於遠地通勤員工、未搭乘交通車人員或外務人員所給予之津貼。

6. **地域津貼**

　　對於服務於偏遠、深山處等交通不便地區人員所給予之津貼。

㈣獎金紅利

　　獎金紅利是在本薪之外因某些原因所給予之金錢獎勵，常見者如績效獎金、全勤獎金與年終獎金等。

二、薪資控制

　　雖然薪資並非全然固定而有彈性空間，但薪資的調整亦須慎重以符合組織與員工需求，因此需要進行薪資控制。薪資控制往往與管理作風的集權或分權有關，前者意指盡量將薪資行政作業交由中央定奪，後者則將部分薪資

---

❸　《勞基法》第 24 條規定，僱主延長勞工工作時間者，其延長工作時間之工資依
　　下列標準加給之：一、延長工作時間在二小時以內者，按平日每小時工資額加給
　　三分之一以上；二、再延長工作時間在二小時以內者，按平日每小時工資額加給
　　三分之二以上；三、依第 32 條第三項規定，延長工作時間者，按平日每小時工
　　資額加倍發給之。

行政權限下授至部門（丁志達，2005: 248）。薪資控制的主要內容可分為企業內部的調薪控制，與新進員工的起薪控制兩種，茲分述如下（吳美連，2005: 396–397）：

㈠調薪控制

企業調薪通常以加薪為目的，一般而言，加薪的決策可依據年資，即員工在企業服務滿特定年限後，可自動將年薪上調一薪級，除非員工犯下重大錯誤，否則此種方式不需任何評估程序；或依據通貨膨脹率，即所謂年度調薪 (annual raise)，為依照物價水準的改變所作的全員式標準調薪，如軍公教調薪即為一例；或依據績效予以調薪，稱功績制，即以績效作為調薪之依據，然欲確實執行則須配合合理與精確的績效評估制度，再將其評估結果轉化為加薪幅度。

㈡起薪控制

新進員工應自薪資範圍的哪一薪級開始支薪往往為組織關心之問題，有組織認為新進人員應自最低薪級開始支薪，亦有部分組織認為應視員工教育、經驗或技能加以考量。而當組織對於人才需求迫切，或勞力市場需求過於供給時，則可能以較高之起薪來吸引人才。然須注意的是，為避免因為較高的起薪而使得資深員工心生不滿，透過薪資保密政策可加以改善此現象。

第四節　薪資結構

一、建立薪資結構的步驟

薪資管理的另一項目的是建立起良好的薪資制度，而設立薪資制度的主要工作為規劃薪資結構，以訂定適當的給付率（吳美連，2005: 383）。而企業在設計薪資結構時，同時須兼顧許多層面，如物價指數、生活成本、員工技能、市場薪資水準或職務水準等（諸承明，1997: 25）。儘管薪資是由底薪、津貼、加給與獎金等部分所構成，卻仍以底薪最為重要。一般而言，建立薪資結構包含有外部薪資調查、內部工作評價、發展薪資散布圖、建立薪資等

級、決定薪資率等步驟，分述如下❹：

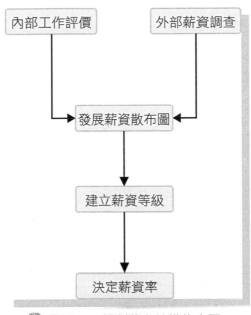

圖 8-2：規劃薪資結構的步驟

資料來源：吳美連著 (2005)，《人力資源管理──理論與實務》，p. 383，臺北：智勝。

㈠**外部薪資調查 (wage survey)**

　　所謂薪資調查，即是瞭解就業市場薪資行情與變動情況，為建立薪資結構的第一步，因此薪資調查乃是蒐集就業市場薪資水準相關資訊，以及確保薪資外部公平的主要途徑。薪資調查之目的除了可以蒐集同業或相近企業有關之薪資政策、實務與支付型態之資訊外，更可將這些資訊與員工分享，用以產生激勵作用並能矯正其對某些職務的錯誤觀點，而透過薪資調查亦可維持企業的勞動市場之競爭力。

---

❹ 相關資料請參閱吳美連著 (2005)，《人力資源管理──理論與實務》，p. 383–384，臺北：智勝；李長貴、諸承明、余坤東、許碧芬、胡秀華著 (2007)，p. 268，《人力資源管理：增加組織的生產力與競爭優勢》，臺北：華泰；張緯良著 (2006)，《人力資源管理：本土觀點與實踐》，p. 334，臺北：前程；丁志達著 (2005)，《人力資源管理》，臺北：揚智；諸承明 (1997)，〈台灣地區電子業與紡織業薪資現況之比較性研究──以「新資設計四要素」為分析架構〉，p. 26，《中原學報》，第 25 卷第 4 期。

外部薪資調查的來源多為行政院主計處定期發布之各行業薪資資料、同業人資部門主管的資訊分享，或同業工會刊物。所使用的方式有正式或非正式，非正式調查意指透過私人管道向相關人士加以探詢，正式調查則是透過外部機構進行或自我從事有系統的蒐集資料並加以統計分析。薪資調查應分別就地區別、產業別與職業別的薪資加以調查統計，以配合組織用人需求。一般而言，薪資調查的步驟首先須界定調查的產業範圍，以避免範圍過大而模糊自身目標需求；其次則是自眾多職務中選出標竿職務作為調查比較之主體；最後則運用問卷將調查的薪資項目清楚加以說明。

然而須注意的是，並非企業內所有工作薪資皆須進行調查，若企業想吸引優秀員工，則企業乃須調查當地或其他企業相同或類似之薪資，以保持己身之競爭地位，且調查時應以整體薪酬考量為主。若將調查所得之資料與企業內部工作評價所得結果加以綜合分析，可得出同業市場薪資散布圖 (scattergram)，依此圖所繪出的市場薪資線，即可求得企業內各工作等級的薪資範圍（或稱薪距，pay range），並訂定薪資結構表。

㈡內部工作評價 (job evaluation)

內部工作評價為透過系統方式決定企業內每一工作的相對價值 (comparable worth)，為規劃薪資的重要步驟，亦為確保薪資內部公平性的重要途徑。換言之，藉由工作評價，依據工作內容與相關的報償因素，評定每一工作的相對價值，以作為薪資結構設計之基礎。工作評價列舉工作所需條件以及對組織之貢獻，藉由工作分析後所得之工作說明書與工作範圍，依其重要性程度加以區分，以便對各職務訂定薪資結構，作為給薪的根據，以符合給薪公平性之要求。

對企業而言，內部工作評價具有下列幾項目的（吳復新，2003: 328）：

1.作為建立簡單且合理的薪資結構基礎。

2.提供合理的方法為新的或工作內容改變的職位評等之用。

3.和其他公司的職位與薪資比較。

4.作為衡量個人績效的基礎。

5.減少對於薪資的抱怨並解決爭議。

6.激勵員工爭取更高的職位。

7.提供相關資料以供對內甄選、對外招募、人力規劃及其他人力資源管理之用。

　　基本上，工作評價的實施須先確認職務評價之需要，若組織規模過小，抑或並無存在薪資問題者，則無需進行職務評價；其次需要充分的宣導與溝通，以減少負面抗拒；最後須組成評價委員會並確認評價標準，方可加以進行。然要注意的是，內部工作評價僅決定各職位的相對價值，而非對執行工作的個人執行績效評估，故最後的薪資尚須參酌績效等其他因素才能加以決定。

㈢發展薪資散布圖與建立薪資等級

　　內部工作評價的結果決定了各職務的相對價值，亦即當內部工作評價完成之後將可得出各職務的評價點數，可將點數配合原有之給薪數額（評價點數為橫軸，給薪數額為縱軸），描繪出散布圖形式的薪資散布圖，並於圖中描繪出薪資線，以作為企業薪資給付政策之基礎，進而建立工作中點、薪距與等幅。當薪資散布圖完成之後，企業為了管理眾多職務，往往會將職務依據評價點數高低劃分成為數個區段，將價值相似的職務組成一職等 (classes)，每一職等對應一薪資等級，即稱薪等 (pay grades)。

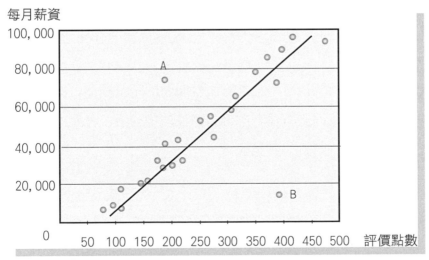

📖 圖 8-3：薪資散布圖以及初步描繪的薪資曲線

資料來源：李長貴、諸承明、余坤東、許碧芬、胡秀華著 (2007)，《人力資源管理：增強組織的生產力與競爭優勢》，臺北：華泰。

　　當職等劃分完成之後，配合薪資散布圖，以薪資線為中點，往上與往下推展 10%～30% 或 20%～30%，可得薪級的最大值與最小值，此為薪資範圍或薪距，而此推展的 10%～30% 即為等幅，換言之，薪距意指每等之間及每等之內各級間的給薪差距，而等幅則代表每等之最高薪與最低薪之差距，較低階的員工有較大的晉升機會，因此薪資範圍應較小，愈高職等則薪資範圍應愈大，相鄰的兩薪級之間應有重疊的薪距，如有經驗的資深員工可比高一級卻資淺的員工拿到較多薪資，但重疊度不可超過 60%，以使得薪資具有激勵的效果。

㈣決定薪資率

　　薪資設計至此已得出概略之薪資結構，然而尚須檢視薪資散布圖中分布太過離散之散布點，即檢查是否有工作的薪資超出薪資範圍，企業內的薪資與工作表現不相符者皆應立即調整，並瞭解其原因究竟是為被高估或低估所致，前者（稱紅色循環員工，red-cycled employee）應將薪資凍結至符合等級時再予以調整，或者調高其職等以賦予更多工作與責任；後者（稱綠色循環員工，green-cycled employee）則應透過年度或立即調薪以達公平原則，或將其轉換至技能與薪資相稱之職位。此一階段作為修正與調整，即為將偏離的散布點加以調整，使薪資結構更加健全與公平。

二、內部工作評價法

　　藉由內部工作評價法可得出組織內各職務的相對價值，以作為給薪之公平依據。常見的工作評價方法有市場定價法、排列法、分類法、加權點數法與因素比較法等，分別整理敘述如下：

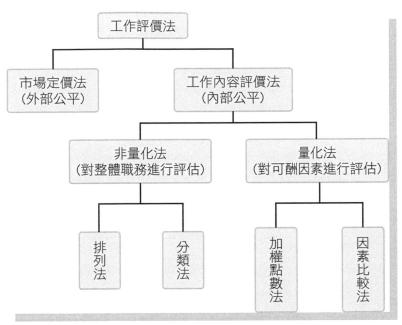

📤 圖 8-4: 工作評價法

資料來源: 吳美連著 (2005),《人力資源管理——理論與實務》, p. 385, 臺北: 智勝。

㈠市場定價法

市場定價法 (market pricing method) 為以工作市場的比率與價格來訂定一個工作的薪資率, 即所謂的行情。主要是透過市場調查的方法, 來決定能滿足外部公平的原則。其優點為簡單容易, 但缺點是無法充分考慮經濟條件、企業規模及其他變數, 而且必須假設所有企業同類型的工作薪資都是固定的。

🔽 表 8-1: 市場定價法之優缺點

優點	缺點
簡單容易	難以充分考量經濟條件
能滿足外部公平原則	企業規模難以衡量
	其他變數不易掌握

㈡排列法

排列法 (ranking method) 乃是最簡單之工作評價法, 其將職務視為一個整體, 再將組織內所有職務加以比較, 依其價值高低, 如重要程度、工作責任或難易程度等, 根據主觀判斷加以直接排列。一般而言, 組織職務的重要性程度與組織層級次序相關, 職位愈高對於決策影響愈大, 重要性就愈高, 反

之亦然。

此種工作評價法較為粗略，無法顯示不同職位間的相對重要性程度與貢獻，且對於薪資的決定過度依賴主觀判斷，面對跨功能領域之職務難以比較，易引發爭議，所以較適用於規模小、職務不多或職位體系單純的組織。

表 8-2: 排列法之優缺點

優點	缺點
易於管理	沒有特定標準
費用低	沒有詳細的書面資料
能很快實行	表面的比較
不須太多訓練	在職者表現會影響評價結果

資料來源: 吳復新著 (2003),《人力資源管理: 理論分析與實務應用》, p. 332, 臺北: 華泰。

(三)分類法

若組織內員工眾多，欲比較不同領域職務之相對重要性較為複雜，可將工作分為若干等級並個別訂定相關標準，再將個別職務標準納入等級中，相同等級的工作適用相當的薪資範圍，即分類法 (job classification method)。由於該方法須事先定出排名間的差異程度，故又稱工作分等法 (job grading method)。

分類法與排列法相同，都屬於將職務視為整體的評價方式，差異處在於排列法是職務與尺度加以比較，並非職務與職務相加比較，意即用預先設定好之評量尺度衡量各項職務之價值。以工作可酬因素 (compensable factor) 中之共同因素如責任、能力或經驗等的程度，將組織內職務加以分級，再將等級排列比較得出等級說明書，藉由等級說明書與工作說明書比較得出工作的等級歸屬，進而得出相對價值。此種工作評價法因能彌補排列法之缺點，可應用於規模較大之組織，亦較為簡單方便，然缺點為等級說明書過於一般化，無法與特定工作產生關聯，因此較不精確，難以將職務價值準確評估，亦容易遭受過於主觀之批評。

表 8-3: 分類法之優缺點

優點	缺點
易於管理	職位可能被放在不適合之等級中

費用低	等級説明書不夠詳盡，而且不夠客觀
能很快實行	
不須太多訓練	

資料來源：吳復新著(2003)，《人力資源管理：理論分析與實務應用》，p. 332，臺北：華泰。

㈣加權點數法

　　有別於排列法與分類法多靠主觀判斷，加權點數法 (point method)（又稱因素評分法或點值法）乃是評估職務價值較為精確的計量方法。加權點數法首先須確定工作所包含的可酬因素，即每項工作都含有的共通因素，如教育程度、體力、知識等，由於工作所面臨的可酬因素皆不同，因此企業須視組織結構與工作性質予以調整，而後再決定選出確定子因素，再將子因素加以區分等級並決定每一可酬因素的相對重要性（權數），以形成加權的架構。隨後對於各項職務進行評估，並將職務所得分數乘以加權分數，最後加總即得工作的相對價值。

表 8–4：加權點數法範例

工作可酬因素	子因素	第一級	第二級	第三級	第四級
	危險性	15	30	45	60
技能	專業知識	35	70	105	140
	經驗	20	40	60	80
	開創性	10	20	30	40
工作條件	工作環境	20	40	60	80
	危險性	15	30	45	60

資料來源：張緯良著(2006)，《人力資源管理：本土觀點與實踐》，p. 340，臺北：前程。

　　加權點數法能將各職務的相對價值以較準確的分數加以表示，為系統化且客觀的工作評價方法，可長期應用於規模較大或是工作種類複雜的組織，然而由於點數與權數的分配標準容易因人而易，且開發加權點數是複雜浩大之工程，再加上該法因量化方法而成之制式管理，為其主要缺點。

表 8–5：加權點數法之優缺點

優點	缺點
較為客觀	開發或外購成本高
可靠性高	耗費時間

| 易於評估新的或工作內容改變的職位 | 工作評價者意見難掌握 |

資料來源：吳復新著 (2003)，《人力資源管理：理論分析與實務應用》，p. 336，臺北：華泰。

㈤因素比較法

　　由於加權點數法包含可酬因素選擇、子因素界定等，施行較為複雜，所以為改善此一現象，則有因素比較法 (factor comparison method) 的產生。因素比較法與加權點數法相同，皆為分項比較職務的評價方式，但並不採用評量尺度，而是採職務間互相比較的方式，即將等級改以金錢為尺度的薪級，並由比較組織所有工作得出權重，因此類似於加權點數法與排列法的結合。

　　因素比較法的施行也須界定工作可酬因素，但不須再細分為子因素，以避免過於複雜，於界定出工作可酬因素後，另選出幾個關鍵性的工作職務，對每個職務依據各種可酬因素加以排列，如表 8-5 所示，隨後將排序結果轉換為貨幣報償值，配以權重的金額，最後將報償值予以加總即得出各職務相對報償。

表 8-6：因素比較法範例

可酬因素職位	知識	責任	經驗
櫃檯主管	3	1	1
秘書	2	2	2
會計	4	3	4

資料來源：吳美連著 (2005)，《人力資源管理——理論與實務》，p. 390，臺北：智勝。

表 8-7：因素比較法薪資分配範例

可酬因素職位	知識	責任	經驗
櫃檯主管	6,000	10,000	10,000
秘書	8,000	7,000	8,500
會計	4,000	5,000	4,500

資料來源：吳美連著 (2005)，《人力資源管理——理論與實務》，p. 390，臺北：智勝。

　　大抵而言，因素比較法的優點在於能修正加權點數法之缺失，使得各項因素能有更精確的比較方法，且能將組織內職務加以全面性比較，富有彈性，然須注意的是，因素比較法較加權點數法更難以設立比較尺度，且排列順序

費時、不易發掘適合各種工作的因素，相對而言，較不容易向員工解釋設立標準之內涵乃是該法的缺失。

表 8-8: 因素排列法之優缺點

優點	缺點
易於使用	沒有程度 (degree) 的定義
可靠性高	不易用來評估新的或工作內容改變的職位
依公司需要決定使用哪些可酬因素	
易於說明	

資料來源：吳復新著 (2003)，《人力資源管理：理論分析與實務應用》，p. 336，臺北：華泰。

最後，作者整理上述各種工作評價法之優缺如表 8-9 所示：

表 8-9: 各種工作評價法之比較

	市場定價法	排列法	分類法	加權點數法	因素比較法
優點	1. 簡單容易 2. 能滿足外部公平原則	1. 易於管理 2. 費用低 3. 能很快實行 4. 不需太多訓練	1. 不需太多訓練 2. 費用低 3. 能很快實行 4. 易於管理	1. 較為客觀 2. 可靠性高 3. 易於評估新的或工作內容改變的職位	1. 易於使用 2. 可靠性高 3. 易於說明 4. 依公司需要決定使用哪些可籌因素
缺點	1. 難以充分考量經濟條件 2. 企業規模難以衡量 3. 不易掌握其他變數	1. 沒有特定標準 2. 沒有詳細的書面資料 3. 表面的比較 4. 在職者表現會影響評價結果	1. 職位可能被放在不適合之等級中 2. 等級說明書不夠詳盡，且不夠客觀	1. 開發或外購成本高 2. 耗費時間 3. 工作評價者意見難掌握	1. 沒有程度的定義 2. 不易用來評估新的或工作內容改變的職位

資料來源：作者整理

資訊補給站

不同職務工程師　薪資差距可達 1 萬 7,000 元[5]

景氣復甦，科技業人才搶手，雖然薪資、福利條件不錯，但人才難找，各大廠商紛紛祭出重金爭奪人才，台積電更釋出 4,000 個職缺。但各家開出的價碼差距可達 1 萬 7,000 元，求職者要好好比較其中差異之處。

---

[5] 資料來源：鍾麗華 (2010.08.02)，〈不同職務工程師　薪資差距可達 1 萬 7,000 元〉，《自由時報》。

　　yes123 求職網 2010 年一共舉辦了四場博覽會，累計吸引了 1 萬 4,000 多人進場，中華汽車人力資源組副理鄭尹茹表示，「好人才大家都在搶」，人力到現在都還沒有補齊。yes123 求職網經理洪雪珍提醒社會新鮮人，最好能在 10 月前找工作，即便求職目標明確，也要注意各家薪資差異，才能為自己爭取到最佳的權益。

第五節　影響薪資管理其他因素與限制

　　企業在進行薪資管理時，除了受到薪資政策 (compensation policies) 的影響外，也會受到法令規定、工會影響力、組織經營策略與支付能力等的限制，茲分述如下（Weber & Rynes, 1991；轉引自蔡美玲，2004: 19、21；張緯良，2006: 346–349；黃同圳等，2008: 299–300；方妙玲，2008: 53）：

一、薪資政策

　　企業無論規模大小皆有薪資政策。薪資政策為企業對其薪資制度所持之主張，亦即組織對員工所採取的基本理念。企業在設定薪資結構時，須先設定組織薪資額度為市場之領導者或追隨者，前者意指薪資結構高出競爭者，有利於爭取人才，然多支付之薪資成本是否對組織造成負面影響亦應加以考慮，後者則指適度跟隨於領導組織之後，以避免惡性競爭並控制組織人事成本。

　　另外，重視年資抑或績效也是企業在進行薪資調整時所考量的因素。一般而言，薪資可被區分為固定薪資 (guarantee pay) 以及變動薪資 (variable pay)，前者提供穩定的經濟支付，主要目的在照顧員工的基本生活；而後者是以績效產出為給付基礎，目的在提供誘因以增強員工的工作動機並促進組織目標達成。由於年資代表員工在組織中的經驗，若組織強調經驗的價值或忠誠度，則年資相對重要。

　　另外須注意的是薪資級距，即高層與低層之間待遇差異大小，若差異大則晉升獲得的報償或吸引力較高，重視經驗的組織即可透過拉大薪級之間的

差距，從而鼓勵員工留在組織中服務。相對而言，若員工服務時間過長而逐漸老化時，則薪資成本將會日益昂貴，透過將績效與薪資結合則可避免此一現象。

二、法令規定

各國的勞動相關立法中，大多會涉及對於薪資的規定，其中主要的是最低薪資的額度與對薪資的歧視。如我國規定基本工資為月薪 17,880 元，且《勞基法》第 25 條亦規定僱主對勞工不得因性別而有差別待遇，工作相同、效率相同者，給付同等工資等皆為法令規定之表現。

三、工會影響力

工會主要責任之一即是代表勞工與資方進行協商，爭取權益，其中最重要的一項權益乃是薪資。對工會而言，其目標是為勞工爭取最佳待遇，主張薪資愈高愈好，因此多傾向反對以系統化方式評估工作價值，然欲予取更高權益，工會除須證明企業仍具有調薪空間的數字資料外，亦須擁有一定實力與資方對抗，方能為勞方爭取更佳待遇。

四、組織經營策略

組織經營策略指導各種功能性政策，因此若經營策略以差異化為主要的核心競爭優勢，或是採取市場領先 (marketing-leading) 策略時，則可能須支付較高費用以吸引優秀人才，例如企業若強調在研究發展上超越競爭對手時，須以較高薪資以建立起獨特的競爭優勢；若企業競爭策略為低成本競爭，且為勞力密集產業時，則可能會考慮壓低薪資成本，爭取規模經濟；但若組織策略是講求創新時，則可能將員工薪資與績效結合以鼓勵員工努力。

五、組織的支付能力

薪資結構的設計不能忽略組織的支付能力，獲利較高且現金流量充足之組織，較有空間支付高薪資，但一般組織則恐怕有困難，因為若營業收入多用來支付人事薪資，將會影響組織的競爭力與生存能力。

第六節　結語

合理且公平的薪資制度為薪資管理首要之課題，企業透過薪資控制與薪資設計兩種方式調整自身人事成本，前者多藉由起薪控制與調薪控制來達成其目的，後者則須兼顧具體公開、公平、合理、激勵、實惠、互惠與彈性等原則，並透過系統化的步驟以設計出組織的薪資結構，使員工的生活水準受到保障。

欲建立良好之薪資制度，有賴於一系列步驟的施行，透過外部薪資調查能蒐集勞力市場薪資水準相關資訊，以確保員工薪資的外部公平並維持組織於勞力市場之競爭力；透過內部工作評價，如藉由市場定價法或非量化的排列法、分類法，以及量化的加權點數法與因素比較法之運用，可以衡量出組織職務的相對價值，並依此作為薪資結構的基礎依據，一方面可確保內部公平性，另一方面亦可提供員工激勵作用，使其確認自身的價值並追求更高待遇。

決定薪資給付的因素繁多，除了基本之薪資結構外，還有組織薪資政策、法令相關規定、工會影響力以及組織經營策略等，皆可能對於薪資制度造成影響。然而，無論以何種方式作為薪資制度的參考，均須符合公平與公開之原則，並對員工加以明確說明，以確保和諧的勞資關係。

課後練習

(1)薪資管理對於企業與員工而言有何重要性？

(2)薪資管理應注意符合哪些原則？請說明之。

(3)企業在制訂員工超時工作津貼之給付原則時應考量哪些因素？

(4)試述可能影響企業薪資水準之因素。請分組調查不同類別行業的基本薪資水準。

板信商銀的薪酬體系❻

板信商業銀行薪酬體系的基層部分在 1 到 3 職等為司機與事務員等；4 到 7 職等分為初辦、中辦、高辦及領組；8 到 14 職等則依序為經理、協理、總經理等。其中，由於經理即為一個分行的負責人，因此，在經理以上即可稱為高階管理人員。

在其薪資的給付上，固定薪是以月薪的方式，變動薪則是以年薪為計算單位。管理職乃依其所對應的比例來分配紅利，並直接以現金支付。整體而言，板信商銀的薪酬內容包括了本薪、加給、年終獎金與紅利，它在同業薪酬水準中，平均約在第 50%，固定薪的發予大於變動薪，薪酬水準在同產業中有著中等的競爭力。

就板信商銀的薪酬決定因素加以分析，該組織採「流行薪政策」，最重視的是工作經歷的表現，在學歷或個人技能等方面的重視程度皆低。在其加薪與晉升制度方面，同職等須滿三年才具有晉升資格，而考績、表現與年資皆為影響的重大因素，其中考績以部門績效為主、個人績效為輔；年資的考慮不是單就年數，而是其所代表的職務歷練，高階的管理人員若無法再向上晉升，就只能用圈紅 (red circle) 的作法。

個案研討

兆豐銀　將統一薪資制度❼

中國商銀和交通銀行已於 2006 年合併為兆豐銀行，但是兩家的薪資制度差異卻不小，兆豐銀行高層決定在兩年內建立一套統一的薪資制度，將原本一國兩制的薪資盡快整合。

---

❻　參考資料：板信商業銀行，〈板信簡介〉，http://www.bop.com.tw；江世文 (2011)，〈企業高階管理人員薪酬影響因素之研究——以國內製造業與服務業個案為例〉，輔仁大學企業管理學系管理學碩士班碩士論文。

❼　資料來源：蔡靜紋 (2006.09.18)，〈兆豐銀　將統一薪資制度〉，《經濟日報》。

　　相較之下，中銀的底薪高，但是主管加給要經理以上才有；而交銀則是課長級以上就有。在此差異下，中銀員工認為交銀升遷快，有績效獎金可以領；中銀則是以底薪高、加薪為主。表面上薪資差不多，但其實結構差異很大。

　　兆豐銀行總經理徐光曦表示，未來在經過人力資源公司及內部自行評估後，將在兩年內實行單一薪資制度。

問題與討論

(1)根據上述個案，請問不同的薪資政策可能對於企業與員工造成哪些問題？應如何加以改善？

(2)試問此一情形可能違反哪些薪資管理原則？

9

獎金與福利

部分業績獎金　移作年終獎金[1]

投信、證券業等向來擁有高額業績獎金的行業，為了因應勞退新制的實施，研擬將部分獎金移作年終獎金，以降低每月退休金提繳基礎，節省勞、健保人事支出。新制規定僱主必須依照每月工資的 6% 提繳退休金，包括加班費、業績獎金皆納入退休金的提繳基礎。

莊周企管顧問公司總經理分析，有許多公司和員工商量，將部分獎金改在當月直接發放，另一部分則保留作為年終獎金，如此可為公司省下大筆的退休金、勞健保成本。然而缺點就是延遲發放獎金就失去了當下獎金與表現連結的獎勵效果。

新制的實施，對於企業主實為一大衝擊，面對增加的成本該如何作調整為一大考驗。

獎金與福利對於企業員工而言，具有正面的激勵效果。然而，隨著勞退新制的實施，卻也帶給業者經營成本的衝擊與負擔，因而產生上述報導中「將部分業績獎金，移作年終獎金」以降低每個月退休金的提繳基礎。然而，如是的作法是否會降低獎金的激勵效用，乃是值得人力資源管理者深思之處。基於此，在本章中，首先介紹獎金與福利的重要性；其次整理獎金制度的內容；最後則根據其目的性來歸納福利制度的內容並說明其目的。

═══第一節　獎金與福利的重要性═══

面對國際化以及自由化的提倡，不論是公部門或是私部門組織的生存環境皆受到前所未有的衝擊。有學者指出，現代的組織經營環境擁有著 4C，亦即變化 (change)、競爭 (competition)、多元 (complexity) 和挑戰 (challenge) 的特性（吳美連，2005: 5）。相較於公部門，私部門之間的競爭更為激烈，要維持競爭優勢並且永續經營已無法單靠掌握資金、科技以及通路來達到優勢（林

---

[1]　資料來源：林燕翎 (2005.03.03)，〈部分業績獎金　移作年終獎金〉，《經濟日報》。

榮和，1999: 333），反而是需要倚靠組織內的人才來創造並實踐組織的目標。對於組織中的員工而言，報償除了薪資之外，尚有獎金與福利兩種，其中薪資與獎金是以貨幣或其他可以價格衡量的形式直接支付給員工；而福利則是依據員工的特性，及所面臨的狀況而給予的回報，不論是何種制度，對員工來說皆有其激勵的效果，可以替組織創造更多的利益。因此，在本章中乃針對獎金與福利的相關內容進行介紹。

一、獎金與福利的重要性

主管聘僱員工無非是希望藉用其所長來幫助組織獲得更多的利益，但為了讓員工全心投入組織工作，薪資、獎金和福利皆是徵才和留才的重要因素，縱然這些支出與原來的期望以最低成本達到最大的利益的遠景有所牴觸，但是如何取得二者間的平衡則是企業主們所該多加留意的。以下分別從需求層級理論、激勵保健理論、交換理論及期望理論來闡述獎金與福利在企業的經營管理中所佔有之重要性。

(一)需求層級理論 (need hierarchy theory)

人本主義心理學之父——馬斯洛 (Maslow) 於 1943 年提出了需求層級理論，將人類的需求區分為生理、安全、社會的需要、自我尊榮感和自我實現，理論上需求的達成是呈現滿意累進的模式，若需求由低而高的過程中無法獲得滿足，將會停留該階層直到滿足為止。

李圭旼 (1998) 在其研究中也指出，員工的生活需要會依年齡層的不同而有所區別，因此在給予獎勵的同時須結合生涯規劃，讓員工所獲得的酬償能夠滿足其物質和精神上的需要並提昇生活的品質，如：托育設施等物質給付和金錢給付可以滿足生理需要，退休年金則可以滿足安全需求（蔡秉燁、蘇俊鴻，2002: 54）。

資訊補給站

體認員工需求　鴻海危機劃句點❷

面對富士康數起員工跳樓事件，總裁郭台銘組成危機處理小組，並且啟動「愛心平安工程」指揮部。富士康體認到，現在 1980 及 1990 年代後的員工需求已不同於 1970 年代的員工，新世代的員工最關心和最重視的需求依序為娛樂、感情、醫療、工作等，工作的目的不再只是賺錢，進入大城市中體驗不同的生活才是最重要的目標。

富士康的「愛心平安工程」中，愛心是重塑富士康的企業價值和文化，加強人文關懷、加薪及減少加班，更重視員工的需求和價值；平安是透過指揮部負責心理輔導，並且加強防範措施，避免不幸事件的發生；工程則是讓宿舍回歸社會，加上廠房西遷，讓員工能夠融入社會，建立自己的人際交際網絡。

隨著時代的變遷，員工的需求也會隨之改變，過去的富士康管理制度沒有隨之調整才會造成員工的反彈，而今，富士康已體認到中國大陸新舊員工的差異，讓這次的跳樓危機事件平安落幕。

(二)激勵保健理論 (motivation-hygiene theory)

心理學家赫茲伯格 (Frederick Herzberg) 相信員工的態度會影響其行為，因此就人們對工作中特別滿意與以及不滿意的事項進行調查研究，歸納出的結果便是所熟知的激勵保健理論或雙因子理論 (two-factor theory)。從受試者的回答發現，會讓人員感到滿意的因素多與工作本身有關；而不滿意者則和工作環境有關。其中能防止員工不滿的因素為保健因素，能帶給員工滿足的則是激勵因素。如成就感、他人的認同賞識、個人成長、升遷等的內在因素便與工作滿足有較密切關係；而公司的政策、管理措施、工作環境、人際因素、報酬待遇等外在環境則與工作不滿意有較高的連結(張緯良，2004: 287)。

---

❷ 資料來源：張良知 (2010.08.22)，〈體認員工需求　鴻海危機劃句點〉，《中央社》。

此外，滿足與不滿足之間並沒有必然相對的關係，也就是說即便管理者除去工作中不滿足的因素，也未必能使員工獲得滿足。滿足員工低層次的工作誘因僅能使員工安於工作，卻無法讓其達到自我實現的理想，所以管理者須適時給予薪資外的獎金或福利，同時加入激勵要素，才能滿足員工較高的自尊和自我實現的需求。

(三)交換理論 (exchange theory)

由霍曼斯 (Homans) 所提出的交換理論在社會互動中往往可看得出些痕跡，從人力資源的角度來說便可應用在獎勵的酬償行為上。交換理論相信人是自利的，會以自身所求為優先取捨標的。人在進行交換行為的同時，必定會先權衡利益、考量所能獲得的收穫，若雙方皆能同意交換行為便會持續，但若過程中未能滿足彼此的需求，則沒有交換的必要。以獎金和福利為例，對企業員工而言這兩項屬於薪資以外的一種勞務與報酬的交換，若僱主能妥善利用此種方式來換取成員對組織的付出，可以凝聚員工對組織的向心力並提高忠誠度（蔡秉燁、蘇俊鴻，2002: 55-56）。

(四)期望理論 (expectancy theory)

佛洛姆 (Vroom) 所提出的期望理論認為，人之所以採行某一個行為是因為預期此行為可能得到某種吸引個人需求的結果。該理論中提到人的行為傾向會受到行為及結果間關係的預期強度，以及結果對個人吸引力的預期強度的影響。換言之，當員工相信努力將會有好績效，而好績效也會帶來加給並滿足個人目標時，員工會受激勵而更努力工作，所以要提高員工的工作動機，相對的就須提供相當吸引力的獎勵（張緯良，2004: 295-296；黃良志等著，2007: 398-399）。

從上面介紹的幾個理論來看，獎金與福利對企業員工來說，不僅是回饋其對組織的付出而已，更有激勵組織成員為組織效力的功用。因為人是自利的，會為滿足自身的權益去追求，然而在追求獎金與福利的同時，付出的努力與所得間是否能相衡，則牽動員工留在組織的意願，並影響企業的經營與發展，而這也是獎金與福利在人力資源管理中為何佔有重要地位的原因。因

此，為保持企業的競爭優勢，留才的前提便是要留意員工的需求，給予符合員工所需之獎金與福利等酬償。

二、獎金與福利的差別

一般而言，員工的酬償是指員工以工作所換得的所有外在報酬，這些外在的報酬由基本薪資、任何的獎勵、紅利及福利所組成。對員工來說薪資是固定的，依照公司每時、每週或每月的規定將員工的付出轉換為真實的貨幣給予，然而獎金與福利則不然。獎金雖也是以貨幣的形式支付給員工，但通常會依據績效作為給予的標準；至於福利的部分，則是組織員工所共同享有的權利，無關績效好壞，通常員工在受僱時即會被告知。雖然獎金與福利都屬於薪資以外的給予，但二者的概念仍存有些許差異，容易為人所混淆，以下乃簡單說明之（張緯良，2004: 344；吳美連，2005: 413）：

(一)給付形式

獎金為在薪資之外的酬勞,乃是組織對有特殊貢獻的員工所給予的獎勵，以貨幣的方式直接給付；而福利是只要受僱於組織便享有其價值，與個人的績效無關，以實務而非貨幣的形式支付。

(二)發放時效

獎金的發放是即時性的，若是遞延則可視為福利。

 資訊補給站

員工變股東之激勵制度——王品集團 ❸

在流動率極高的餐飲業中，王品集團達到高營收的訣竅就是建立了一套「員工入股分紅制度」，讓員工有安全感及高收入。

每開一家店,王品集團各店的店長和主廚以上的主管就可以依比例認股，

---

❸ 資料來源：吳秉恩審校，黃良志、黃家齊、溫金豐、廖文志、韓志翔著 (2007)，《人力資源管理 理論與實務》，p. 355，臺北：華泰；楊美玲 (2006.07)，〈王品集團，內部創業留住將才〉，《人才資本雜誌》。

一家店有約 40% 的股權可供管理人員入股，一旦賺錢也可以依比例分紅。這樣的持股和分紅制度，讓王品集團店長和主廚以上的主管月收入可高達 15 萬元，甚至可媲美科技業，讓主管級員工擁有相當的使命感，更願意付出心力經營管理。此外，王品集團還有豐厚的獎金，會從每年的利潤撥出兩成以上作為獎金發放。這樣重視員工的企業文化，使得王品集團的流動率幾乎都低於 5%，至今的員工入股人數也從一開始的 3 人增加到 138 人，成功的凝聚員工的心，也吸引更多人才加入王品集團。

第二節　獎金制度

獎金制度的設立旨意在於當員工的生產力超過了某一生產水準，則給予底薪之外的獎勵，因此當員工察覺績效的高低會影響到獎勵的多寡時，便能產生激勵作用。這個以財務作為獎酬的概念源自於泰勒 (Frederick Taylor)，因其主張人類是經濟的動物，會對財務的誘因有直接的回應行為，且認為應建立可依科學方法評估每項工作的績效制度來以示公平性（胡政源，2002：157-158）。由於員工努力為公司效力會提高公司的業績和利潤，所以當個人對公司有卓越的貢獻或是帶有充足的利潤時，也應給予相對的回饋。在本節中將針對獎金制度的內容與應用進行說明：

一、績效獎金

獎金發放的前提若以個人為基礎，通常與個人績效的表現有關。這種制度的優點在於讓員工可立即知道自我的付出與所得之間的關聯。所以，這類獎金給予的方式多在營業年度之後依績效評估的結果做一次性給付，如生產作業員和業務人員績效獎金的衡量標準是以個人產出為基準，而高階管理者則是依其工作單位的績效表現為主。雖然此制度是在營業年度績效評鑑後按績效的等第給予，但為表示公平，績效的目標及標準都須事前設定好以鼓勵員工追求高績效的產生。以下將依員工身分的差異，敘述績效獎金的發放原則。

㈠生產作業者

負責生產製造的人員之工作特性即是從其產量的生產便可衡量工作的績效，較常見的衡量方式有論件計酬制和標準工時制兩種（吳美連，2005: 415；Lloyd L. Byars & Leslie W. Rue、黃同圳著，2006: 404）：

1. 論件計酬制

此種獎勵制度是組織根據員工的產出量，每單位支付一定的工資率，亦即員工的獎勵為工程師們根據標準產量計算出合理的工資率後乘上產出的件數。不過這樣的計件方式在 1895 年泰勒提出了差別計件制 (differential piece rate plan) 後發生了變化。換言之，相同的工作開始會採計一個以上的工資率，只要生產的水準超過了原先某一預定的數量，對於生產的所有單位將支付一個較高的薪資率。然而這樣的計件方式因為標準產量的訂定是依據一般生產人員的平均產出而定，故往往標準會不太穩定，以至於日後如果有需要降低時，將可能會遭逢阻礙且產生品質降低的情形。

2. 標準工時制

標準工時制是針對某項工作完成應該花費的時間訂一個標準，對於低於標準時間達到特定生產水準員工給予獎勵。即每當產量超過標準時，每小時的工資率即增加某個比率，至於實際的工資率多少，須單就完成工作實際花費多少時間調整，花費時間愈長則相對的收入會愈少。舉例來說，如果一件任務的完成標準時間是兩小時，若在兩小時內完成便可獲取這兩小時的工資；而如果超過時間完成者就以時間數來計薪。如此可看出較短時間完成工作或是一定時間內完成較多的工作者，相對可得到較多的獎金。

㈡業務人員

對於業務人員的獎勵有底薪制、佣金制以及混合制三種（吳美連，2005: 415–416；胡政源，2002: 162–163）：

1. 底薪制

在此制度下，業務人員基本上是支領固定薪水，有時會配合紅利及銷售競賽作為獎勵。一般而言，底薪制適用於新進的業務人員、開發新市場的人

員，或是不含銷售行為的業務人員。也就是說，若公司的主要目的在於讓這些業務人員從事任務性或服務性的工作，如尋找潛在客戶或從事市場開發，則底薪制會有很好的效果。但因該制度所產生的激勵效果較小，且無關業績好壞，容易使得績優的員工喪失努力的動機。

2.佣金制

不同於底薪制，佣金制強調以成果來決定給付標準。由於銷售的業績與給付是成正比的關係，不僅容易計算薪資也能激勵人員工作動機；又因為銷售的成本與業務量本身也是成正比的關係，故能夠使得公司減少推銷廣告的投資成本。然而這樣的獎勵方式會導致業務人員過於專注推銷大量高額的產品，而忽略了對顧客群的建立及銷售狀況較不佳的產品。此外，產品的銷售會隨淡旺季而波動，人員所得會因而變得不固定，缺乏財產上的保障而背負著無形的工作壓力，間接提高業務人員的流動率。

3.混合制

混合制即是混合採用底薪制和部分佣金制的一種獎勵方式。由於此制度結合底薪制與佣金制兩者的優點，除了能讓業務人員有較為固定的收入，使其生活能受到一定程度的保障外，還可鼓勵績優的員工，所以最常被企業採用。但是混合制也有其缺點，由於薪資受到某種程度保障的緣故，恐怕會造成業務人員安逸的心態，加上固定薪資的發放因與業績無關，恐怕難免會失去部分獎勵的誘因。另外，制度的複雜容易產生誤解，也會形成管理上的困難。

㈢管理人員

對於管理階層的獎勵以紅利的配給最為常用，屬於短期的獎勵。雖然紅利是依據團體組織的績效來發放，但因管理人員在其中扮演了領導角色，因此可以視為是一種個人的獎勵。此種獎勵制度根據員工當年的績效來提供年終的紅利，是立即性的現金一次給付，通常以公司的利潤作衡量。

除此之外，也有股票選擇權 (stock option) 的方式，賦予特定人士在一定的時間之內，以事先約定的價格購買公司股票的權利，屬長期獎勵的性質。

由於股票選擇權的價值會隨著市場價格而起伏，若是股票的價格上漲，管理階層的人員便執行股票選擇權，以固定價購買公司股票，從中轉取利潤。所以給予管理者股票選擇權的目的在於促使管理者努力經營公司，並提高公司的獲利，以便增加個人的財富。當然若是公司經營不善導致股價下跌，也不至於對管理階層者造成損失，因其可選擇放棄股票的所有權。所以股票選擇權對高階主管有一定程度的吸引力（張緯良，2004: 352；Lloyd L. Byars & Leslie W. Rue、黃同圳著，2006: 408）。

二、全勤獎金

對企業而言，員工的全勤參與是基本的規範，因為員工的缺席、遲到或是曠職都需要組織額外的付出以彌補調度、協調上的成本。要員工在一個月之內不遲到、早退或有任何的事、病假並不困難，但若是要求員工在一整年裡達到全勤的狀況實屬不易，所以應給予一定額度的全勤獎金，以提昇員工的出席率，同時鼓勵員工對組織的忠誠。早年甚至還曾因此發生過員工犧牲正常的休假來換取不休假獎金的情形，然而因為考量長年不休假可能會帶來疲勞導致工作績效的下降與錯誤機率的增加，企業乃取消了不休假獎金的規定（張緯良，2004: 347）。以台糖公司為例，全勤獎金的發放僅限於僱用人員，公司人員全月未請假者（排除請公假、休假、婚假……等），將會發給一日薪給，且獎金是分月結發的，但如果有出勤情形不良的情況，就不發給全勤獎金。

為了改善上述的問題，2009 年修正的《勞動基準法施行細則》第 23 條中對於「應放假之紀念日」有明文規定，包含中華民國開國紀念日（元月 1 日）、和平紀念日（2 月 28 日）、春節等。然而，我國在 1998 年實施了週休二日制以後，上述「應放假之紀念日」的規定，對於企業來說並不適用。因為依據《勞基法》的規定「應放假之紀念日」所適用的前提，是企業採用週休假制，單週六還是需上班的情況。然現今不少企業因體恤員工也需有調劑身心的時間，故配合跟進實施週休二日制，將週六所需的工時分散到其他的

正常日裡，也因而目前除了開國紀念日、除夕、春節、和平紀念日、民族掃墓節、端午節、中秋節、國慶日得以休假外，其他的紀念日皆只「紀念」而不放假。

三、年節獎金

我國傳統上將春節、端午及中秋視為最重要的三大節日。以國人最重視的春節來說，各企業除了依照當年公司盈餘獲利情形，加發數千元或一個月以上不等的年終獎金外，部分強調績效的公司，甚至還會多發年度達成獎金，以資鼓勵。此外，大多數企業也會設尾牙宴以酬謝員工一整年的辛勞，至於端午和中秋，多數企業會以禮盒、小額獎金或是禮券表達慰勞之意。

資訊補給站

5 成 7 上班族今年有端午節禮金可領　平均金額 3119 元 ❹

根據 104 人力銀行針對上班族進行的「2010 端午節獎金／禮品大調查」發現，有 57% 的上班族可以拿到端午節獎金或禮品，平均金額為 3,119 元，比起 2009 年略升 150 元。這份調查中顯示，有 88% 的員工表示，拿到獎金或禮品會影響對公司的好感度，例如激勵士氣、會更努力工作、比較捨不得離職等，甚至有 10% 的員工表示，不願意到沒有發放獎金或禮品的公司上班。

從這項調查可以發現，即使沒有高額獎金，但能表現公司對重要節慶的重視，還能增加員工對公司的好感，實為一項值得的投資。

四、團體績效獎金

團體績效獎金是採用收益共享原則，亦即當團體達成某種績效目標時，全體成員皆可獲得酬賞而共享利益。其設計原理是有感於個人的績效對於企業來說固然重要，但組織的工作有時就如同生產線般，不但難以明確切割，甚至還需要倚靠他人的幫助，彼此間更是存在高度的互賴性，此時個人的績

---

❹　資料來源：曹逸雯 (2010.06.14)，〈5 成 7 上班族今年有端午節禮金可領　平均金額 3119 元〉，《東森新聞》。

效即難以評估。為了公平起見，改採團體績效獎金制度。這樣的獎勵制度雖然可以調合員工間的互動，但難以防止搭便車的情形出現，而鬆懈了個人的努力。典型的團體激勵獎金方式有利潤分享制、盈餘分享計劃以及員工認股制度三項。

(一)利潤分享制

所謂利潤分享制 (profit sharing) 是公司依據各部門不同目標達成度，預設利潤分配比例給員工，以達到整合員工個人和組織的利益。該制度的設計理念是將團體的努力成果與成員共享，因此須先將標準成本、預期利潤做精確的評估和紀錄，並與經營成果相比較，以合理計算出員工努力創造出的額外利潤。

利潤分享制的三個基本型態如下（黃良志等，2007: 407–408）：

1.當前分享制 (current plans)

指當公司計算出利潤之後便盡快的以現金或是股票的方式提供給員工。臺灣知名的王品企業即是採用此制度，讓員工除了領取固定薪資之外，可依每家店的盈餘一起分紅。也就是店長及主廚以上的主管都是股東，每人依持股比率分紅，職級愈高者分享的利潤也愈多。如此一來，自然可以提昇員工對企業的向心力。

2.延遲分享制 (deferred plans)

指將要與員工分享的利潤延遲支付，先將依員工應得比例獎金以信託基金的方式儲蓄，累積至一定年限或是當員工僱期到約、死亡之後才給予。此種方式最大的優點在於對員工留任具有長期的激勵作用，同時可以協助改善員工退休後或因故無法工作時的經濟條件問題，但缺點是員工無法自由支配獎金，只能看得到，卻用不到，難以達到激勵的即時效果。

3.混合分享制 (combination plans)

是指合併上述兩種方式，員工可立即享受到部分的利潤，而有部分利潤需等待一定年限以後才可以領取。藉由年資滿一定期限後才可以領取一部分比例的利潤獎金，主要是希望員工能夠為公司作長期的貢獻，故有長期的激

勵效果，同時來達到控制員工流動率的目的。然而，實施該制度的前提是公司須持續獲利，但若公司長期處於無獲利的情況，則難以發揮激勵的效果。

 資訊補給站

85 度 C 的利潤分享學❺

於 2003 年創立的 85 度 C，是一家咖啡、蛋糕、飲料的專賣店，標榜著平價的五星級產品，迅速擴張市場版圖。全球據點包括臺灣、中國大陸、澳洲、美國等，是臺灣餐飲業走向國際市場的成功案例。2010 年全球連鎖分店已達 469 家，營收上看 80 億元。

董事長吳政學特別提出了一套「利潤分享學」：在 85 度 C，沒有主管與基層員工之分，人人都有獎。公司每年撥出約 6,000 萬元的金額作為績效獎金，每個月依照階級發放，就連最基層的洗碗員工每月都可以拿到 3～4,000 元。這套制度讓 85 度 C 沒有一般餐飲業的高流動率，順利的留住員工的心。

㈡盈餘分享計劃

盈餘分享計劃 (gain sharing) 又可以稱為成果分享計劃。不同於利潤分享是以利潤產生為前提，盈餘分享計劃因考慮到利潤的產生還可能涵蓋其他外在要素，所以對於節省額外成本或是增加經濟效益有貢獻的員工都給予一定的獎勵。由於該計劃是由美國鋼鐵工人聯合會副總裁史坎隆 (Joseph Scanlon) 於 1937 年所提出的，是一種利益分享的概念，因此又稱之為史坎隆計劃 (Scanlon plan)。

一般而言，採行史坎隆計劃的公司鼓勵各部門能經由年度提案或年度目標的設定，且透過作業流程的改善以提昇效率，降低成本，並將因節省成本所獲得的利益依比例提撥給員工，而這種方式經常被運用在製造部門。因為製造部門首重生產效率成本與品質，為鼓勵製造部門能透過製作流程的改善來提昇效率，節省成本的支出，所以採用利益分享的獎金制度 (張緯良，2004：

❺ 資料來源：岑淑筱、吳京叡、吳政和 (2009.06)，〈85 度 C（美食達人）其組織發展歷程與組織能力複製、擴散之研究〉，《創業管理研究》，第 4 卷第 2 期。

350；黃良志等，2007: 410；Lloyd L. Byars & Leslie W. Rue、黃同圳著，2006: 416）。

　　以台積電為例,該公司董事長張忠謀在 2001 年成立了臺灣第一家獲准發行員工認股憑證的公開發行公司，預計在一年內分次發行 1 億 6,000 萬股，依員工的年資、職級、工作績效、整體貢獻或特殊功績來決定可認的股數，顯示公司重視人才，將公司與員工的目標相結合，共創公司與股東最大的價值與利潤。在當年即使經濟不景氣，公司還是提撥稅後盈餘的 8% 作為員工分紅配股，讓每個員工平均可獲取到約 30 張的台積電股票，因此可看出台積電員工分紅與公司營運、團體績效與個人績效是有關的。

　　然而，自從 2010 年員工分紅按市價課稅上路後，過去大量分紅的情況已經不復見，現在員工拿分紅或領本薪都要繳稅，使科技廠商透過分紅來吸引人才的誘因，不再像以往那麼誘人。也就是由於企業員工分紅配股所得將改按實價課稅，使得科技公司改以調高本薪來因應，例如台積電、聯發科等都以調高本薪來吸引人才，未來「拉高薪水、壓低分紅」已經是時勢所趨，以往讓人稱羨的高科技員工高額員工分紅也將正式走入歷史❻。

㈢員工認股制度

　　從高科技產業員工皆相當關心年終可分發的股票來看，不難發現員工認股制度 (employee stock ownership plan, ESOP) 已成為近年來吸引、留任人才，並提昇員工向心力的重要激勵方式。所謂員工的認股制度是指公司在增資發行新股時，為鼓勵原股東及其他投資人的認購，會在一定的期間內設定低於市場的價格發行股票，提撥一定的比例給員工認購，算是給員工的一種優待。我國在《公司法》修正前規定，公司在現金增資以及發放新股時才可以讓員工進行認股，不僅管道有限，限制較多，企業無法依個別的狀況彈性進行調

---

❻　資料來源: 作者整理自曹正芬、陳碧珠 (2010.03.22)，〈聯發科、台積電　調整員工分紅內容〉，《經濟日報》；張瀞文 (2010.05.03)，〈員工分紅　聯發科、原相最幸福〉，《工商時報》；陳碧珠 (2010.05.03)，〈台積首季員工分紅　每人平均拿 9.78 萬〉，《經濟日報》。

整，但《公司法》修訂之後開放了與員工簽訂認股契約或是在公司章程中規定獲得股票的條件等的方式，賦予公司能靈活運用的權利，目前國內企業，如台塑、中鋼、遠東紡織皆採員工認股制度（張緯良，2004: 351–352；Lloyd L. Byars & Leslie W. Rue、黃同圳著，2006: 408–409）。

由於員工認股制度的實施，使得員工得以成為公司的股東。在此背景之下，員工自然希望透過自我的努力，將其成果反映在公司的營運績效以及自身的財富上。除此之外，該制度還有如下的幾項優點（Lloyd L. Byars & Leslie W. Rue、黃同圳著，2006: 416–417）：

1. 享有稅務的利益

公司能以稅前的金融利益償還用於購買股票的借款，而為員工持股所支付的股票利息還能夠減稅。

2. 拒絕不友善的併購

員工持股計劃所持有的股票愈多，公司就愈有能力去拒絕不友善的併購接管，避免不想要的敏感出價。

3. 允許員工在公司擁有發言權

在此制度下，員工乃為公司的股東之一，身為公司股東的一員，員工有權利為自身的全易發聲，而公司則有聽取股東意見以維護其權利之義務，故員工於組織內便享有發言的權力。

第三節　福利制度

員工福利 (employee benefits) 是企業在物質及精神生活上為照顧、激勵和吸引員工而提供的各項措施。除了薪資以外，以直接或間接的附加給付形式，如報酬、補助、利益或服務，提供給員工。

員工福利的概念最早起源自英國，由歐文 (Robert Owen) 提出。19 世紀時，有鑑於工業革命所引發工人們長期處於惡劣的勞動環境問題，為了改善不良的工作條件以回報員工所付出的勞力，他開始從員工角度出發提出各種改革措施，如：要求縮短工時、禁用童工等等。近年來企業重視員工的福利

則是因個人主義的追求促使勞工權利意識高漲，再加上有勞動契約和勞資倫理的約束，迫使企業不得不正視員工的福利問題，同時希望能藉此達成勞資雙贏的目標。

由於福利與生產效能之間有正相關的關係，面對競爭激烈的市場環境，企業為了吸引和留住對公司有助益的員工，在福利的支出上較過去慷慨，主要乃是福利的提供有吸引能力好的員工、提昇員工士氣、減少流動率、增加工作滿足感、激勵員工，以及改善員工與社會大眾對組織的形象等幾項優點（Susan E. Jackson & Randall S. Schuler 著，吳淑華譯，2001: 609）。

福利涵蓋的範圍相當廣，舉凡人類的食衣住行育樂，甚至是生命週期的成長皆包含在內。以往臺灣企業對於員工的福利提供著重於年節禮品的發放、員工旅遊及托育等制式化的福利措施，現今為了讓員工決定自己所欲享有的福利內容，將福利委託給外包公司設計各項彈性福利，以提供員工自由選擇的機會。以下將介紹幾種目前國內企業所採行的福利措施：

一、經濟型福利 (economic welfare)

經濟型福利的提供主要是為了消除勞工對於基本經濟生活與安全的憂慮，以期能穩定人事組織、提高員工的向心力和工作效率（戴國良，2004: 420）。舉例來說，員工若在工作場所發生職業傷害，造成員工無法工作或是傷亡，進而影響了家計，造成社會及經濟上的風險，所以在經濟型福利當中最典型的便是——保險。我國從 1950 年創辦了第一個社會保險——勞工保險之後，陸陸續續不斷的創設其他保險制度，如 1995 年全民健康保險制度的建立，確立了社會保險的核心。目前依《勞工保險條例》規範的保障範圍有兩類（黃良志等，2007: 427）：

　1.普通事故保險：分生育、傷病、失能、老年及死亡給付七種。

　2.職業災害保險：分傷病、醫療、失能以及死亡四種給付。

在《勞工保險條例》中，關於勞工的保險及醫療給付也有所保障。僱主除了須為員工投保相關的法定保險外，為增加員工的保障也可由公司以團體

方式納保，視情況增加如意外、防癌等其他的保險，至於保費可與員工約定由誰負擔，作為員工的福利之一。除了保險的提供外，經濟型的福利包括在金錢、物質方面上的供給，相關內容如下（戴國良，2004: 420；黃良志等，2007: 430–439）：

(1)退休金給付：政府、企業與勞工三方共同負擔。

(2)經濟協助：低率貸款或存款。如：購屋、購車補助。

(3)員工子女教育獎學金。

(4)員工急難互助金。

(5)三節獎金或禮券。

(6)婚喪喜慶補助。

(7)生育補助。

(8)服務週年獎金或金質獎章。

(9)其他補助。

以喜來登飯店為例，員工除享有勞健保之外，飯店還提供營運部門員工免費的制服，以及早、中、晚、宵夜的值勤膳食；而在經濟福利的供給方面，除了三節獎金之外，還給予大夜班津貼、兩頭班❼津貼與交通津貼等，顯示出企業對於員工經濟生活與安全的照顧。

二、娛樂型福利 (recreational welfare)

娛樂型福利是指對員工提供社交和康樂活動，目的在於滿足員工人際關係的需要，用以提高團體士氣，增進員工身心健康、調劑長期工作的壓力。藉由此類型的福利提供可以讓員工體認到為公司付出是值得的，且員工願意將工作視為是生活的一部分，能樂在工作中。其內容包含有（戴國良，2004: 420；黃良志等，2007: 448–449）：

(1)舉辦大型運動會或園遊會。

---

❼　兩頭班即是指從上午 8 點工作到中午 12 點，下午時間不用工作，直到下午 5 點半再工作到晚上 9 點半下班。

　　(2)員工旅遊。

　　(3)聯誼性的活動，如慶生會、耶誕晚會、年終晚會等。

　　許多企業常會以舉辦大型運動會、員工旅遊的方式讓員工在辦公之餘可到戶外活絡筋骨，增進員工的情誼。像聯誼性的活動，一方面可以展現體恤員工的辛勞；另一方面則可讓未婚的男女同仁，透過這樣的社交交流有認識彼此的機會。以上述的喜來登飯店而言，在娛樂型福利的供給上則包含國內外員工旅遊、慶生會、尾牙與社團活動等，又如友達光電提供短程巴士接送員工往返宿舍和廠區，各廠區設置優質員工休閒運動中心「活力館」等。

■ 三、社會型福利 (social welfare)

　　社會型福利比較偏向於員工的個人生活需要而設，提供目的是要便利員工食、宿、行、知及娛樂的生活必需，因此公司在相關方面盡可能的讓員工無後顧之憂，讓員工能夠專心於工作，內容涵括如下（黃良志等，2007: 440-441；吳美連，2005: 429-430；戴國良，2004: 421）：

　　(1)健身器材的設備或按摩室。如：中國信託金控公司，透過預約使用的方式，讓員工在工作空閒時可至健身房放鬆一下。

　　(2)保健醫療服務。

　　(3)宿舍供應。如：南亞科技林口廠、第一銀行提供員工居住所解決偏遠地區員工通勤和居住的問題。

　　(4)交通車補助。

　　(5)餐廳。

　　(6)托兒所。

　　(7)福利社。

　　(8)閱覽室。

　　(9)法律及財務諮詢服務。

　　不少公司為了方便員工的用餐，多自行設立員工餐廳並請專業的營養師來提供低廉、健康、美味的餐點，給員工多一項務實的選擇。另外，為了顧

及外地員工工作奔波的辛勞，部分企業還有提供員工宿舍，以減少租屋的麻煩。有的企業雖未能提供宿舍福利，但可能提供新進員工租屋仲介的相關資訊，讓員工能快速找到合適的住處而能安心投入工作。在員工健康照顧上，為了讓員工能瞭解自己的身體狀況，各大企業都會定期安排員工至大型醫院健檢或安排醫護人員至廠區內替員工進行檢查。而在提昇員工素質及新知的補充上，則設置實體圖書室或是線上圖書館來供員工學習。

此外，由於近年來投入職場工作的婦女有增多的趨勢，為了使這些女性員工能夠安心工作，部分企業甚至還在公司內設立員工子女的托兒所，以減少女性員工邊工作邊擔憂子女的接送問題，而得以安心工作。例如喜來登飯店提供優惠員工之托兒所，來幫助員工解決托育問題；而友達光電每月固定請部門秘書回報孕婦員工名單，並瞭解孕婦的工作型態及作業環境，甚至協助調轉合適的職務，同時提供孕婦專屬車位，顯示出企業對孕婦的體貼與尊重。

四、彈性福利計劃 (flexible benefit plans)

彈性福利計劃是考量員工個人差異所設計的彈性福利制度。該計劃的設計原意是為因應員工日趨多元化，為使福利計劃能達到激勵員工或員工滿意的目標，企業允許員工依本身之需求，在公司提供的服務項目中按照最高限額自行挑選合適項目的員工福利制度。由於此制度的作法有如在自助餐廳中自行挑選最需要的福利組合，所以又稱之為自助式福利制度 (cafeteria plans)，如醫療計劃、教育津貼、購屋津貼、人壽保險等。

彈性福利制度的優點有：一是在選擇的過程中，員工可以更加瞭解各項福利的價值，且因員工在挑選時已考量本身的需求，除了符合期望理論外，還可以避免浪費的情形；二是僱主無須齊頭式地提供員工不需要的福利，能帶給員工較大的效用與較高的價值。然而，該項制度也有其缺點，由於無法大量採購，導致福利成本增加，福利相對縮水，同時產生管理不便，增加工作負擔等問題（黃良志等，2007: 447；蔡秉燁、蘇俊鴻，2002: 57-58；吳美

連，2005: 433–434)。

　　另外還有一種套裝式福利計劃 (modular plans)，是由組織依據員工個人及家庭不同屬性及特質，設計出數種不同的福利組合 (package of benefit)，每一個組合所包含的福利項目或優惠水準都不一樣，員工只能挑選其中的一個組合福利。此種概念類似餐廳所提供的套餐菜單，客人只能擇一享用，套餐的內容是固定的，客人不得要求更換，因此，有人將其稱之為「分組選擇式彈性福利計劃」(蔡祈賢，2007: 51)。如表 9–1 所示，在此福利計劃下，每一福利套餐中的個別項目都有各自訂價，而不同的套餐總價也不相同。因此，員工可以依據個人與家庭需求，選取最合適的組合計劃內容。

表 9–1：套餐式彈性福利計劃案例

計劃 / 福利項目	計劃 A	計劃 B	計劃 C	計劃 D
購屋貸款	×	×	○	○
托育補助	×	○	×	○
人壽保險	100 萬	60 萬	40 萬	20 萬
意外保險	100 萬	60 萬	40 萬	20 萬
助學貸款	○	×	×	×
停車位	×	○	○	○
國外旅遊補助	○	×	×	×
住院補助	○	○	×	×

說明：○代表有此項目，×代表無此項目。

資料來源：蔡祈賢 (2007)，〈彈性福利──員工福利發展的新趨勢〉，p. 51，《考詮季刊》，第 51 期。

第四節　勞工退休金改制

　　我國在 2005 年進行勞工退休金的制度改革，其所適用的範圍同於現今符合《勞基法》的勞工，雖然福利的水準舊制比新制來得好，但因領取的標準高，實際能夠獲益的人數卻不多。當然也不是說舊制完全不好，新制在請領上多了薪資上限且須年滿 60 歲的規定，所以在舊制轉換新制的 5 年內，勞工們是可因自身的年齡、年資、生涯規劃以及考量公司能否長存來作為選擇基礎，擇取對自身有利的情況。一般來說，國營企業、大型企業及年資已接近

自請退休要件者較適合採用舊制；新制則是對於有換工作可能、受僱中小型事業單位及年資較淺的勞工比較有利。

新制對於勞工最大的影響即是勞工不須擔心因轉換工作或公司倒閉而無法累積工作年資。由於退休金的領取除年資未滿 15 年者須一次請領完，其餘的基於長期照顧勞工的想法，增設了「延壽年金」，勞工可按月領取退休金直至過世為止。勞退新制是以「個人退休金專戶」為主，「年金保險」為輔的制度，亦即退休金的來源取自僱主或是由勞工本身儲蓄。僱主依規定每個月提撥 6% 以上的工資存至勞工個人的帳戶裡，而個人也得以在每個月的工資 6% 範圍內自願提撥並享受免稅的優惠，如此確保勞工退休金福利的取得。以下比較改制前後的勞工退休金制度，並整理如表 9-2 所示：

表 9-2：勞退新舊制之比較

舊制	項目	新制
《勞動基準法》	法源	《勞工退休金條例》
確定給付制	制度	確定提撥制
每月工資總額 2% 至 15%	提撥	僱主：≧6% 勞工工資 勞工：自提 ≦6% 工資
適用《勞基法》勞工	適用對象	適用《勞基法》本國籍勞工（含短期工、臨時工等）
臺灣銀行信託部	收支保管單位	勞工保險局
平均工資（退休前 6 月）	給付月薪計算	每月工資（視分級表而定）
工作年資須在同一事業單位	年資計算方式	退休金之提繳年資毋須在同一事業單位
工作年資滿 25 年；或工作滿 15 年，年齡達 55 歲；工作 10 年以上年滿 60 歲者 年滿 65 歲；或心神喪失或身體殘廢不堪勝任工作者	請領條件	年滿 60 歲，無論退休與否皆可；但未滿 60 歲死亡，由遺屬一次領完
（1～15 年）×2 基數＋（16 年～）×1 基數 ≦ 45 基數　平均工資 × 累積基數	給付標準	歷年每月實際提撥之退休金金額【即：每月工資 ×（僱主提繳率＋勞工自願提繳率）】＋累積運用收益〔註〕 〔註〕勞工請領退休金時，由開始提繳之日起至依法領取退休金之日止期間之平均每年之年收益率如低於此期間當地銀行 2 年定期存款利率之平均數，則以依該 2 年定期存款利率之平均數計算收益給付。

退休金一次付清（可另訂協議採分期付清）	給付方式	年資滿 15 年採月退制 年資未滿 15 年採一次退
每滿 1 年給與 1 個基數	資遣費	每滿 1 年給與 0.5 個基數
僱主	退休金所有權	勞工

資料來源：勞工退休基金監理會，http://www.lpsc.gov.tw/cgi-bin/SM_theme?page=48b3e74c。

第五節　結語

面對社會環境的改變，公司的經營除了需要有足夠的生產要素外，人力資本的累積也是不可或缺的。過去企業多認為，只要薪資能滿足員工基本需求即可，殊不知對於員工而言，薪資的給付僅能消極滿足生理需求、達到社會交換的過程，並無法產生積極的激勵效果。因此，面對現今市場激烈的競爭，企業若想激發員工更多的潛能為公司付出，甚至願意留在組織，如何為員工量身訂做一套具有激勵與誘因效果的獎金與福利制度乃是相當重要。

雖然獎金與福利都是固定薪資之外給予員工的激勵因子，但企業在提供的同時不能給予一致性的獎酬措施，須根據員工特質與需求的差異，在公司可負擔的經濟狀況下做適當的規劃。一般而言，獎金制度包含以個人為基礎的績效獎金、全勤獎金和年節獎金，以及以團體為發放對象的利潤分享制和成果分享計劃，另外還有員工認股制度與股票選擇權等長期獎金。至於福利制度則可分為經濟型福利、娛樂型福利和社會型福利，可依組織員工需求進行不同的搭配。若企業能建立適當的獎金制度與完善的福利制度，應能提昇整體員工士氣，並達到激勵的效果。

課後練習

(1)對企業而言，為何要建立福利制度？請分組調查現今中小企業所提供的福利措施有哪些？

(2)請分組討論哪些工作需要建立獎金制度？不同的工作性質，獎金制度的內容會有哪些差異？

(3)面對經濟長期的不景氣，企業如何在不增加成本的前提下，提供員工滿意的福利制度？試提出解決方案。

聯華電子的彈性福利制度❽

聯華電子是臺灣第一家上市的半導體公司，也是第一個引進彈性福利制度的本土企業。隨著公司規模擴大、員工人數成長，公司欲尋求一個能夠滿足眾多員工的福利制度；再加上過去花費在禮品意見調查等程序太過繁複，彈性福利制度能夠讓員工自行選擇，簡化行政作業的流程。

聯華電子於2000年開始使用此制度，仍保留原本之核心福利項目，將部分項目，如三節、生日禮金，改為彈性福利項目。聯華電子將福利項目劃分為兩大類別：一為福利商品，包括三節禮品及一般福利商品，商品已由福利委員會選購好，變化不大，選擇較有限；另一為線上購物平臺，員工可用線上購物系統，從合作廠商提供的所有商品中作選擇，主要用於一般生活用品和虛擬書店。

此制度能讓員工有更多元化的選擇，不僅限於傳統固定提供的禮品，讓員工的福利效果最大化。

個案研討

企業福利　讓員工作主❾

企業常以為只要提供多元的「福利」，就可以吸引人才。但是根據惠悅企業管理顧問在2009年針對亞洲12個國家進行的調查顯示，超過40%的員工不認為公司提供的福利符合他們的需求。福利制度雖然花了大筆金錢，但要獲得員工的正面評價，卻不是一件簡單的事。過去許多臺灣企業以為

---

❽　資料來源：羅資瑋(2006)，〈彈性福利制度之實施與診斷分析——以A公司為例〉，《國立中央大學人力資源管理研究所碩士論文。

❾　資料來源：伊娃兒‧撒布(2009.10.27)，〈企業福利　讓員工做主〉，《經濟日報》。

提供與眾不同的福利就能顯現競爭優勢，然而福利成本提高，又沒有達到員工心目中的需求，導致雙輸的局面。

　　要制訂一個不增加成本又能吸引員工的福利制度，最有效率的方法即是提供一個開放福利制度，不再是大鍋飯而是讓員工能夠「選擇」，以達到個人最需要的期望和需求。

問題與討論

1. 以本個案為例，您認為企業福利真的可以讓員工作主嗎？是否會產生問題？請分別從正反兩面來討論。

2. 員工在不同的生涯或職涯階段對福利的需求與期望皆有所不同。試以需求滿足理論為基礎，針對企業中不同年齡層的員工規劃一合適的福利制度。

筆記欄

10

職業生涯發展

實務報導

福特 (Ford) 員工的職涯規劃與輔導 ❶

追求「品質第一，顧客滿意」的福特汽車，除了遍及全球的據點讓員工有跨國工作的機會之外，還為員工規劃了一套完善的訓練及職涯規劃制度，藉此讓員工保持最佳的競爭狀態。職涯規劃的內容包括:

一、福特汽車的 12 項領導才能行為，包括: 誠信，工作完美無暇，關係，行事正直有尊嚴，力求盡善盡美，關注、培育、保護，追求真理與事實，正確行事，力求多元化，企業敏銳度，創新能力及專業度，品質至上，勇氣，追求成效，顧客滿意度。這些要素是福特希望員工能具備的特質及專業管理能力。

二、多元化政策: 福特汽車相信融合了不同背景、特質的多元化團隊，能讓員工保有自己的獨特性，並且互相激發不同的創意和想法。

三、導師制度: 導師由非直屬部門的經理擔任，主要是資深經理或副理。利用公司高層的參與和跨部門的配對，讓公司內部資源有效的整合，員工可以得到全方面的發展機會和學習。並且利用定期的面談，有效的傳承企業文化及經驗分享。

4.訓練計劃: 提供多樣化的訓練，例如在職訓練、公費補助訓練、管理領導訓練、交換計劃、線上學習平臺等，以及工作輪調計劃，讓員工能夠不斷學習。福特汽車並且組織「人員發展培訓委員會」協助員工發展生涯計劃。

由於員工的職業生涯發展管理成效缺乏立即與顯著性，導致多數企業較願意花費心思在員工的教育訓練或是研擬獎金與福利制度，以提高員工的競爭力。因此，報導中所介紹的台積電員工生涯規劃與輔導作法乃是值得參考之實例。為協助讀者瞭解職業生涯發展的整體內容，在本章中首先介紹職業生涯發展的意義與重要性，以及相關理論; 其次整理職業生涯發展階段與具體作法; 接著說明職業生涯發展的路徑; 最後討論職業生涯發展的問題與特

❶ 資料來源: 福特六和，http://www.ford.com.tw/servlet/ContentServer?cid=11373858 02251&pagename=FLH%2FDFYPage%2FFord–Default&c=DFYPage。

殊議題。

═ 第一節　職業生涯發展的意義與重要性 ═

「職業生涯發展」(career development) 這個名詞的產生是一種概念進化的歷程。1950 年代以前稱為「職業發展」(vocational development/occupational development),重視的是職業選擇,強調如何將個人特質與工作條件加以配合;1950 年代以後,將其意義擴大,開始重視人一生事業發展的追尋;直到 1970 年代以後,「生涯發展」一詞逐漸代替了「職業發展」,並且大量地被引用和提倡(吳復新,2003: 480)。學者道格拉斯霍爾 (Douglas Hall) 將職業生涯定義為: 個人一生中所擔任的一連串工作職務,包括與工作相關的活動與經驗的態度和行為。而學者赫爾 (Herr) 和克拉默 (Cramer) 認為職業生涯發展是一種連續的過程。在這過程中,個人發展出他對自己和職業生涯的認同,並增進本身的計劃與職業生涯成熟度。這個終身的行為過程和影響,引導出個人的工作價值、職業的選擇、職業生涯型態、角色整合、自我和職業生涯認同、教育水準和有關現象(吳復新,2003: 480;何明城審訂,2002: 301)。總結以上所述發現,對於職業生涯發展的解釋,多偏向個人對自我工作相關事務的看法與規劃,但其實職業生涯發展是豐富人力資源、滿足員工與組織雙方面需求的過程,不僅關係員工個人,也牽涉到組織的認知與制度。

因此,在職業生涯發展的過程中,員工個人與組織各有不同的任務與要求,透過雙方責任的履行,個人得以實現自我的生涯目標與期待,組織則在協助員工探索與成長的過程中,同時滿足本身對於人力資源的需求。根據研究顯示,職業生涯發展的重要性約可以整理如下(張添洲,1999: 210–211):

1. 建立個人與組織之間的相互承諾

經由職業生涯的推展,建立起互信互諒的關係,促使勞資雙方彼此關注需求與期望。

2. 培養長期的正確職業觀

為了有效執行職業生涯的發展與規劃,組織會以長期性、發展性、多元

性等觀點審視其營運目標、發展策略、勞資關係等；個人則慎重的考慮自身未來的需求與期望，將有助於雙方的和諧共榮。

3. 減少人事作業、降低成本

積極的進行職業生涯防止員工的流動、避免員工的流失，減少招募、教育、訓練費用。同時，使組織能維持人力資源的素質。

4. 強化員工再教育功能

透過勞資雙方對職業生涯發展的規劃，員工將可避免成為落伍者，組織可維持良好的人力資源。

5. 確保組織的有效運作

有了良好的職業生涯規劃，經由組織適當的教育與訓練，將有助於提高工作意願，提昇工作效率，以達成組織發展的目標。

6. 幫助員工達成自我發展的目標

個人的工作目標，是導引個人進入組織的原因，而職業生涯發展可使員工對於目標有進一步的瞭解，進而激發其潛能。

══ 第二節　職業生涯發展的相關理論 ══

由於職業生涯與個人的價值觀、態度、性向和興趣是高度相關的，當工作能和前述這些因素配合的時候，會有高的工作滿意，同時較能得到高的生產力與工作績效；如果工作無法和這些因素配合，則容易造成工作不滿意、生產效率低落，甚至高的流動率等（張緯良，2003: 257–258）。如此一來，不論是對於組織或是個人都會造成相當大的損失。因此，個人的職業生涯發展應該與性向和興趣相結合。

有關性向與興趣測驗的研究量表相當多，其中被普遍採行的有霍蘭德 (John Holland) 所提出的職業偏好測驗 (vocation preference test, VPT)、施恩 (Edgar Schein) 所提出的生涯定向理論 (career anchor) 以及榮格 (Carl Jung) 所提出的人格類型 (jungian personality typology)，詳細說明如下（張緯良，2003: 258–262；許世雨等譯，1999: 236–239）：

一、霍蘭德 (John Holland) 的職業偏好測驗

John Holland 指出，個人的個性（包括價值觀、動機與需求）是職業抉擇的一個重要決定因素。例如，一個有強烈社會導向的人，通常會喜歡從事與人際關係有關，如：社會工作而非學術或體力活動有關的工作。此理論包含三項主要的內容：首先，Holland 發現人們的職業偏好是很不同的；其次，如果一份工作允許員工從事其認為是重要的工作，則此員工的生產力會比較高，此外，工作者的人格必須與工作環境特質配合才能創造高績效；最後，志同道合者較容易彼此吸引而有類似的行為反應。

Holland 發展了一份職業偏好測試量表，並經由實證研究發現六個基本個性型態或導向，稱之為職業偏好，圖 10-1 顯示六種類型的關係，兩兩相鄰者具有增強關係，不相鄰者具有互斥關係。

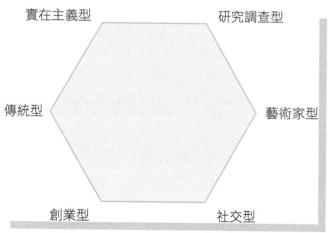

▲ 圖 10-1：Holland 類型的結構圖

㈠實在主義型

這些人喜歡屬於體力的工作，像必須有技術、力氣及協調能力者。例如：機械、林務工作、農場工作。

㈡研究調查型

這些人喜歡心智性的工作，如思考、組織、理解。例如：生物學家、大學教授。

㈢社交型

這些人喜歡人際關係的活動勝過體力或心智的活動。例如：心理輔導師、外交人員。

㈣傳統型

這些人比較喜歡有組織、有規劃可循的活動，而且員工需求須受組織需求牽制。例如：會計師、銀行員。

㈤創業型

這些人喜歡以口才來影響別人，擁有自己的事業。例如：律師、公共關係主管。

㈥藝術家型

這些人喜歡自我表達、藝術創作、情感表達，及個別性的活動。例如：藝術家、廣告創意人員。

二、施恩 (Edgar Schein) 的生涯定向理論

Edgar Schein 指出生涯規劃是一種持續的發現過程，一個人經由工作的歷練慢慢地發展出清晰的職業自我意識。該理論指出，瞭解自己愈多，就愈能掌握生涯定向。所謂生涯定向，顧名思義就是一個人變換工作的軸心，也就是在下任何決定時不願意放棄的價值觀或事物。Schein 針對麻省理工學院的畢業生進行研究，找出了五個生涯定向：

㈠技術性或功能性生涯定向

擁有技術性或功能性的職業傾向，似乎會促使人們迴避一般管理之路，而選擇一些可以使他們停留在專業技術或功能性領域的工作，例如：工程師、研發人員等。

㈡管理才能生涯定向

有些人顯現了成為管理者的強烈動機，而他們的事業也使他們相信，其有升任總經理所需要的技術和價值觀。一個擁有重要決策權和能為成敗負責的管理職務，是這些人的最終目標。他們通常需要具備分析能力、人際關係

能力，以及處理情緒的能力。例如：企業家、高級主管。

⊜開創性生涯定向

有些人想要建立或創造完全屬於自己的產品，擁有自己的公司，或反映自己成就的個人財富。例如：房屋租售的經紀人、建立成功的顧問公司。

㈣獨立自主生涯定向

有些人不喜歡在自主性低，且升遷、調職及薪資決策都會受到別人影響的企業任職，而希望能不依賴別人，成為獨立工作者，或擔任小公司的顧問。例如：自組工作室的設計師、翻譯人員。

㈤以安全為主的生涯定向

有些人較關心長期的事業穩定性以及工作的保障。他們寧願保住目前的工作、優厚的待遇，以及良好的退休福利制度，而放棄更佳的潛在機會。對這些人而言，在熟悉的環境中維持一個穩定、有保障的事業，比追求高報酬、高風險的事業要好。他們可能較喜歡政府的工作，也更願意讓僱主來決定他們的事業遠景。例如：公職人員、中小學教師。

三、榮格 (Carl Jung) 的人格類型

Carl Jung 於其心理學理論中曾界定了四種人格類型，這些人格面向可以配合工作環境一起思考，Holland 的職業偏好測驗即從中獲得不少啟發。不同的人格屬性會表現出不同的工作技能以及與同儕相處的不同關係。如：

1.外向—內向 (extraversion-introversion, EI)

此一面向主要在衡量個人的力量與更新來源，以及行動取向。

2.感官—直覺 (sensing-intuitive, SI)

主要在衡量個人的資訊蒐集，是來自外在世界或是直覺判斷。

3.思考—感覺 (thinking-feeling, TF)

此一面向則在探測個人對資訊的使用是以線性、外在標準為主，或是以全觀、內在價值為主。

4.判斷—認知 (judging-perceiving, JP)

確定個人對外環境的態度是傾向封閉性或是資訊探索型。

以上四種類型在工作場所中呈現出不同的風格與互補的關係。

＝第三節　職業生涯發展的階段與具體作法＝

每個人的職業生涯發展大致都會經歷幾個階段，每一個階段的努力方向和重點都不相同。在許多職業生涯發展模式中最常見的是將一個人的生涯發展劃分為五個階段，分別是成長階段、探索階段、建立階段、維持階段和衰退階段。雖然每個人在每一階段所處的時間幅度長短不同，但大致來說都會經歷到這樣的一個過程（張緯良，2003: 254–257；吳復新，2003: 481–482；許世雨等譯，1999: 230–235），以下即根據圖 10–2 所示，分別說明：

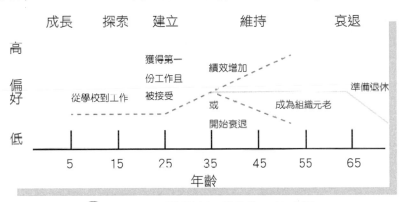

🔼 圖 10–2：職業生涯發展的五個時期

資料來源：David A. DeCenzo, Stephen P. Robbins 著，許世雨、張瓊玲、蔡秀涓、李長晏譯 (1999)，《人力資源管理》，p. 231，臺北：五南。

一、成長階段 (growth stage)

成長階段大約從出生到 15 歲。這個階段是一個人主要的學習階段，也是一個人經由與其他人，如：家人、朋友、老師等互動而發展自我觀念的時期。在此階段中，最主要的認識便是學習與充實自我，在家長與老師的誘導下培養未來成長的潛能，通常在這個階段尚不會產生與生涯發展有關的問題。但幼年時期的經驗，或是一些特殊的事故，可能會對未來的事業選擇產生潛在的影響。

二、探索階段 (exploration stage)

探索階段大約從 15 歲到 25 歲。這一個時期對大多數人而言，是處於求學的後期以及就業的初期，開始探索和未來事業選擇有關的問題。個人一方面從學校獲得某些專業知識，另一方面也透過休閒活動和臨時兼職方式瞭解一些工作上的特性以及所需要的資格條件。隨著對各種職業以及自我瞭解的愈深入，也可使選擇變得更加精鍊。最後就可以作出適切的抉擇，同時開始準備嘗試第一份工作。

在成長階段和探索階段中，最重要的工作就是發展出對自己才能和興趣的瞭解，同時建立自身的價值觀、態度和企圖心。而大學的見習與企業的教育方案都是協助個人自我探索的良好方式。從生涯階段的觀點來看，見習有助於瞭解一個工作的整體概貌及其成功的標準。因此，可以將探索階段視為是工作準備的階段。

三、建立階段 (establishment stage)

這個階段大致從 25 歲到 45 歲，也是一個人一生工作中的主要階段。在此階段中，個人必須配合自己能力，真正建立自己的志業。其中又可略分為三個時期：

(一)試驗期 (trial substage)

這是指一個人在這段時期選定一生事業的所在，一般人在 30 歲前就會做此決定。

(二)穩定期 (stabilization substage)

個人一旦確立了自己的事業所在，便對這個事業作進一步瞭解、有效規劃和準備，使事業得以順利進行。

(三)危機期 (mid-career crisis substage)

這是中年危機期，因為一個人開始評估本身在事業上的成就，並對原先所做職業的選擇進行綜合評價，若發現發展不如預期的理想，加上前途不像以往開闊，並感到時間的急迫性，自然對自己產生疑慮，而產生所謂「中年

危機」(mid-life crisis)。

面臨中年危機的人常會就過去、現在以及未來做深刻的思考。特別是對未來的下半生應如何度過，開始有認真而審慎的評估。其評估結果大致會產生下列三種情況：

1.原地踏步

即維持現狀，不作任何更動。換言之，也就是認定只能持續目前的狀態至退休。

2.考慮改變現狀

改行或自行創業。這種決定對任何人來說都是重大的，因為：

(1)過去所投下的沉沒成本 (sunk cost) ❷已相當高，突然要加以割捨或放棄，的確不容易。

(2)個人的擔子仍相當沉重，有家眷再加上可能子女正處於就學時期，經濟壓力相當大。

(3)如欲改變現狀，那麼將面臨一個不可知的未來，是否有十足把握，確實難以預料。

3.提早退出「舞臺」

這同樣是一個不易做的決定，因為牽涉到個人生計的維持以及生活狀態的改變。

四、維持階段 (maintenance stage)

從 45 歲開始，人們會從建立階段步入維持階段。在這個階段中，人們的事業經驗通常已經發展得相當成熟，各方面趨於穩定，若已晉升到一定的職位，被賦予的期待也較高，並且開始肩負指導他人、提攜後進的責任。大多數人到了這個階段已不再有重新出發的本錢，而傾向於為長期安定下來作準備，與組織建立穩定的關係，對事物採取穩重與較保守的態度。這是生涯發

---

❷　沉沒成本是指已發生或承諾、無法回收的成本支出，也不會影響當前行為或未來決策。

展相當重要的階段，個人是否繼續成長，還是會就此停滯，甚至衰退，全視個人能為組織創造多少價值而定。

另外，在建立階段所投入的努力可能在這個階段開始收成，同時也必須評估工作與事業對於本身生活的重要性。當思考生命的意義和價值等問題無法獲得肯定的答案，而生涯目標又遙不可及，倘若再加上家庭與經濟的壓力，很可能產生中年危機，使其生涯發展停滯，甚至引發憂鬱與沮喪。

五、衰退階段 (decline stage)

生涯發展最後面臨的是不可避免的衰退期。從 65 歲起，各方面都有加速退化的現象，對於工作的能力和興趣都有力不從心的感覺，因此須調整個人心態，接受權力及責任縮減，以及自己從決策的地位變成顧問角色的事實，並開始規劃退休後的生活，或選擇開創事業第二春。此時，個人會把投注的時間及精力轉而用於其他方面，如：家庭、興趣、社會公益等。但退休並不代表個人價值的結束與消失，只是轉換另一種新的生活形態及角色。

綜上所述，在瞭解職業生涯發展的各個階段內容後，個人和組織都應有不同的具體作法，以互相配合與實踐。所以當個人設定了生涯發展的目標後，組織必須相對提供員工實現生涯目標的機會。以下分別就個人及組織加以說明：

一、個人的職業生涯具體作法

對於員工來說，職業生涯發展規劃的目的在於建立自己的生涯目標，尋找達成此目標的作法，其具體內容如下（吳秉恩審校，2007: 312–313；丘周剛等編著，2007: 263；吳復新，2003: 494–497）：

(一)自我評估

職業生涯規劃的第一步就是自我評估，也就是對自己的興趣、價值觀、能力、專長、優缺點等做一番詳細的檢視，來達到瞭解自己，同時接納自己的缺點、發揮自己的優點之目的。

(二)瞭解工作環境內外機會與展望

亦即充分瞭解工作環境所提供的機會或職務，思索這些機會是否適合自己，以及組織未來的發展願景。另外，也思考本身的專長與目標和組織未來的發展方向之關聯性，藉由多方面蒐集相關資訊，瞭解現今的狀況與發展之趨勢。

㈢目標設定

經過自我評估與瞭解工作環境的內外機會與展望後，員工可以開始建立職業生涯發展的目標，稱為目標設定。依執行時程的長短可分為長程、中程、短程目標。長程目標是終極追求的方向，中程目標是中途的目標，短程目標是現在努力的指導方針，也是達成中、長程目標的連貫手段。

㈣行動計劃

目標設定以後，就要針對自己設定的目標，設計達成目標的計劃，並針對目標達成過程中所需具備的資格條件等詳加規劃。一般而言，計劃可以多擬幾個，並且就各個計劃進行分析，必要時可聽取主管或其他專家的意見，最後才選擇一個最佳的計劃。通常在計劃上，應安排一些能夠磨練自己工作經驗的短期訓練及其他工作外的訓練。這些早期準備工作完成後，即可開始進行一些較長遠的發展方案。當然，在研擬計劃時，每一項目標所需的不同技能、經驗都必須加以考慮。

㈤執行與檢討計劃

計劃擬定後，接著就須設法去達成，也就是說，個人必須配合計劃不斷努力來達到設定的目標。在過程中同時也要定期檢討，作為日後修正的參考，以便達到最後的生涯目標。當一個人在進行計劃時，組織是否能夠給予充分的支持是相當重要的。所以，高層主管必須鼓勵各階層主管幫助員工發展他們的職業生涯。

二、組織的職業生涯具體作法

就職業生涯發展規劃來說，組織必須提供員工所需的資訊與組織願景，讓每一位員工對於不同職位之發展有更清楚的認識與瞭解，以協助員工達到

自己的生涯目標。要達成此項目標，組織內應該有下列的具體作法（丘周剛等編著，2007: 263；吳復新，2003: 494–497）：

㈠人力資源規劃

包括組織中目前人力現況的評估與未來人力的預測，可顯示出組織需要的人才類型，且分別提供哪些不同的生涯發展機會。也包括組織內部各專業領域未來發展的可能與方向，此點將決定不同部門的規模與發展潛力。目前在這一方面較常採行的措施主要有：

1. 定期或不定期公告組織內部的職位出缺狀況。

2. 提供組織內各項職位的條件，或從事該項職位所需具備的能力清單。

3. 組織內各領域的職業生涯階梯或職業生涯發展路徑的設計，包括橫向的流動和縱的職位進階。

4. 設置職業生涯資源中心，提供各種資訊以供員工學習或參考。

5. 編印各種手冊、傳單、小冊子或其他印刷品等，供員工流傳參考。

㈡提供協助與支援

在員工進行職業生涯規劃的過程中，組織除了提供各項與生涯有關的資訊，來幫助員工考量生涯發展方向外，更可藉由長官或生涯導師的引導，以及人力資源部門的看法與相關教育訓練等，提供具體的行動與策略成長嘗試機會，例如：協助員工作自我評估、實施員工個別諮商、評鑑員工的發展潛能等。

1. 協助員工作自我評估

⑴舉辦職業生涯規劃研習營或研討會，透過動態的團體研習或討論活動，幫助員工瞭解如何準備及實踐個人的職業生涯策略，進而訂定務實的職業生涯計劃。

⑵規劃退休前的研習營，針對屆齡退休的員工，提供有關財務、保健及生活調適等研習活動。

2. 實施員工個別諮商

組織所推動的員工職業生涯諮詢，可能採取非正式、或正式的方式實施，

以下是目前幾種較為常見的作法：

　　(1)完全由人力資源管理人員負責。

　　(2)聘請專業的諮商人員擔任。

　　(3)由督導人員或部門經理提供諮商的服務。

　　(4)轉業輔導的安排。係專為即將遭到資遣或解僱的人員所提供的諮商服務，協助他們順利轉換新的工作。

3.評鑑員工的發展潛能

　　評鑑員工的發展潛能，也是組織在輔導員工作職業生涯規劃時經常採行的措施。常見的作法如下：

　　(1)設立評鑑中心，有計劃地針對督導及管理階層以上人員，實施發展潛能的評鑑，以提供個人作為職業生涯規劃的參考。

　　(2)對個別員工升遷的可能性作平實的預估，讓員工瞭解個人的未來發展機會。

　　(3)實施接續計劃，考驗員工的發展潛能。

　　(4)透過心理測驗，深入評量員工的性向、能力和價值觀念等。

第四節　職業生涯發展路徑

　　近年來，員工職業生涯發展的路徑趨於多元化，除了傳統的職業生涯路徑之外，還有許多不同以往的職業生涯路徑。以下分別從傳統職業生涯路徑和多元職業生涯路徑兩個面向分別說明（吳秉恩審校，2007: 325–328；張緯良，2003: 263）：

一、傳統職業生涯路徑 (traditional career path)

　　傳統職業生涯路徑是一個員工在組織中從一特定工作轉換到下一個更高階工作的垂直向上發展。由於在此種發展路徑中前一項工作是下一個更高階工作的重要準備，因此，員工必須在不同工作間逐步轉換以獲得所需之經驗和準備。這種傳統職業生涯路徑最大的優點在於簡單明確，因為發展路徑是

清楚地呈現，且員工知道發展過程的特定工作順序。

　　但是，今日這種員工在單一組織裡努力往上晉升的職業生涯發展模式已變得較為少見，如探究造成此種情形的因素包括：

(1)組織層級因合併、組織縮編、景氣停滯、成長週期和組織再造而減少。

(2)組織不再強調父權主義管理作風與工作保障。

(3)員工忠誠度降低。

(4)必須不斷學習新技能的工作環境。

　　由於上述因素的影響，組織與個人皆面臨高度的不確定性，組織未必能夠保障員工在組織中長期的職業生涯發展，而員工個人也不一定願意在單一組織中從一而終，因此傳統的職業生涯發展路徑乃逐漸式微。

二、多元職業生涯路徑

㈠網絡職業生涯路徑 (network career path)

　　網絡職業生涯路徑包含垂直的工作序列和一系列水平的發展機會。網絡工作路徑認定在特定階級中，經驗是具有可交換性的，而且在晉升至較高階級之前有必要擴展員工的經驗。在組織中，此種方法較傳統職業生涯路徑更常為實際員工發展的路徑。舉例來說，一個人可能擔任倉儲主管多年，接著在被考慮晉升之前轉調至夜班經理的橫向位置。垂直與水平機會減少員工被鎖死在特定工作上的機率。但此種職業生涯路徑的主要缺點在於要向員工清楚解釋其明確的職業生涯發展路徑是比較困難的。

㈡橫向技能路徑 (lateral skill path)

　　傳統上，職業生涯路徑通常被視為在組織中往上移動至較高之階層，而前述兩種職業生涯路徑的共通之處即在於此。近年來，這兩種職業生涯路徑的可取得性已有相當程度的減少，但這並不表示員工必須終生留在同一工作。橫向技能路徑強調的是組織內之橫向轉換，此種轉換方式給予員工重新恢復活力和發現新挑戰的機會，也就是在不進行薪酬調整及職級改變的情況下，員工可透過不同工作的學習來增加個人對組織的價值，並且再次獲得活力和

能量。

欲鼓勵員工橫向移動的組織可以選擇技能本位的薪酬系統，此系統根據員工擁有的技能廣度與深度決定薪酬，薪酬並不會因員工擔任的工作不同而進行調整，因此較有利於員工在不同工作間的轉換。

(三)雙軌職業生涯路徑 (dual-career path)

雙軌職業生涯路徑原先是發展來處理技術專業員工無意或不合適向上升遷至管理職位的問題。採雙軌職業生涯路徑的組織認為，技術專家可以且應該被允許對組織貢獻其專業知識與技能，但無須成為管理者。雙軌職業生涯路徑時常被用以鼓勵和刺激各領域之專業人員，例如：可以由實習工程師到工程師、高級工程師、主任工程師、資深工程師的路徑發展，提供員工在專業領域上長期發展的空間，讓組織中的地位與薪資待遇能伴隨職稱的調整同步成長，以鼓勵專業專精的發展，留住優秀的人才。

雙軌職業生涯路徑受到愈來愈多組織的歡迎，有些組織原本採用傳統的職業生涯發展路徑，但高階技術人員由於升遷管道受阻或由於不希望朝管理領域發展而造成高離職率，在採用雙軌職業生涯路徑後，這些技術人員的離職率已大幅降低。又如在高等教育組織中，教師可以透過講師、助理教授、副教授和教授之等級來升等，而無須進入行政管理領域擔任行政職務，亦是類似的職業生涯路徑設計。

(四)降調

長久以來，降調和失敗總被聯想在一起，但是未來有限的晉升機會以及快速的技術改變，可能使得降調成為正當的職業選擇。如果降調的汙名可以被去除，則可能會有更多員工，特別是年長的員工，選擇此種職業生涯發展路徑。因為在極有限的晉升機會中長期工作，對工作者來說是不具吸引力的。在某些狀況下，此方式可以紓解阻塞的晉升路徑，同時亦允許資深員工逃離不想承擔的壓力而不會被視為失敗。

(五)自行創業

自行創業者有些是全職工作，有些是兼職。自行創業的型態與規模各有

不同，但共同點則在於他們對於控制部分或全部職業生涯的期望。在性格上，自行創業者通常傾向喜愛挑戰和自動自發。由於許多優秀的員工常有強烈的創業動機，許多公司發展出內部創業的作法，一方面讓這些員工有更為寬廣的舞臺，以留住這些優秀員工，另一方面也有助於組織的發展。

資訊補給站

做好情緒管理不憂鬱❸

國立成功大學教育研究所教授饒夢霞在一場研習會上談到，許多人之所以在面臨生涯抉擇時會感到憂鬱、不知所措，原因在於其所抱持的觀念，認為世界上只有一種職業適合自己，因此非得找到完美的職業。其實每個職業有利有弊，不可能完全達到心目中的條件，相對於憂慮找不到適合的職業，應積極確立自己的目標，針對目標擬訂周詳的計劃並穩健的經營。饒夢霞教授最後提到三大生涯規劃的重點，與大家一起共勉：

1. 向內看要深入且透徹，因為知己者明、明白自己做什麼。

2. 向外看要寬廣且前瞻，瞭解外在環境，因知彼者智。

3. 比較利與弊再做決定，瞭解全局後全力以赴，堅持到成功為止，就會樂在其中，成為天生贏家。

═══ 第五節　職業生涯發展的問題 ═══

羅文基等（1994；轉引自張添洲，1999: 220–222）針對企業員工職業生涯發展的研究，進行實地調查訪問個案分析，認為有下列幾個問題值得深思：

■ 一、制度方面

㈠以公司為本位的實施理念

根據調查顯示，公司多數沒有明確的生涯發展實施理念，都將組織的發展列為本位，從組織發展的理念看員工生涯發展，亦即以公司為本位，認為

---

❸　資料來源：蔡清欽 (2010.05.10)，〈做好情緒管理不憂鬱〉，《台灣新生報》。

只有公司成長，員工才會有發展，員工的生涯發展只能配合組織的決策，員工不須做太多規劃。

㈡偏重組織層面的生涯管理制度

公司雖已有人性化管理的理念，但是實施上仍將員工置於次要的地位。多數的公司認為只要提供員工各種教育與訓練課程、工作上的歷練，再配合公司的升遷制度，員工的生涯發展就能達成。但實際上，若組織對於提供員工個人生涯發展的相關協助，如：個人自我評估、機會評估、生涯規劃研習會的舉辦、設立生涯資訊中心、潛能評估中心、生涯諮商與輔導服務等都缺乏認知，未刻意為員工設計生涯發展進路等，將使員工缺乏生涯洞識，導致喪失生涯動機。

㈢缺乏整體制度的運作

多數公司將員工的生涯規劃視為教育與訓練的一環，而缺乏整體的制度運作，變成單有零碎的人力資源管理措施，卻無法使其有效的連結，形成只有點的運作方式，容易產生說到哪裡做到哪裡，視情況而做甚至沒做的現象。

㈣本國公司較不積極

本國公司認為員工生涯發展是外來的觀念，不一定完全適合國內，所以實施的情形較不積極，而外商公司因為直接或間接接受國外母公司制度的規劃與支援，對員工生涯發展理念、功能的完備性等都較積極。

二、實際作法方面

㈠偏重於員工發展方案

相當重視員工發展方案的實施，其中以教育訓練、工作輪調、工作及專案指派等較具體化，多將其列為人才培育計劃的重點。

㈡實施對象偏重於主管級或高階人員

此為「現實取向」，因其流動率較小，成本效率較高；但又發現基層的作業員缺乏生涯的認知，其生涯發展只要薪資福利符合期望，工作穩定即可。

㈢以企業員工為主體的建教合作措施有待加強

亦即現行的教育單位在激勵員工的生涯發展歷程中缺乏扮演積極的角色，而且多數都未能有效建立制度。

㈣公司對協助員工擬定生涯計劃不積極

為避免員工的生涯目標與組織的發展不能配合，造成員工的離職，部門主管應與員工進行生涯面談、諮商與輔導，以擬定雙方皆認可的生涯計劃。

㈤缺乏專業生涯諮商人員

專業的生涯諮商人員對員工的生涯規劃具有決定性的影響，當前不但多數部門主管未接受專業的生涯諮商訓練，亦沒有專業的生涯諮商人員提供員工生涯發展上的協助，所以，高層主管的經營理念仍是最主要的考量。

㈥重視職位與職等的配合

國內對於管理人員、非管理人員、專業技術人員的晉升多採職位職等並列的方式，對於員工及組織皆有助益。對組織而言，可解決因為金字塔型人力結構所引發的困擾，並可藉由職等的聯繫，使跨部門的工作輪調、工作指派有所依據，以減少員工的猜忌與不安，進而安定人力資源。對員工而言，每個人都有自己的生涯目標與需求，不一定每個人都想擔任管理職，所以提供多樣化的激勵方式，更能提高員工的工作滿足，促進工作績效的提昇。

㈦人才輸出的人力理念

業界有朝向集團式多角化經營的趨勢，雖然未將關係企業所需的人才列入制度化考量，但關係企業所需要的人才卻常向母公司借調，因此，母公司可視為是關係企業的人才輸出庫，不但可解決多角化經營的發展需求，也可增加升遷管道，對於員工的生涯發展多所助益。

總結以上所述得知，職業生涯管理對於組織員工而言雖相當重要，但在我國實施的結果，制度上多以公司本位為主，同時傾向組織層面的生涯管理，而缺乏整體的規劃運作。至於在實務上，企業實施職業生涯管理的對象多偏重於高階人力，且內容多以員工發展方案為主，企業中不僅缺乏專業生涯諮詢人員，也不抱持積極主動的態度，顯示國內企業職業生涯管理的觀念尚未落實，仍有相當的加強空間。

第六節　職業生涯發展的特殊議題

隨著社會經濟的快速變化，目前不論是個人或組織都在職業生涯發展上面臨新的問題與挑戰。以下介紹幾項職業生涯發展的特殊議題（許世雨等譯，1999: 240–241；吳秉恩審校，2007: 329；何明城審訂，2002: 312–314；丘周剛等編著，2007: 279–281）。

一、玻璃天花板效應

所謂玻璃天花板 (glass ceiling) 是指組織的升遷系統中，對於特定族群晉升到高階職務所存在的阻礙。根據《財星雜誌》2010 年的統計資料顯示，全球前 500 大企業當中，只有少於 7% 的企業有女性高階主管，且這些企業當中也將只有 20% 的女性擔任高階主管的職位。

目前許多公司所面對的問題是，如何使女性或是弱勢族群不受玻璃天花板效應影響，而有較高的機會進入高階管理階層。玻璃天花板發生的原因可能來自於公司制度不利於女性或弱勢族群發展，或是源於不利於此些族群的刻板印象。因此，高階主管應強力宣示推動人才多元化的決心，並且拔擢多元化人才於管理者之中。所以，在決定空缺職位的遞補人選時，也應該確保所有的合格人選都能夠獲得公平的機會，在能力與貢獻上進行公平的競爭。但是單靠高階主管的推展未必能夠消除玻璃天花板效應，由於這樣的問題通常是系統性的，且因為性別歧視常是深植於看似公平的工作實務及社會規範意識中，一般人不會注意到它，更別說是質疑，然它的確會形成一種微妙的實質阻礙。

二、雙重職業生涯

社會變遷對工作的影響力之一，就是形成夫妻均為全職工作者的雙重生涯夫妻人數增加。雖然每一對雙重生涯的夫妻所面臨的情況不同，但有些壓力來源是可以確定的。壓力可能來自工作角色與家庭角色的不相容所致，因此，雙重生涯的夫妻應發展出具有「我們」(we) 取向而不是只有「我」(me) 取

向的配合策略。例如：結構角色的再界定、個人角色的重新定位，以及更有效的時間管理等。結構角色的再界定可能包含與管理者一起努力以改變他們對工作的期望，如發展彈性工作時間以及限制出差的次數。而個人角色的重新定位可以從父親替嬰兒換尿布、購買日用品、以及婦女僱用清潔工打掃清潔等現象瞭解。

近年來，IBM、太平洋電信等組織，都開始提供更多的工作方式選擇，如：彈性的職業生涯路徑、允許長時間離職、彈性工時、工作分享、遠距工作，並提供平衡家庭與工作需求的方法。

三、組織精簡與生涯

在 1990 年初經濟衰退時期，有許多組織和企業均實施週期性的精簡。雖然組織精簡通常被視為是負面的，但是精簡同時也為組織和員工提供了生涯機會。組織致力於精簡活動有不同的理由：如縮減人力降低成本、組織的再結構化、資源重新配置等。組織精簡後所產生的問題可能正代表著生涯管理的機會，存留者可能有罪惡感、對管理失去信心、工作動機減弱，對其他員工產生不信任感、組織參與和投入變少、較高的缺席率、衝突事件增多等情形發生。組織雖然為了在高度競爭的全球經濟體中，增加生產力與獲利率，但除非有謹慎周詳的規劃，否則可能導致員工士氣低落，或失去重要人員，最後反而增加成本。

美國管理協會最近一項研究發現，只有不到一半的公司能夠藉由組織精簡而增加利潤。調查也顯示，其餘的員工士氣銳減，加班成本也增加，還有22% 的公司坦承裁錯人。因此，有效的組織精簡，在一開始就要有完善的人力資源計劃，以界定公司的核心事業，並提供完善的人力資源規劃與工作分派方案。此行動方案將會使公司邁向未來的願景、讓管理部門展現領導力，並確保員工能夠被平等、公平地對待。

四、週期性的生涯發展

《商業週刊》曾經在 2005 年 12 月中談到「第四個退休時代」❹的興起，個人的職場生涯將會延長。過去 50 歲是整個工作生涯的終點，人們準備要退休，為整個工作生涯劃下句點。但隨著個人壽命的延長及子女數減少所帶來的人口老化現象，個人必須一方面累積更多的金錢才能保持生活的開銷；另一方面退休後的漫長時光也讓人感到無聊，而希望透過工作年紀的拉長與延後，來達到累積儲蓄與保有自我價值感。

為了因應這種現象的發生，未來個人的退休年限將會消失或延後，個人的生涯發展過程中，不再遵循著學習、工作與休閒的線性狀態發展，而是改由以三者循環出現的狀態。因此，未來不再將休閒與退休留在人生最後的階段，而是透過數次不同職場的進出，讓每一次的工作週期中都點綴著休息與充電；教育不再是為了進入職場做準備，而是透過一次又一次的重回校園，進行更多的學習與成長，終身學習也因而成為流行的趨勢。

第七節　結語

近年來由於升學主義掛帥，使得進入職場新鮮人的年齡愈趨延後，但一般人平均在職場工作的時間仍然長達 30～35 年之久。由於求學的目的多是為了未來職業鋪路，所以職業生涯管理的重要性確實不容忽視。以往常認為職業生涯管理為員工自身的責任，而忽視了員工其實為組織最重要的資產。因此，組織必須要對員工的職業生涯管理提供相對的責任，如此一來不僅可以使組織更清楚員工的未來發展與潛能，也可使員工對組織更具有向心力。

雖然職業生涯管理或發展逐漸受到組織與員工雙方面的重視，但在其中

---

❹ 《搶占二億人市場》一書中，作者戴可沃 (Ken Dychtwald) 表示，「愈早退休愈成功」的價值觀，隨著 1946～1964 年初生的嬰兒潮世代邁進退休年齡，開啟了第四個退休時代——「再就業」的熱潮逐漸延長，未來的人可能延長至 75 歲才退休。

仍然有很多因為社會經濟快速變化而產生的議題，如：雙重職業生涯、退休年限的延後或消失。以上這些議題，都是組織和員工對於職業生涯重新規劃及管理的重要面向。另外，如：彈性工時、遠距工作以及終身學習，也都是未來職業生涯管理必須納入考量的重要方式。

課後練習

⑴在閱讀完本章後，您是否瞭解職業生涯管理的重要性以及職業生涯發展的各個階段的變化？而您對自己未來的職業生涯又如何規劃呢？

⑵職業生涯的規劃與管理，不僅是員工本身的問題，組織也佔有非常重要的角色。您覺得在不同階段的職業生涯中，組織與員工應該要如何配合才能創造雙贏？

⑶職業生涯的發展途徑，已經不只有傳統的途徑，也有許多多元的管道，您認為哪些職業或職務適合傳統的發展途徑？哪些職業或職務適合多元的發展途徑呢？

⑷在職場中會遇到很多不同的問題，如文中所提到的玻璃天花板效應。若您身為一家公司的高階主管人員，會如何處理此類的問題？

⑸您覺得學校以及師長應在學生未來的職業生涯發展裡扮演何種角色，以及提供哪些協助？

實務櫥窗

畢業找工作　大學教了沒❺

英國教師薩爾夫拉茲·曼蘇爾花費一年的時間，訪談 6 名大學畢業生，比較他們的人生規劃與實際境遇，同時瞭解業界的看法，透過這些經驗，提供給正要開始找工作的新鮮人們作為參考。

在這 6 名大學生中，沒有人從事原本期待的職業。這些學生在剛畢業時充滿

---

❺ 資料來源：魏世昌 (2010.08.10)，〈畢業找工作　大學教了沒〉《台灣立報》。

自信，對未來相當樂觀，認為可以如願以償的找到心目中理想的工作。但經過了一年社會的洗禮，他們開始瞭解夢想與現實的差距，能更務實的規劃自己的未來，且重視大學教育帶給他們的價值。不過，這些新鮮人仍普遍認為大學應該提供求職相關的訓練，諸如面試技巧、履歷撰寫等。

相對於大學畢業生的自信，業界對這些畢業生們的看法負面多於正面。連鎖超市的人力資源經理蘇西表示今年已經收到 2,500 封的履歷，但仍無法找到合適的人選填補 20 個職缺，她認為大學生急於在短時間內找到工作，因而對每間公司都缺乏研究。個人衛生企業金百利克拉克的人力顧問威爾也有同樣的看法，有許多應徵者竟然連公司的名稱都拼錯。

從英國《衛報》的一篇報導可以看出現在大學生面臨比以往更嚴重的求職問題，該報導指出，大學畢業生失業率較以往多出 2 倍，4 萬名畢業生待業時間超過 6 個月。但儘管學貸、經濟衰退等問題接踵而至，但仍未有學生放棄進入大學就讀的機會，薩爾夫拉茲認為這是在這時代中，令人最感振奮的現象。

🔍 個案研討

多元升遷地圖與人才舞出未來❻

全家便利商店這幾年開始導入人才庫系統，儘管早在 2005 年就已經開始作職位評價，但近年環境變化很大，故人資部門最近積極的安排與各部門主管進行職為訪談，盤點各職位缺口。

全家透過人才庫系統、全家企業大學、技能教育訓練補助等訓練，進行從基層門市員工、經理人、到潛在接班人的職涯培訓。人資部門部長宋啟辰表示，職能可分為概念、知識領域、能力三大部分，員工能透過人才庫瞭解哪些職位需要哪些職能，並可以朝著有興趣的職位努力。主管也可以透過人才庫，對有空缺的職位進行搜尋，從中挑選適合的人才，再透過

---

❻　資料來源：朱仙麗 (2011.06)，〈多元升遷地圖與人才舞出未來〉，《能力雜誌》，第 664 期。

職能訓練達到業務單位的需求；此外，主管也可以利用人才庫發覺有職能缺口的員工，即時加強、提昇員工的職能。

對於當今競爭激烈的零售物流業者來說，人才的培訓是企業的致勝關鍵。這一套系統猶如小型的人力銀行，讓全家的員工能夠多元化的發展自己的職涯藍圖。

問題與討論

1. 您認為員工職涯規劃最主要的負責人是誰？為什麼？

2. 您認為上述全家便利商店的作法是否適用於其他企業？

3. 請分組進行腦力激盪，設計出一套適用於中小企業員工的人才庫系統。

11

員工安全與健康管理

員工吸菸降低競爭力　老闆損失大❶

根據統計，公司裡有一名吸菸員工，老闆每年要花 6 萬元工時讓員工抽菸，成本相當驚人。因此，愈來愈多的僱主開始幫助員工戒菸，據統計有 10 萬員工參加職場戒菸活動，藉由飲食、運動、專家諮詢等方式，若能成功戒菸可讓公司省下大筆成本。

為響應無菸職場，各大企業紛紛開辦戒菸班。國健局副局長表示，戒菸除了促進個人健康之外，還可以讓僱主節省更多成本，提昇公司生產力。

員工的健康是企業最大的資產。但報導中指出，抽菸的員工除了降低競爭力，還會讓老闆損失大，這恐怕是許多人所意想不到的結果，也顯示出員工安全與健康管理的重要。有鑑於此，在本章中首先論述員工安全與健康管理的重要性；其次整理相關法規，討論影響員工安全的原因；接著分析影響員工健康的因素以及促進員工健康輔導計劃的內容；最後說明職業災害的預防與處理方式。

═第一節　員工安全與健康管理的重要性═

所謂員工安全指的是保護員工免於相關工作意外而造成的傷害，而員工健康指的是員工免於身體上及心理上的疾病。近年來，隨著科技、經濟的急速發展，人們工作的環境與場所愈來愈複雜與充滿不安全性，再加上機械化與化學工業等的影響，更使人們暴露於大型機具以及化學物等充滿危機的工作場所（丘周剛等編著，2007: 352；蔡正飛，2008: 326），也因此，員工的安全和健康更加值得被重視。

根據國際勞工組織所公布的統計資料，各國工作場所所發生的意外事故每年總數在 10 萬件以上，所造成的生命財產損失以及勞資糾紛事件更為嚴

❶ 資料來源：楊格非 (2010.08.03)，〈員工吸菸降低競爭力　老闆損失大〉，《中時健康》。

重。就工安意外與事故所造成的損失而言，勞工個人身心健康可能因此遭受到無法回復的傷害，甚至於失去寶貴的性命，勞工家庭更可能因勞工失能而產生家庭生計短缺與龐大的醫療復健費用的問題，其家屬甚至於必須承擔失去親人的哀痛。企業則必須面對醫療賠償的費用與責任、生產線停頓的損失、機具設備損毀的損失、甚至周邊居民的賠償問題。另一方面，社會則必須承擔環境安全的危害問題以及經濟發展停滯等重大社會成本。由此可知，過去企業經營的目的只在追求利潤，而忽視在不良工作場所工作對員工所可能造成的傷害，但其實工安意外與事故的產生，對於勞工本身、勞工家庭、企業組織與總體社會環境，都會帶來相當大的傷害與影響（丘周剛等編著，2007: 352；張緯良，2003: 378；許世雨等譯，1999: 413）。因此，勞工安全與健康已經不僅是企業本身的問題，更是社會安定與經濟繁榮穩定的重要影響因素。張緯良 (2003) 將職場災害對勞工、企業與國家社會所造成的損失的範圍與內容整理如下：

一、勞工的損失

(1)工資及醫療費用。

(2)永久性或暫時性的失去工作能力。

(3)肉體上的痛苦與精神上的傷害。

二、企業的損失

(1)生產量的損失、機器設備損壞的損失。

(2)賠償費用、醫療費用。

(3)受傷員工之家庭救濟與安慰。

(4)招募與訓練新員工之費用。

(5)生產品質之降低。

(6)其他員工心情不穩定所造成的生產力損失。

(7)彌補產能損失之加班成本。

三、國家社會的損失

(1)喪失有生產力之勞動力

(2)減少國家稅收

(3)增加社會福利負擔

(4)浪費人力資源

世界各國為了保護勞工的安全與健康，人多訂有法律來規範勞工的安全與健康，使其獲得一定之保障。以下將從美國以及我國對於工作場所安全與員工健康的相關法規來介紹說明之。

第二節　確保員工工作安全與健康的相關法規

為了確保員工在工作場所的安全和健康，美國與我國分別制訂了相關的法規。以美國而言，相關法規有：《職業安全與健康法》、《風險溝通標準》，以及《身心障礙者法案》等；在臺灣相關的法規有：《勞動基準法》、《勞工安全衛生法》、《勞動檢查法》等。以下將分述說明之（張緯良，2003: 380–386；張火燦校閱，1998: 608–614；許世雨等譯，1999: 412）：

一、美國的相關法規

(一)《職業安全與健康法》(Occupational Safety and Health Act)

1970 年美國所制訂的《職業安全與健康法》可能是在保障員工安全與健康方面涵括範圍最廣泛、最全面性的法令。因為該法案幾乎在全美國的工作場所都能適用。由於該法案制訂的目標是為了確保美國每一位工作者都能在安全的情況下工作，所以規範的內容包含：

1.制訂並實行工作場所的安全標準；

2.提昇僱主資方的教育計劃以促進安全與健康；

3.要求僱主保留有關工作安全與健康事宜的紀錄。

根據該法案所建立的三個組織為：

1. 職業安全健康協會 (Occupational Safety and Health Administration, OSHA)，發展並實行健康與安全的標準。

2. 當僱主希望對職業安全與健康保險局的裁定表示異議時，可透過職業安全健康審查委員會 (Occupational Safety and Health Review Commission, OSHRC) 提出申覆要求。

3. 國家職業安全健康組織 (National Institute for Occupational Safety and Health, NIOSH)，主導職業安全與健康的研究以建議新標準，並為其補充最新資料。

實際上，職業安全健康協會已頒布了數千條安全與健康的標準，主要關切的主題包括：防火安全、人身保護設施、用電安全、基本環境維護以及機械防護。為了遵守這些標準，大部分中型至大型組織會僱用安全專家來保持並確保達到標準。而職業安全健康協會執行的調查主要是依照以下分類次序及其重要性來進行：

1. 立即性的危險

當職業安全健康協會認為工作場所有立即性的危險存在，並會對員工造成死亡或嚴重的傷害時，公司必須馬上採取改善行動。

2. 災難或大災禍的調查

第二順位是曾經發生意外並造成至少 1 位員工死亡，5 位或 5 位以上員工住院的公司。調查的重點是查明意外發生的原因，以及是否有任何違反職業安全健康協會的標準而導致災難者。

3. 員工申訴的調查

若員工對不安全的工作環境產生抱怨並提出申訴，協會調查處理的速度則會視抱怨的嚴重程度進行調整。

4. 一般循序漸進的調查

如果公司因傷害造成員工無法工作的天數，而該工作天數比例超過此工業的國家標準，職業安全健康協會也會進行調查。

當職業安全健康協會的調查發現僱主違反標準時，職業安全健康協會有

權對於不順服的組織強制罰款。在 1970 年該法規剛通過時，最高罰款是 1 萬美元，到了 1990 年綜合預算調節案通過後，最高罰款則提高至 7 萬美元。除了強制罰款外，對於應善盡注意事項而未加以注意、改善，導致員工生病、傷殘或死亡者，協會亦會對其嚴厲課責。其中最著名的例子就是芝加哥 Magnet 電線公司的 1 名員工，因長期暴露在臭氣中致死後，協會認為該公司的 3 名經理知情而不處理，因而判定為謀殺。

㈡《風險溝通標準》(Employee Right-to-know Law)

1984 年，美國國會制訂《風險溝通標準》，一般稱為「員工有權知道的法律」。這個法律使工作者有權知道在工作時會面對哪些危險物質。所謂危險物質，是指一旦暴露就可能會導致急性或慢性的健康問題。聯邦政府與州政府的機構依此法律列出 1,000 多種危險物質。

簡言之，此法令要求所有的機構都必須發展一個系統以使將所有危險物質做成一份清單，並在這些危險物質容器的外面標示清楚，最後則提供員工必須的資訊，並訓練員工能夠安全地處理和儲存危險物質。一般而言，僱主違反《風險溝通標準》比起違反職業安全健康協會所訂的其他標準的頻率高出許多。政府對「員工有權知道的法律」罰款的標準，若為初犯，每種化學物質最高可達 1,000 美元，若為累犯，每種化學物質則最高可達 1 萬美元。另外，還有關於環境的罰金，每天最高可達 7 萬 5,000 美元，同時輔以刑責要求。

㈢《身心障礙者法案》(Americans with Disabilities Act, ADA)

一個人若是有身心障礙，也就是如果一個人在身體上或心理上有傷害，而這個傷害已經實際地影響此人日常生活中一項以上的主要活動時，此人就是《身心障礙者法案》保護的對象。根據《身心障礙者法案》的規定，暫時性或非慢性的傷害，也就是短期的傷害所造成的暫時性身心障礙，並不適用此法案。例如肢體跌傷、扭傷、流行性感冒，並不會造成身心障礙，但若是跌傷的腿無法完全地癒合而導致永久性的傷害，造成不良於行或是其他主要日常生活行動上的不便，那麼將被視為身心障礙。

該條例強調，如果殘疾有礙人執行一項以上的基本工作功能，如一個在職者必須做到的基本工作職責，僱主必須試著適應他。所以僱主不可以做出對身心障礙者不利的行動，除非能證明適應是不可能或是行不通的。違反《身心障礙者法案》的罰金，初犯最高可達 5 萬美元，以後每次違法罰金則在 10 萬美元以上。另外，1991 年《公民權利法案》允許索賠累積金額達 30 萬美元，以懲罰蓄意違規者。

二、我國的相關法規❷

我國的《勞動基準法》第 8 條規定，僱主對於僱用之勞工，應預防職業上的災害，建立適當之工作環境及福利設施，其有關安全衛生及福利事項，依有關法律之規定。為防止職業災害，保障勞工安全與衛生，我國在民國 63 年制訂了《勞工安全衛生法》及其施行細則。同時為督促落實貫徹《勞工安全衛生法》，以及《勞動基準法》等勞工相關法令，我國在民國 82 年公布《勞動檢查法》，賦予行政機關實施勞動檢查之權力，以確保事業單位提供良好的工作環境與工作條件。

(一)《勞工安全衛生法》

為防止職業災害，保障勞工安全與健康，我國訂有《勞工安全衛生法》。所謂職業災害，依據《勞工安全衛生法》第 2 條的定義為：「勞工就業場所之建築物、設備、原料、材料、化學物品、氣體、蒸氣、粉塵等或作業活動及其他職業上原因所引起之勞工疾病、傷害、殘廢或死亡」。簡言之，舉凡勞工因執行職務遭遇災害而致死亡、殘障、傷病等，均稱之為職業災害。

在《勞工安全衛生法》中分別針對安全衛生設備（第 5～13 條）、安全衛生管理（第 14～25 條）、監督與檢查（第 25～30 條）、以及罰則（第 31～37 條）作相關說明。在安全衛生設備方面，勞工安全衛生法第 5 條規定：下列事項應有符合標準之必要安全衛生設備。

---

❷ 有關《勞動基準法》、《勞工安全衛生法》、《勞動檢查法》全部條文請上全國法規資料庫查詢，http://law.moj.gov.tw/index.aspx。

1.防止機械、器具、設備等引起之危害。

2.防止爆炸性、發火性等物質引起之危害。

3.防止電、熱及其他之能引起之危害。

4.防止採石、採掘、裝卸、搬運、堆積及採伐等作業中引起之危害。

5.防止有墜落、崩塌等之虞之作業場所引起之危害。

6.防止高壓氣體引起之危害。

7.防止原料、材料、氣體、蒸氣、粉塵、溶劑、化學物品、含毒性物質、缺氧空氣、生物病原體等引起之危害。

8.防止輻射線、高溫、低溫、超音波、噪音、振動、異常氣壓等引起之危害。

9.防止監視儀表、精密作業等引起之危害。

10.防止廢氣、廢液、殘渣等廢棄物引起之危害。

11.防止水患、火災等引起之危害。

在安全衛生管理方面,《勞工安全衛生法》第14條規定,僱主應依其事業之規模、性質,實施安全衛生管理;並應依中央主管機關之規定,設置勞工安全衛生組織、人員。所謂勞工安全衛生組織包含兩方面,一為規劃及辦理勞工安全衛生業務之勞工安全衛生單位,另一為具諮詢研究性質之勞工安全衛生委員會。在安全衛生管理中亦有保障童工及婦女的相關規定(第20及21條),若僱主有違反之情形,亦可依情節輕重,處拘役、罰鍰或停止營業之處分。

㈡《勞動檢查法》

為實施勞動檢查,貫徹勞動法令之執行、維護勞僱雙方權益、安定社會、發展經濟,特制訂《勞動檢查法》。其主要目的在建立勞動檢查的規範,包含勞動檢查機構的組織、勞動檢查的內容、勞動檢查的程序等。而勞動檢查事項範圍包含:依本法規定應執行檢查之事實,勞動基準法令規定之事項,勞工安全衛生法令規定之事項,以及其他依勞動法令應辦理之事項。

依《勞動檢查法》第14條規定,勞動檢查員為檢查職務,得隨時進入事

業單位，僱主、僱主代理人、勞工及其他有關人員均不得無故拒絕、規避或妨礙。前項事業單位有關人員之拒絕、規避或妨礙，非警察協助不足以排除時，勞動檢查員得要求警察人員協助。勞動檢查員進入事業單位進行檢查時，應主動出示勞動檢查證，並告知僱主及工會。而勞動檢查員對於事業單位之檢查結果，應報由所屬勞動檢查機構依法處理，其有違反勞動法令規定事項者，勞動檢查機構應於 10 日內以書面通知事業單位立即改正或限期改善，並通知縣市主管機關督促改善。

第三節　影響員工安全的原因

傳統觀念認為工作場所難免會有意外發生，甚至會怪罪到個人運氣不佳等因素。事實上，安全管理的災害理念，是起因經由時間序列迄災害所產生現象或結果的過程。廣義來說，職業災害泛指「由於有缺陷的工作條件及不適當的工作方法而引起的非預期的傷害事件」及「一個非預期而使事業作業產生低效率之事件」；但狹義而言，職業災害是指「由於人與物體、物質、他人接觸，或人曝露於物體或作業條件下，或人之作業行動本身所引起人體傷害的事件」（丘周剛等編著，2007: 358）。

因此，導致意外的原因可約略的分為「人」的因素、「物」的因素以及「環境」的因素。人的因素可能是由於不小心、過度亢奮、能力不足或其他人性的缺失；物及環境的因素，則肇因於工作場所，包括工具、設備、物理條件與工作環境（許世雨等譯，1999: 413）。

此外，張緯良 (2003: 387–388) 將造成職業災害的原因分成直接原因、間接原因與基本原因等三項因素。所謂直接原因指直接造成職業災害發生的事故，例如：跌倒、觸電、吸入有害氣體等。因為直接原因所呈現的僅是職業災害的表象，須瞭解造成直接原因背後的原因，才是防制職業災害發生之所在，而這些原因稱之為間接原因；間接原因是指導致直接原因的動作或環境，包含了偶發事件、不安全的工作環境和不安全的工作行為，其中人的因素可歸納在不安全的行為中，物及環境的因素則可被歸納在不安全的環境之中，

例如：員工未依照規定穿戴防護裝具，電器設備安全設施不良等；至於基本原因指造成職業災害在管理面與制度上的原因，例如：管理者對員工安全的漠視、疏於安全檢查、機器設備採購驗收程序不當等。以下將分別說明造成災害的間接原因和基本原因（張緯良，2003: 390-395；方世榮譯，2007: 616-621；丘周剛等編著，2007: 358-359）：

一、間接原因

如同上述對於間接原因的分類，間接原因可分為偶發事件、不安全的工作環境以及不安全的工作行為。偶發事件所造成的意外（如走過窗邊時正好有人把球打進來），通常是管理者所無法掌控的。因此，將著重對不安全的工作環境與不安全的工作行為加以探討：

㈠不安全的工作環境

不安全的工作環境是造成意外發生的主要原因，包括下列因素：

1. 有瑕疵的設備或不當的防護措施。
2. 機器或設備的擺設或操作程序有潛在的危險。
3. 不適當的防護措施、不適當的高度、強度等。
4. 不安全的排列或儲存空間：擁擠、超重、出口阻塞等。
5. 不適當的光線：過亮、過暗、光線閃爍。
6. 空氣不良：空氣流通不順暢、空氣汙濁。

最基本的解決方法就是消除或減少工作環境中的不安全因素。《勞工安全衛生法》中對於機械與實體環境有嚴格的要求，例如：規定僱主對於勞工就業場所之通道、地板、階梯或通風、採光、照明、保溫、防濕、休息、避難、急救、醫療及其他為保護勞工健康及安全設備應妥為規劃，並採取必要之措施。雖然意外隨處皆可能發生，但仍有一些所謂的高危險地帶 (high danger zones) 存在。根據美國勞工部的調查，約有三分之一的意外發生在堆高機、輪式滑車及其他抬舉貨物或搬運貨物的地區。最嚴重的意外通常發生於靠近處理鐵質與木材的機械、鋸子或運送設備，如：滑車、齒輪等。其他如鑿子、

起子及電器設備（延長線、電器吊燈），也是發生意外之主要場合。

除了不安全的工作環境外，另有三項與工作相關的因素亦可能導致意外發生，如：工作本身、工作時間表及工作場所的心理情緒。有些工作本身就潛藏著諸多危險性，例如：起重機操作員的工作，因意外而須住院的比率就比領班工作多出三倍，同樣的，有些部門的工作本質上就比其他部門的人員更為安全，例如：會計部門的人員與倉儲部門的人員相比，較少發生意外。而工作的排班及疲勞也會導致意外的發生，例如：每天工作的前5、6小時，意外事件發生率通常不會很高，但愈接近下班時間，意外事件發生率卻經常快速的增加。另外，夜間輪班亦較常發生意外。最後，專家認為工作地點的心理情緒也會影響意外事件發生的機率。例如：意外在常有季節性解僱、扣發工資或充滿對立的工作環境較易發生，其他如溫度高、照明不足、工廠擁擠等也容易導致意外事件的發生。

㈡不安全的工作行為

不安全的工作行為是發生意外的主要因素，而「人」是造成這些因素的主角。長久以來，心理學家總認為有些員工容易比其他人發生意外，而這些人也容易引起更多的意外，但是諸多研究卻都無法證實這些假設，且迄今也尚未能找出可以確保工作安全的方法。部分研究結果顯示，造成職業災害的不安全行為有下列幾項：

1. 使用或操作不適當或未經授權的機器。
2. 以不適當的速度操作機器：太快或過慢。
3. 使用有缺陷或安全裝置無效的設備。
4. 在懸掛物品或不適當的位置工作。
5. 飲用藥物或含酒精之飲料。
6. 在精神不集中的狀態下工作：如嬉戲、分心、吵架等。

在某些特殊情形中，人類行為之各種特性的確與事故發生率有關。例如：比起較少發生事故之駕駛、較常發生事故者在機械測試上的表現往往較差、而視力受損的長者則較易有跌倒及機械車輛事故的風險。而這些不安全的工

作行為可能也與基本原因中的個人特質以及員工的健康息息相關。

■ 二、基本原因

基本原因是指在管理面與制度面上造成職業災害的原因，主要包含兩個層面，一是管理制度面的因素，例如：管理者對員工安全的漠視、疏於安全檢查、機器設備採購檢驗程序不當；另一則是員工本身的因素，如是否有人本身就是高「意外傾向」的人。

㈠管理制度

首先管理階層要建立工作場所安全與衛生的意識，將維護勞工安全與衛生當作自己的責任，將安全與衛生支出視為合理的成本，目的在防止職業災害的發生而造成更大的損失。依據我國《勞工安全衛生法》的規定，僱主在勞工安全與衛生管理方面的主要工作有：設置安全衛生組織、訂定安全衛生工作守則、對工作場所與機械設備的安全檢查、對工作程序與員工操作的督導檢查、舉辦勞工安全衛生訓練、員工定期身體檢查、執行勞工安全衛生自動檢查。

除了《勞工安全衛生法》之外，行政院勞工委員會訂有許多的附屬法令，其中包含了許多辦法，如《危險性工作場所審查暨檢查辦法》、標準，如《特定化學物質危害預防標準》、規則，如《勞工安全衛生設施規則》等，均與勞工安全衛生有密切的關係，管理當局應加以注意，以免違法、違規而不自知，更重要的是不要因此而造成員工的傷害。

㈡個人特質與意外

學者麥克米科和蒂芬發展出一套個人特質與意外事件之關係的理論模型，如圖 11-1 所示。他們指出，個人的特質，例如個性、動機等是某些行為傾向和不良態度的基本原因。這些行為傾向（例如冒險傾向）導致了不安全的行為，也增加了個人發生意外事故的機率。

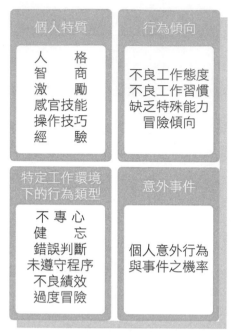

圖 11-1: 個人因素如何影響員工意外的行為

資料來源: 張緯良著 (2003),《人力資源管理》, p. 393, 臺北: 雙葉。

大多數的專家懷疑, 意外傾向是普遍性的, 意指有些人不管處於何處就是會有較高的意外事故率。多年來, 心理學家一直試著找出有哪些特徵可以區分出有意外傾向與沒有意外傾向的人。但到目前為止, 並無法歸納出任何容易發生意外者之共同特徵。所以暫時的結論是, 與意外有關的個人特徵可能在各種情況下不盡相同。但實際上, 許多個人特徵被發現在特定的情況下常與意外的發生有關, 以下是一些常被討論到的共同特徵。

1.視力

許多工作的意外與視力有關。例如: 大客車司機、貨運車駕駛及機器操作員, 視力較佳者比視力不佳者較不容易產生意外。

2.服務的年齡與年資

一般而言, 意外常發生的年齡是介於 17 到 28 歲之間, 到了 5、60 歲時, 發生意外的情況較少。

3.知覺能力與運動能力

研究指出, 若員工的知覺能力等於或高於其運動能力, 他就可能是比較

安全的員工。但若知覺能力低於運動能力，他可能就是高意外傾向的人，所以一個知覺比行動慢的員工更有可能發生意外。

第四節　職業災害的預防與處理

由於職業災害的形成原因為不安全行為與不安全的環境，因此，要預防職業災害的產生，必須透過安全管理來控制並消除不安全的行為與不安全的環境。而要消除不安全的行為或環境，最早是透過 3E 原則，也就是工程 (engineering)、教育 (education)、執行 (enforcement)。工程所擔負的任務是在技術上指導員工如何工作，以及加強機具的安全防護措施，也就是將技術應用到安全工程上，以改善不安全的設備環境；而教育則是傳授有關安全的相關知識給員工，使其瞭解並增進安全知識、技能態度；至於執行，就工廠而言，即在制訂安全方案，使員工依規定的步驟、程序、方法去做，以消除不安全的行為，並達到降低意外事故的發生機率。

除了 3E 之外，有學者認為必須再加上熱心 (enthusiasm)，稱為 4E。即從事安全工作必須具有愛心、熱心，將職場的安全視為自身的責任，才會長久持續的從事安全工作（丘周剛等編著，2007: 359-360；廖勇凱、楊湘怡編著，2007: 377）。除了以上的 3E 或 4E 原則外，降低不安全的環境，主要工作就是對工作環境與機器設備的安全檢查，以除去各種可能遭致危險的因素，雖然設計安全的工作環境主要是安全工程師的任務，但是主管與經理人在降低不安全的環境時，也都扮演重要的角色（方世榮譯，2007: 621）。

大抵而言，如要減少不安全的行為，可以透過下列幾項措施來預防（張火燦校閱，1998: 615-617；方世榮譯，2007: 622-625；張緯良，2003: 399）：

一、透過甄選與派職以減少不安全的行為

研究發現，具有某些人格特質的人比一般人容易發生職業災害，因此，組織透過甄選或派職篩除這種求職者，或許能夠降低意外的發生率。一些研究指出，諸如員工可靠度量表 (employee reliability inventory, ERI) 或人事甄選

測驗 (personnel selection inventory) 之類的測驗，可協助企業減少不安全的工作行為。據報導，ERI 可評量情緒、成熟度、細心認真程度、安全工作的表現及謙恭的工作態度等構面。而人事甄選測驗則可以用來評估求職者的安全意識，測驗的一部分是測量受試者知覺到他們行為與其結果關連的程度，若不能看到這種關連的人則是發生意外的高危險群。雖然這僅是一項測驗量表，但在甄選的過程中加入此項測驗，對於減低與工作相關的意外是有幫助的。

二、透過訓練以減少不安全的行為

安全訓練也有助於減少意外，這類訓練尤其適合新進員工。公司應該指導他們與安全有關的實務和程序，警告潛在的危險，並培養安全意識。相較於沒有提供所有新進員工安全訓練，並告知正確工作程序的公司，有提供這些知識公司其員工較少經歷到意外的發生。

新進的員工應該學習如何在做每一件事的時候都是盡可能地安全，訓練應該是確實的。例如：在一間大型食物製造工廠的員工應遵守的程序如下：

㈠要從自動輸送帶拿取盤子時，再將盤子放於盤架之前一次只能拿兩個。

㈡堆放盤子不可以高過盤架的後欄杆。

㈢當要將生麵糰舉高或弄低時，雙手要保持在垃圾鏈以上的高度，以免汙染麵糰。

㈣當要從各式麵糰中拉出所需要的麵糰時，雙手要保持在欄杆前面，不要放在欄杆上。

三、透過海報、激勵計劃來減少不安全的行為

在一項研究中發現，使用安全海報作為宣傳工具可提高安全行為在 20% 以上。雖然，海報不能取代整個安全計劃，但這類的作法卻可以配合其他降低不安全環境與行為的方法一起使用，且必須注意隨時更換海報內容。而激勵計劃也確實對降低工作傷害方面頗有成效，例如實行安全獎勵方案 (safety incentive program)。此方案的目標是藉著提供工作者獎勵來激勵安全行為以避免意外發生。由組織明確訂出安全目標，強調若達到這個目標就給予員工

獎勵。

■ 四、透過最高主管的重視減少不安全的行為

　　根據研究指出，「在文獻中最一致的發現是，安全計劃執行得相當成功的工廠，其管理當局總是對工作安全相當重視。」實際上，管理當局的承諾總顯示在最高管理者對日常安全事務的親身參與、給予安全事宜很高的優先順序、給予公司安全主管較高的職位，並給新進員工充分的安全訓練等。由於主管明確的表現出對於安全教育的重視，員工才會有想要安全工作的動力。

　　不論是如何減少不安全行為與消除不安全的環境，在職業災害中的終極目標是希望達成零災害的境界。所謂零災害的定義是：「除了達成無災害的目標外，也不可導致不請假災害或驚險事故的發生；零災害所指的災害是不至於發生死亡、請假、不請假災害及無傷害事故而言」。而從圖11-2中更可以看出我國對於各種不同程度災害定義的範圍。因此，零災害著眼於輕微傷害、無傷害事故的發生，不論任何危險因素，都要預先做好防範，事先掌握並加以解決，務必使災害的發生機率降至零（廖勇凱、楊湘怡編著，2007：377-378）。

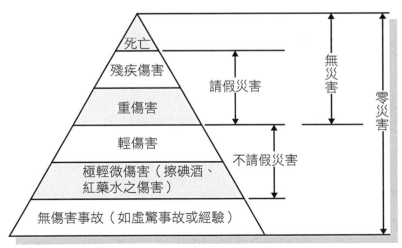

■ 圖 11-2：各種災害定義的範圍圖

資料來源：廖勇凱、楊湘怡編著 (2007)，《人力資源管理：理論與應用》，p. 378，臺北：智勝。

第五節　影響員工健康的因素

影響員工健康的因素可以整理為以下五大項：分別是職業病、工作壓力、酗酒與藥物濫用、職業倦怠以及職場暴力（方世榮譯，2007: 632–641；張緯良，2003: 399–402；許世雨等譯，1999: 416–420）。

一、職業病

工作場所周圍，經常充斥各種毒物，而這些毒物會導致職業病。職業病是一種隱形的殺手，在不知不覺中會威脅著員工的健康。在臺灣經濟迅速發展的同時，員工罹患職業疾病的機率亦有增加的趨勢。由於勞資雙方並未重視職業病防治的重要，所以往往導致職業傷害。一般而言，可以將職業病的種類分為以下四類：

㈠化學性傷害

勞工暴露在有毒的氣體、液體或金屬類的環境中容易引起化學性的職業傷害。例如：高雄前鎮漁港曾發生運搬船的氨氣輸送管安全閥鬆脫，洩漏數百公斤氨氣，船工逃避不及而嗆死於冷凍艙的不幸事件。

㈡物理性傷害

異常高或低的溫度、輻射、噪音或氣壓均會對勞工產生物理性傷害。例如臺北捷運線進行隧道工程時，22 名勞工因長期處在水下或地底等高壓環境而罹患潛水夫病。

㈢生物性傷害

常見的生物性危害為有機粉塵及微生物。比如說，粉塵是看得見的物質，有的粉塵是無害的，但像石綿或矽就是有害的物質，所以石綿、粉塵會造成肺癌；在微生物職業病方面，如果有裝置中央空調的大樓，沒有定期清洗冷卻水塔，就有可能滋生病菌，而病菌透過送風口傳染，容易導致整棟大樓內的人員感染急性肺炎。

㈣人體工學傷害

採光不良、運動傷害、重複的動作或不合乎人性設計的工作場所，都會對勞工產生生理或心理上的傷害。例如高速公路的收費員每天必須在車水馬龍、廢氣瀰漫的惡劣工作環境中站立 6、7 個小時，呼吸系統的罹病機率通常就比一般人高，又必須向路過的駕駛人點頭，以致於他們常罹患頭昏眼花、肌肉酸痛等職業病。

 資訊補給站

烈日下工作奪命　勞團催生高溫假❸

炎熱的天氣很容易讓需要在烈日下工作的農人、工人出現熱衰竭。學者提出，如果氣溫超過攝氏 40 度，應該讓需要在戶外工作的體力勞動者放高溫假。但是因為少作一天就少領一天的工錢，很多工人會擔心沒錢領，工地管理人員也怕會延誤工程進度。因此勞工團體呼籲政府應針對不同產業需求，擬定放高溫假的規範，並提出相關的配套措施，補貼企業可能的損失，以確保勞工權益。

■ 二、工作壓力

工作壓力過低或過高都會造成身體不適或疾病。一般而言，壓力可能會以正面和負面兩種方式呈現；正面適當的壓力能增強員工的工作動機，進而提高接受挑戰的意願；但是當壓力來自於限制或要求時，則可能會形成負面的壓力。而造成壓力的來源有：工作負荷過重、工作地點的遷移、工作保障與顧客不愉快的經驗等。

工作壓力對公司及員工都會帶來嚴重的後果。工作壓力對於員工帶來的影響，包括焦慮、沮喪、憤怒及各種身體傷害，如：暴飲暴食、頭痛及意外事故等。對公司而言，其影響包括工作績效的品質與產量的降低，缺席與流動率提高、受重傷的件數增加及保健成本劇增等。

---

❸　資料來源：張玉菁、陳柏諭 (2010.07.11)，〈烈日下工作奪命　勞團催生高溫假〉，《公視新聞》。

三、酗酒與藥物濫用

酗酒與藥物濫用是工作上最嚴重且普遍的問題。酗酒是酒精中毒的重要因素，酒精中毒是一種對酒精所產生的身體與心理的依賴，它會形成慢性疾病，並對患者的人際、家庭與工作關係上造成破壞。一個人飲酒量增加後，酒精就開始削弱運動神經的正常功能，使判斷力、記憶力、精神集中力、洞察力遲鈍。而藥物濫用是指對於某一種特別的藥物上癮，使患者在生理或心理上產生對藥物的依賴，並且必須經常地補充該種藥物，才能「正常」地工作。

雖然僅由外觀很難認定患者有藥物濫用的現象，不過長期濫用藥物的人多半會在行為、情緒、生活作息、職業功能等方面的表現上出現障礙。不但在工作上精神渙散、工作效率及品質變差，而且人際關係也會變得很緊張。

四、職業倦怠

職業倦怠常出現在對工作情境無法掌握、出現無力感的一種反應。由於人比機器複雜，所以面對人的工作是最容易出現職業倦怠感的。另外，專業能力不受重視也是上班族經常陷入工作倦怠的主因之一。例如：護理人員雖擁有專業能力，但在醫院卻僅能扮演非主流角色，無論如何努力也難以與醫師享有同等的待遇或受到相同的尊重；又如警察人員因勤務繁重，家庭或感情無法兼顧，因此在警界中經常充斥著職業倦怠，也因此，警政署設有「關老師專線」，提供精神壓力過大的警察同仁紓解情緒之用。

五、職場暴力

職場的暴力已經成為工作場所中嚴重的問題，兇殺事件也成為與工作有關的死亡第二大因素。根據一份由國際職業安全健康協會 (National Institute of Occupational Satety and Health, NIOSH) 主導的調查發現，2004 年發生在工作場所裡非致命攻擊至少造成了 876,000 個工作日及約 160 億美元的薪資損失 (Gary Dessler, 2005: 633)。職場暴力可分為內部暴力與外部暴力，在公司內

部，管理階層一旦發現員工間有誤會或衝突存在，應該要主動就問題進行瞭解，以消弭同事間的不合。至於外部暴力的部分，以醫院為例，醫護人員與病患或家屬間的衝突最常見，有時會發生被失去理智或不講理的病人毆打，或遇到蠻橫的家屬出言恐嚇，甚至還有不良份子到醫院尋仇滋事等情形。

第六節　員工健康與輔導計劃

從 1940 年代開始，由於酗酒所造成的工作時數損失的問題受到美國企業界的重視，因而興起了所謂的員工輔助計劃 (employee assistance programs, EAPs)。到了 1960 年代，員工輔助計劃的內容擴展至吸食禁藥、抽菸等直接危害身體健康的問題上，其主要作法是找出有上述問題的員工，並推介到主要的防治機構進行戒酒、戒菸與戒除毒癮的治療。現今員工輔助計劃內容已經擴大到以所有有困擾的員工為對象，而非僅著重在身體健康，精神與心埋層面也受到愈來愈多的重視，除了協助解決與工作有關的問題外，也幫助解決私人的問題，以安定員工的工作情緒，減低職業災害的發生，提高員工的生產力（張緯良，2003: 403）。

除了上述較消極的員工輔助計劃外，也有積極著手促進員工健康的方案，希望藉由監測員工的健康狀況以及促進其健康，來共創公司及員工雙贏的局面。以下將討論員工健康促進方案的內容（丘周剛等編著，2007: 368–372）。

員工健康促進方案是指「經由體格檢查與定期健康檢查，以掌握勞工健康狀況，並透過適當分配勞工工作、改善作業環境、辦理勞工傷病醫療照顧、急救事宜、健康教育、衛生指導及推展健康促進活動等，協助勞工保持或促進其健康的方案或計劃。」基本上，健康促進方案可分為被動與主動，所謂被動是指企業定期或不定期為員工實施健康監測；而主動則是指企業積極推動健康促進活動、諮詢等促進員工健康體能之作為。

一、健康監測

健康監測意指透過監測來瞭解員工的健康情形，通常會透過「健康檢查」

以及「健康體能測試」來達成。透過健康檢查及體能測驗來監測員工的健康情形，不僅可以降低醫療成本及國家經濟負擔，也可以促進個人及社會健康，提昇生活及工作之品質。

㈠健康檢查

健康檢查是指於僱用勞工從事新工作時，為識別該勞工是否適合此份工作，所舉辦的勞工健康檢查。健康檢查可分為一般性的定期健康檢查，以及針對特殊工作需要的特殊健康檢查。若員工的新工作沒有特殊危險性，則只須接受一般的體格檢查，若有特殊危險性，則必須接受特殊體格檢查。如此不但可以避免讓員工從事不適當的工作，也可以讓僱主找到能勝任工作的健康勞工。

㈡健康體能測驗

勞工體能測驗包括「健康體能」與「工作體能」兩方面。健康體能包含身體組成、心肺適能、肌力及肌耐力、柔軟度及關節活動度、平衡與協調或反應等五大要素；而工作體能是指與勞工職務直接相關的動作體能，如抬舉、搬運、推拉時的最大負重能力或耐力，以及彎腰、蹲、跪、爬、伸取範圍等功能性的能力。

二、健康促進

健康促進的概念起源於 1975 年馬克萊隆德 (Marc Lalonde) 於衛生福利部所提出的一份報告，Marc Lalonde 提出決定疾病和死亡的四個重要因素為生活型態、環境汙染、遺傳和醫療照顧的不足。1987 年，WHO 工作場所健康促進專家委員會 Dr. Lu Rushan 提到：「員工健康促進是職業健康服務之必要部分」。雖然政府法規有強制規定僱主須對工作環境安全及職業傷病負治療復健及賠償責任，但是就積極性而言，僅是被動進行健康監測是不夠的，僱主更應主動地推動健康促進方案，積極提昇員工的身心健康狀態。

健康促進的內容包含：衛生教育活動、員工協助計劃、健康體能、職業衛生與安全、疾病篩檢及健康諮詢等。在過去 20 餘年間，國外產業界開始提

倡在工作場所推動各種健康促進活動，常見的活動包括：戒菸、壓力調適與管理、體適能推廣、健康風險評估、營養教育、體重控制、工作意外預防等，另外還有協助員工解決情緒問題的方案。目前國內各作業場所真正開始推動健康促進計劃的並不多，但一些大型企業近年來也開始注重勞工健康促進的課題，並開始實施作業場所健康體能促進計劃。

　　然而，企業為營利單位，推動健康促進活動是否為企業帶來實質利益，仍然是企業主最希望瞭解的問題。目前的研究結果認為，健康促進方案為企業帶來的利益，包含經濟利益以及非經濟利益：前者是指降低醫療費用、降低保險與職業傷害賠償、減少病假日數；而後者是指提高員工士氣、生產力、工作動機與工作表現，改善員工生理、心理功能，增加員工間或勞資雙方的互動及溝通機會，改善勞資關係，提昇企業形象等。

第七節　結語

　　整體而言，工作場所的安全與否以及員工身心健康的程度是影響工作產出、企業績效的重要因素，因此，確保員工安全和健康不只是組織一項必要的支出，政府也明訂了許多關於維護工作場所安全與健康的相關法規，最重要的目的，就是希望防患於未然，將可能損失的程度降低。過去對於員工安全與健康管理多傾向消極作法，也就是僅消除或減少工作環境中可能的不安全因素。但近幾十年，由於有愈來愈多的企業體認到員工是最重要且寶貴的資產，所以逐漸改被動為主動，積極地從促進員工安全與健康層面著手，如：為了促進員工的健康，讓工作場所在無安全顧慮之餘下，朝向人性化、舒適的角度發展。或許不同的產業類別以及外在的環境（環境汙染、高科技發展）仍然會對員工的安全及健康造成不小的威脅，但整體而言，對於員工安全與健康管理的觀念及作法，已經從過去消極的避免或維持，轉向積極的促進與提倡。

課後練習

(1)職業災害的預防及員工健康管理，對公司而言都是一項支出，並無法確認投資是否可回收，請問公司為何仍要從事員工安全與健康管理，其理由為何？

(2)文中介紹了有關勞工安全與衛生的相關法令，如：《勞工安全衛生法》、《勞動檢查法》等，請您試著找出與此相關的勞工安全與衛生法令。

(3)請您訪問兩家公司，瞭解他們在員工安全與健康管理上的作法，並比較其優缺點。

(4)在競爭激烈的時代，總是有來自不同面向的壓力，當這些壓力來臨時，您如何減少壓力呢？

(5)若您為一個公司的主管，公司內發生員工因酗酒、濫用藥物而影響工作，請問您會用何種方式進行勸告？若勸告無效，您會採取哪些行動呢？

實務櫥窗

美國流行　健康員工＝健康公司❹

　　這幾年來，企業管理、心理學、經濟學等研究紛紛證明了「快樂的員工＝健康的公司」這個關係，健康快樂的員工可以讓公司更有生產力及減少醫療保險的支出。根據非營利組織美國職業壓力協會（American Institute of Stress）調查，美國每天平均有 100 萬人因為工作壓力而缺勤。

　　聖路易斯大學 (Saint Louis University) 的麥修·葛洛維奇 (Matthew Grawitch) 對工作場合滿意度進行了調查，他指出以下五點有助於身心健康：

1. 保持工作與生活平衡：員工在下班後盡量放鬆，保持生活品質，能夠對工作更保有熱誠和責任感。

2. 員工成長和發展：給員工培訓和學習的機會，能讓員工加強自覺且有助減輕焦

---

❹　資料來源：秦飛 (2007.07.13)，〈美國流行　健康員工＝健康公司〉，《大紀元時報》。

3. 健康和安全：實施健康計劃，如減重、戒菸等。

4. 認可：多設置獎勵計劃能有效的提振士氣。

5. 參與：鼓勵員工參與決策，可以讓員工有歸屬感。

　　美國的卡蜜可 (Camico) 公司在 2004 年為員工提供了健康課程、新鮮水果，且提供健身中心協助減重及戒菸等活動。卡蜜可人力資源部及行政服務部副總裁史蒂芬‧狄克遜 (Stephen Dixon) 表示實施健康劃後發現員工不再那麼頻繁的生病缺勤了。雖然實施健康計劃在短期內必須有不少開支，但是長期來看，生產力的提高最終能讓勞僱雙方都獲利。

個案研討

疲勞？過勞？如何傾聽身體的警訊❺

　　根據波仕特市調公司調查發現，臺灣上班族每月工作時數平均為 180 小時，甚至有 30 萬名受僱者每週工作超過 60 小時，遠高於法定的每週 42 工時。臺灣員工的工作時數比歐美、日本還高出 20～30%，可以說是個過勞的社會。

　　除了工時長之外，短時間內必須承受巨大壓力的工作容易使人過勞，如醫生、工程師、廣告業者、媒體記者等。如果個人累積了相當的壓力或疲勞狀態，而產生了如高血壓、高血脂等慢性疾病，就有可能引發突發性中風或心肌梗塞造成過勞死。

　　如果發現自己在充分休息後疲勞狀況卻未獲得改善或者隨著工作增加，休息後體力恢復的能力逐漸下降的情形，就要趕快求助醫生了。上班族要記得妥善切割工作和下班時間、得到充足的休息，進行適度的有氧運

❺　資料來源：陳皇光 (2011.05.25)，〈疲勞？過勞？如何傾聽身體的警訊〉，行政院衛生署健康九九網站健康專欄，http://health99.doh.gov.tw/Article/ArticleDetail.aspx?TopIcNo=77&DS=1–Article。

動、減緩疲勞狀態，並定期安排健康檢查，發現危險的慢性病因子，才能有效的預防過勞。

問題與討論

1. 請您調查分析臺灣哪些產業最容易產生壓力？為什麼？若您身為該產業的管理者，該如何幫助員工紓解壓力？

2. 您認為現代人應該如何紓解工作壓力呢？

12

勞資關係與爭議

實務報導

性別年齡雙歧視　女服務員戴老花眼鏡遭資遣 ❶

　　在北市飯店服務的一名女服務員蘇女因為配戴老花眼鏡，而遭員工手冊的規定「男可戴眼鏡，女的要戴隱形眼鏡」為由被資遣，但是勞工局卻只採納資方「值班時常發生帳款錯誤」及「接待員外語能力」的說法，讓她無奈表示「難道老，就是一種罪惡嗎？」

　　再度申訴勞工局後，經過調查終於認定該飯店不但違法資遣，且「顯有性別或容貌歧視之疑」，勞工局表示將對此召開就業歧視評議委員會和性別評議委員會展開調查。若違反性別歧視，有可能會處以 30 萬元以上，150 萬元以下的罰鍰，業者應引以為戒。

　　人力資源管理中最棘手的部分乃是勞資關係與爭議之處理。若是處理得不恰當，可能造成員工的流失或導致業者本身吃上官司。而上述報導中所提到的「女服務員因戴老花眼鏡遭資遣」的事件，則暴露出企業對員工性別與年齡的歧視，也顯示人力資源管理缺失。因此，在本章中首先陳述勞資關係的意義與範疇；其次整理勞資關係的發展歷程和相關理論；接著闡述勞資關係的內容；最後分析勞資合作的途徑與方案。

═ 第一節　勞資關係的意義、特性與範疇 ═

一、勞資關係的意義

　　由於動力機器的使用，使得工廠制度興起，擁有生產工具的僱主與受僱主僱用、領取工資並從事生產工作的勞工兩者間，形成一種密不可分的關係，這就是所謂的勞資關係。依據我國《勞基法》第一章第 2 條對於勞方與資方所分別下的定義是：所謂勞工是指受僱主僱用從事工作獲致工資者。至於僱

---

❶　資料來源：社會中心 (2010.05.07)，〈性別年齡雙歧視　女服務員戴老花眼鏡遭資遣〉，今日新聞，http://nownews.com/2010/05/07/327_2600610.htm。

主則是僱用勞工之事業主、事業經營之負責人或代表事業主處理有關勞工事務之人。另外，學者薩拉曼 (Salamon) 將勞資關係定義為：「在工作場所內外運作的一整套涉及決定與規範僱用關係的現象」，而學者衛民、許繼峰認為勞資關係就是：「受僱者與僱主之間的衝突與合作」（丘周剛等，2007: 387；吳秉恩，2007: 508）。換言之，當企業聘用勞工，亦即僱主和勞工在工作場所接觸的時候，勞資關係自然就發生了。

然而，勞資關係不僅只涉及一套決定與規範，也並非是受僱者與僱主間的衝突合作，下列六點說明應有助於對勞資關係意義之瞭解（張添洲，1999: 390–391）。

㈠勞資關係是彼此依存的關係

沒有資方的投資經營，就沒有勞方的工作機會，若是缺乏勞方的投入與參與，資方也無法生產、經營。因此，勞資雙方不僅相互依存，且勞方的權利、福祉與資方事業的發展、國家整體經濟的成長，都呈現緊密的相關性。

㈡勞資關係是夥伴關係

勞資關係有如鳥之翼、車之輪，需要相互搭配，方能自由行動。組織唯有靠勞資雙方攜手同心，共同努力經營與投入才能成長壯大。

㈢勞資關係是利益結合的關係

勞資關係是雙方利益的結合而非互相衝突，資方擁有利潤，勞方才能加薪，獲得更多的福利；勞方提昇生產力，資方獲利才能增加，所以，雙方具有共通性、一致性的利益，彼此是相容的生命共同體關係。

㈣勞資關係是群體性關係

由於勞資間的談判趨向於以集體協商代替個別勞工與資方的談判，所以勞資雙方的關係非一對一的單獨關係，而是演變為群體關係。

㈤勞資關係是契約關係

勞資之間存在著一種法律上的契約關係，用勞動條件、福利、安全衛生等作為特定內容，進行勞動契約，或是由僱主團體與勞動團體進行團體協約。在訂定勞動契約或是團體協約後，勞資之間就產生了權利與義務的法律關係。

㈥勞資關係是人際上的關係

由於勞資雙方同在一個作業環境內相處與工作，彼此不但是事業經營上的夥伴，也是情感上的好友，因此勞資關係可視為是一種人際上的關係。

總結以上所述得知，勞資關係的意義非只限於勞方與資方在法律上所規範的從屬與契約關係，還包含雙方在工作場所接觸、合作時所可能產生的依存、夥伴、群體等人際關係，顯示其所涵蓋之範圍相當廣大。

二、勞資關係的特性

勞工和僱主在不同關係的互動過程中，可以衍生出勞資關係的不同特質，如從利益結合的關係中，會衍生出勞資關係是具有權益上的衝突性存在。而勞資關係的特性至少包括下列七項（吳秉恩，2007: 513–515）：

㈠法律的平等性

勞工與僱主簽訂勞動契約時是平等的雙方，均須履行各自的義務、享受權利，而在各種勞動法令中，勞工與僱主的權利義務亦是並列。在正常合理、雙方未受脅迫的情況下，勞動契約的簽訂與執行在法律上具有平等性，但在資本主義社會中，法律的天秤常是偏向僱主。

㈡經濟的依賴性

勞工付出勞務、交換僱主的薪酬福利，以滿足經濟與生活上的需求，僱主則需要將勞工的勞務轉換成產品與服務，以滿足顧客的需求，創造投資的經濟效益。勞資雙方在經濟上雖有互依性，但在一般實務上，勞工對僱主的依存度較高，而僱主對勞工的依存度則較低。

㈢管理的從屬性

僱主基於生產與服務的需要，必須安排勞務、指揮人員、行使管理權；勞工則是服從指揮調度、依僱主需求提供勞務。因此，在管理上，僱主享有支配和管轄權，勞工即使心生不滿，常只能聽命行事。

㈣權益的衝突性

基於人性，絕大多數勞工希望能以較少的勞務交換最高的薪酬福利，但

為創造最大經濟效益與利潤，僱主則竭盡所能降低勞動成本、激發出最大量或最高產值的勞務。勞資雙方為爭取各自最大的權益，常造成許多隱性與顯性的衝突，衝突結果雖然依勞資雙方的實力、衝突議題、協商策略而定，但基於實力上的差異，僱主常是勞資衝突中較居優勢的一方。

(五)實力的差異性

僱主的經濟實力是其在勞資衝突中最重要的籌碼，透過經濟力量的發揮，個別勞工幾乎難以對抗僱主在法律、管理權上的優勢地位，唯一的策略是整合多數勞工的力量與企業抗衡。不過，即使面對集體勞工的力量，在諸多的衝突中，擁有較多經濟資源的僱主，其實力仍凌駕於集體勞工之上。

(六)衝突的影響性

勞資衝突的影響並非僅侷限於企業內部，常會波及勞工家屬、顧客、社會大眾權益，再加上勞工佔人口中的相當比例，勞資衝突的議題亦常衍生為社會重大議題，而全球化的趨勢也有機會擴大勞資衝突的影響。

(七)互動的複雜性

基於人的心理特質，個人之間的互動關係本有其複雜度，集體勞工之間的互動由於涉及集體勞工與僱主間既競爭又合作的特殊關係，所以互動的複雜程度超乎一般人的想像。也因此，勞工、僱主與主管機關不能低估勞資互動的複雜性，人力資源管理者更須以審慎的態度面對。

三、勞資關係的範疇

依據上述有關勞資關係的意義及特性的探討，學者吳復新 (2003: 427–429) 認為可以從三方面來說明勞資關係所應涵蓋的範疇：

(一)就法律面而言

所有政府訂定規範勞資雙方權利義務的各種法律、規則及命令等均為勞資關係所適用的範圍。換言之，此乃從勞工立法體系的觀點來訂定勞資關係的範疇。在此之中，勞資關係的範疇共可分為下述六大類：

1.勞動條件：包括工時、工資、休息、休假等勞動基準，以及勞動檢查。

2.安全衛生：包括勞工安全與衛生。

3.勞工組織：包括工會組織與管理、團體協約的簽訂與執行。

4.勞資合作與衝突：包括勞資會議、勞工參與、企業內申訴制度、勞資爭議的調處等。

5.勞工福利：包括企業提供的各項福利措施與法定的勞工福利，以及勞工教育。

6.就業安全：包括就業服務、職業訓練、失業保險、外籍勞工的管理等。

㈡就管理面而言

勞資關係在企業組織中實際運作的內容與人力資源管理的僱用、訓練、薪資及員工關係等四大類有相當多重疊之處。

㈢就人際面及倫理面而言

所有規範組織內個人與個人間、個人與團體間，甚至團體與團體間之關係的普遍原則、對待方式以及衝突處理等均是勞資關係所應探討的課題，亦即勞資關係在此方面所應涵蓋的範圍。具體言之，此範圍所涉及的即是一般組織行為學所討論的課題，如：溝通、領導、激勵、個人及團體行為、組織文化與組織氣候、組織社會化、企業倫理與工作倫理及組織衝突、變革與發展等。

第二節　勞資關係的歷程與我國勞資關係的發展

一、勞資關係演變的歷程

對於勞資關係的演變，張緯良 (2003: 412–413) 將其分成了四個歷程來加以介紹。首先，在 19 世紀以前是所謂的「專制的勞資關係」，亦即相對於資方強勢地位，員工在組織中是弱勢團體，所有勞動條件完全依照僱主一方的意思來決定，僱主與勞工間是隸屬關係，雖有勞動契約存在，但勞工的勞動條件、經濟收入、社會地位和人性尊嚴等都受到嚴重的壓制。

其次，到了 19 世紀中葉，資本家大量投資生產，工廠的設立使得勞工人數隨之增加，有鑑於以往的從屬關係得不到勞工的合作，反而產生了高的流動率、缺席率以及破壞性行為，帶來負面的影響，為了提高生產力乃採取關懷主義來對待員工。在此階段，僱主致力於改善各項福利措施以示其恩惠，並期望員工回報以忠誠勤奮，同時在社會主義學者的鼓吹下，開啟了以立法來保障勞工權益的先河，其所展現的是「家長式溫情關係的勞資關係」。

接著，19 世紀末，企業型態有了轉變，隨著股份有限公司的出現使得企業的所有權和經營權分離，管理也漸趨於合理化，同時專業管理的出現使管理階層與勞工同為受僱者，於是組織中的員工逐漸與管理階層及僱主有了較平等的地位，形成企業活動中的三股均衡力量，所以這個時期被稱之為「緩和的勞資關係時期」。最後，發展至 20 世紀，隨著工業民主制的進展，勞工開始組織工會以謀求與僱主之間平等的契約關係，因此，傳統對抗的勞資關係逐步發展成為互惠共生的合作關係。在這個時期，由於工會在勞資關係上扮演了主導的力量，乃稱之為「民主的勞資關係時期」。

總結以上所述可知，勞資關係從最早的專制時期，經歷了關懷主義以及專業管理之後，逐漸朝向建立勞工與僱主平等的關係。而工會的出現，更使得民主的勞資關係成為現今的主要關係型態。在我國，勞資關係的演變是否也逐漸從專制走向民主化？或許以下可以分別從解嚴前後，以及第一次政黨輪替三個階段進行觀察（丘周剛等，2007: 395；吳復新，2003: 438–443）。

■ 二、我國勞資關係的發展

(一)解嚴前的威權體制時期（1987 年以前）

解嚴前的臺灣政治、經濟、社會是由國民黨政府全盤掌控，也因而在強權的統治之下，代表勞工的工會組織數量很少，實際上也無法真正發揮功能，加上勞動者較重視與僱主的倫理關係，不願主動爭取自身的權益，故勞資爭議的情形較少發生。但僱主卻利用此點，經常不願主動給予勞方較好的待遇與福利，而有「剝削勞工」之嫌。此時期勞資關係的維持，可說是完全受到

政府的控制，雖然關係尚稱「和諧」，但此種「和諧」卻是建立在「勞工無知」與「工會無能」的基礎上，因此，可說是一種「表面和諧，根基卻不健全」的勞資關係，自然也禁不起解嚴的衝擊。

㈡解嚴後的發展時期（1988～1999 年）

1987 年 7 月 15 日解除戒嚴後，臺灣的社會運動除出現多元性與活躍性外，「勞工運動」更是受人矚目。過去由於《戒嚴法》的規定，勞工在從事勞資事件的抗爭時有所顧忌，但在解嚴後，由於不受到限制，自然會有大量的勞資爭議產生，爭議的規模與衝突的強度也較以往來得劇烈。加上勞工重新獲得結社權以及新一代工作倫理觀念的改變，使得勞工的街頭遊行、抗爭及罷工事件屢屢而生，為維持社會以及政權的穩定，執政者積極加強修改相關勞動法令，企圖將勞資爭議導向法治方向，以減少社會運動。

㈠民進黨執政時期（2000～2008 年）

2000 年以後，臺灣政治史上產生第一次政黨輪替，對勞資關係產生極大影響，唯一的全國工會亦受到極大的鬆動，新政權逐漸將單一總工會改成多元性總工會，所以目前臺灣全國性總工會共有十所，分別是：中華民國全國總工會、全國產業總工會、中華民國全國聯合總工會、全國工人總工會、中華民國全國職業總工會、中華民國職業工會全國聯合總會、中華民國全國勞工聯盟總會、臺灣總工會、全國勞工聯合總工會、全國產職業總工會❷。如此的發展模式固然打破以往一黨執政或一黨控制的模式，以良性競爭來增加工會的服務性，但無可諱言的是，分裂的工會組織已無法展現出其應有的政治與經濟影響力，也使未來臺灣工會運動的發展將更加晦暗不明。

═══ 第三節　勞資關係的相關理論 ═══

有關勞資關係的理論有許多，最著名的有鄧洛普 (Dunlop) 教授所提出的「勞資關係系統」(industrial relations systems) 及科昌 (Kochan) 等教授所提出

---

❷ 資料來源：行政院勞工委員會，http://www.cla.gov.tw/cgi–bin/siteMaker/SM_tneme?page=49db0b8b。

的「策略選擇理論」(strategic choice theory)（李漢雄，2000: 307–308；丘周剛等，2007: 390–393），以下分別介紹之。

一、勞資關係系統

Dunlop 認為勞資關係主要是由行動者、環境背景、規則及意識型態等四個相互關係的要素所構成的系統。所謂行動者，包含：(1)僱主或代其行使監督權的管理階層以及僱主組織；(2)勞工及其工會組織；(3)處理工作者、企業及其關係的政府機構。至於環境背景則是指在勞資關係系統中的這些環境特色會受到來自較大的社會系統與其他次級系統所限制，並且會嚴重影響到勞資關係系統中各行動者彼此之間的互動。例如：工作場所的技術特徵對勞資關係系統有相當的重要性，會影響到管理的形式與勞工組織的形成而造成管理監督上的問題、對公共規則的潛在性影響等等，環境背景還包括產品與市場因素或預算的限制，這方面的限制將會影響組織的規模、行動者本身的需求和就業率。

而規則要素是指在系統中的每個成員都有一些相同的信念與思想，面對環境的限制或影響時，經過互動的過程後，會產生一些規則。而這些系統的規則可以不同的形式表達，如管理階層的管制與政策；工作者階層的守則；政府機構的命令、條例、法律、判決；勞僱團體的決議與規則；工作地點與工作場所的團體協約、慣例與傳統等。整體而言，這些規則即是勞資關係系統的輸出項。最後在意識型態部分是指在一個勞資關係系統中，各個行為主體之間共同存在著一組思想與信念，足以影響系統的運作。基本上，在穩定的系統中，各行動者間有共同的意識型態，此意味著各行動者所持之觀點是一致或調和。

二、策略選擇理論

Kochan 在 1980 年代發表「策略選擇理論」，並以一套綜合性與整合性的理論架構作為探討「美國勞資關係的轉變」現象之基礎。在分析勞資關係的問題方面，此分析架構提出幾個重要的面向，亦即「外部環境」、「企業階層

勞資關係結構」以及「表現結果」。

1.外部環境

外部環境的改變會導致僱主調整其企業經營的競爭策略。當僱主在調整策略時,選擇的範圍會受到來自組織中關鍵決策者對企業文化所代表的價值、信念或哲學理念所影響或限制, 或是受到其他組織影響, 而導致企業創立者或高階經理對較低層級及管理階層的接替者所發布的規範產生改變。此外, 僱主所做出的任何選擇也都會深留在組織歷史與制度架構中。

2.企業階層勞資關係結構

是此一分析架構的核心, 勞資關係在此一架構中被分成三個層次, 最上層為「策略活動」層次, 像歐洲的勞資關係制度, 由政府、僱主代表及勞工代表三方進行定期協商, 而對勞資關係產生重要的影響力; 中層是「集體協商或人事的功能性活動」層次, 主要集中於勞資集體協商與人事政策的形成, 以及政府為管理勞資雙方關係所制訂與執行的公共政策; 最底層是「工作場所活動」層次, 包括職務的設計、工作規則的建立、勞工參與、勞工與督導人員間的關係、以及政府在安全衛生與公平就業機會方面的法律規範等。如圖 12-1 所示。

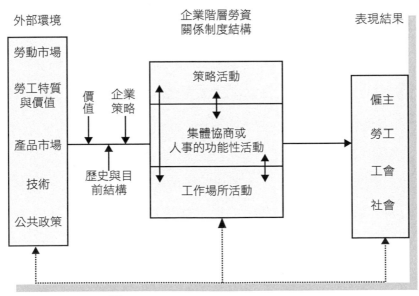

圖 12-1: 勞資關係策略選擇圖

資料來源: 鄭衣雯 (2004),〈中小企業人力資源運用策略對勞資關係影響之研究〉,臺北:國立政治大學勞工研究所碩士論文, 未出版。

3. 表現結果

指僱主在企業層級中所執行的各項活動結果，將會影響到其自身、勞工、工會與整個社會。透過這個模式不僅可以瞭解到在不同層次的勞資關係系統中僱主、勞工、政府都有著不同的策略選擇，同時可以釐清勞資關係的動態狀況。

第四節　勞資關係的內容

從前述勞資關係的範疇得知，勞資關係幾乎包含了所有的層面，但若僅從勞動者的基本三權：團結權、協商權和爭議權著眼的話，勞資關係的內容可以從工會、團體協商以及勞資爭議三個部分來探討。

一、工會

在勞動者的基本三權中，最重要的便是組成勞工團體的權利。當勞工與僱主相對抗時，不論在經濟力量或談判力量上，勞工都是居於相對弱勢，非組成勞工團體無法與之抗衡，且集體協商權與爭議權也都是由團結權所衍生出來的。所謂勞工組織實際上指的是工會。工會基本上是一種團體，目的在於和其他團體維持一均衡之關係，或產生有利於其生存之互動影響（張緯良，2004: 418）。

以下將從工會的組成要件、種類、活動與權利等來加以描繪出工會的概貌（吳復新，2003: 447–451；吳秉恩，2007: 522–523；張緯良，2004: 418–420；黃英忠等，1998: 288）。

(一)工會的組成要件

根據《工會法》的規定，工會的組成要件可區分為實質要件與形式要件。所謂實質要件是指確保工會的自主性。依據我國《工會法》第 14 條規定：「代表僱主行使管理權之主管人員，不得加入該企業之工會。但工會章程另有規定者，不在此限」。這點排除了管理人員對工會的可能干預，確立了勞工組織的自主性。

　　至於形式要件則是指每位勞工均有加入工會的自由，也就是民主性。根據《工會法》第 4 條規定：「勞工均有組織及加入工會之權利」。

⑵工會的種類

　　依《工會法》第 6 條之規定，我國的工會可分為企業工會、產業工會與職業工會三種。所謂企業工會是指結合同一廠場、同一事業單位、依公司法所定具有控制與從屬關係之企業，或依金融控股公司法所定金融控股公司與子公司內之勞工，所組織之工會。例如：渣打銀行企業工會、家樂福企業工會等。產業工會指同一產業 (事業單位) 內各部分不同職業之工人所組成者，例如：臺北市臺北自來水事業處產業工會、臺北市大有巴士股份有限公司產業工會等。而職業工會指聯合同一職業工人所組織者，例如：臺北市汽車修理業職業工會、屏東縣計程車駕駛員職業工會等。

　　全國性工會組織的設立，則是依《工會法》第 8 條規定：「以全國為組織區域籌組之工會聯合組織，其發起籌組之工會數應達發起工會種類數額三分之一以上，且所含行政區域應達全國直轄市、縣（市）總數二分之一以上」。例如：全國勞工聯合總工會、全國廚師職業工會聯會總會等。

⑶工會的活動

　　工會的主要活動可分為三類：經濟性活動、社會性活動和政治性活動。經濟性活動主要是與僱主交涉，以達到維持、改善勞工的工作情況、提高勞工的經濟與社會地位為目標；社會性活動又包含了互助性活動與教育性的活動，前者主要是對會員的社會服務，亦即展開疾病醫療、福利措施以及各種社會保險、勞動條件之改善等活動，後者則是對會員實施各種技能訓練、在職訓練，以獲得職業上所需之知識與技能；最後，政治性活動乃是為保障勞工的權益與提高其地位並改善與僱主的關係，所以積極推選或支持會員參與國家的立法權或影響立法者的參選活動等。

二、團體協商

　　團體協商是勞方與資方代表，透過集體協商的過程，在平等的基礎上，

針對勞動條件所展開的談判。簡言之，團體協商是勞方與資方訂定僱用條件的互動過程。而團體協商對勞資雙方均有利，勞方組織工會，經由團體協商可瞭解企業經營的狀況與問題，資方則可以理解勞方的需要與想法，如此可建立勞資一體的共識，促進勞工對企業的向心力。另外，透過團體協商，勞工的權益可獲得保障，資方則可避免勞工怠工、罷工等行為的產生，使勞資雙方的行為有所規範（吳復新，2003: 452）。

以下介紹團體協商的過程與團體協約的效力，分別敘述如下（吳復新，2003: 452–453；吳秉恩，2007: 525–527；張緯良，2004: 427–431）：

㈠團體協商的過程

在實際進行團體協商中大致包含了三個主要的階段，分別是協商準備、協商進行與協商結束，其中協商結束又可分為協約的認可與僵局的產生兩種情形。

1. 協商準備

勞資雙方進行協商，必須各有其當事人。所謂當事人是指有能力簽訂團體協約的簽約者，一般而言，國家的法令會訂定當事人的資格，通常資方當事人是個別僱主或僱主組織，勞方當事人則僅限於勞工團體，也就是工會。

集體協商的當事人在簽訂一個新團體協約或在舊的團體協約到期之前，要進行協商的準備工作。大致上，協商準備工作包括確定協商代表、蒐集資料、建立內部溝通架構、擬定團體協約草案與策略，並備妥應變計劃，以及擬定協商準備工作進度表。

2. 協商進行

集體協商展開後，大致可分為三個階段，首先是開始階段，約定基本規則與會議時間、提出草案；其次是實質討論階段，討論草案或對應政策、評估草案成本等，最後是結束階段，也就是協約終止，可能需要進行協調、執行爭議行為的計劃等。

3. 協約結束

隨著協商的進行，理想的情況是大多數議題都能達成協議，最後簽署團

體契約，即為協商的認可。但若針對某些重要的議題，雙方各有所堅持，則最後的妥協將難以達成而形成僵局。僵局的處理可由雙方之任一方提出申請調解、仲裁，甚至進行法律訴訟，而勞方的最後王牌為罷工，資方的最後王牌則為停工關廠，不論停工或罷工都可能會造成雙方的成本負擔與損失，在非不得已的情況下，應盡量避免此種情形的產生。

㈡**團體協約的效力**

　　工會與僱主或僱主團體在達成協議後，簽訂載明勞資雙方權利義務的書面契約即為團體協約。一般團體協約會產生法規性效力與債法性效力，以下分述之。

1. 法規性效力

　　簽訂團體協約後，無論個別成員是否同意協約的內容，協約對工會成員、僱主團體成員會產生當然效力。對簽約當時已是成員者或後來才加入為成員者，均一體適用。法規性效力具有四種特性：

(1)不可低貶性

　　除了國家其他法律另有規定外，團體協約直接對效力所及的人發生效力，對勞工之利益具有強制效力，但對勞工不利時，只會產生相對強制效力。

(2)優惠性

　　團體協約只規定最低勞動條件，不能規定最高勞動條件，法源位階較低的約定內容如果異於或低於團體協約，即屬無效，但若低位階約定的內容比團體協約更有利於勞工，或其相異處是團體協約所容許的，則視為有效。

(3)不可拋棄性

　　團體協約所規定的權利，不可拋棄，即使個別勞工與僱主合意拋棄團體協約中所規定的全部或一部分權利，法律上亦視為無效。

(4)替代性

　　勞動契約如果有異於團體協約所約定的勞動條件時，其相異部分無效，而無效之部分以團體協約中之規定替代。

2. 債法性效力

團體協約中對雙方當事人（即工會與僱主，或工會與僱主團體）之間有權利義務的規定，這些規定不涉及第三者，亦即不涉及團體之個別成員，任何一方違反規定，他方可要求損害賠償。雙方當事人在履行協約時，均負有「維持和平」與「敦促」的義務。

■ 三、勞資爭議

勞資爭議的產生有兩種情況：一種是在簽訂團體協約之後，勞資雙方中的任何一方不履行協約的內容時；另一種是在協商陷入僵局時，兩種情況都會發生勞資爭議。以下將從勞資爭議的問題、行為及處理的方式說明之（張添洲，1999: 398；吳復新，2003: 455–456；黃英忠等，1998: 306–308）。

㈠勞資爭議的問題

勞資爭議的問題主要可分為實質性問題與程序性問題。實質性問題主要是針對勞工問題的內涵與勞資爭議的原因，為權利事項的爭議，如：工資積欠、短發加班費、未發不休假獎金、對工會幹部或籌設工會者給予不當的待遇，或是員工對合法調動工作場所不遵從等；有的為利益事項或調整事項的爭議，如：要求調整職工福利金提撥比率、縮短工作時間、要求分紅比例、工作規則的修訂等。程序性問題是指不論是權利事項的爭議，或是利益事項的爭議，當爭議的確發生時，要用何種方式予以調處解決，而此種解決方式與程序即為程序問題。

㈡勞資爭議的行為

所謂爭議行為係指勞資關係當事人為貫徹其主張所採取之阻礙業務正常運作之行為，及他方所採取的對抗行為。勞方最常採取之爭議行為有：

1.罷工

所謂罷工，係指多數勞工，為繼續維持或變更其勞動條件或獲取一定之經濟利益目的，經工會之合法票決而採行停止勞務提供之行為。罷工的程序，依我國《勞資爭議處理法》第54條規定：「工會非經會員以直接、無記名投票且經全體過半數同意，不得宣告罷工及設置糾察線」。

2.依約行事

　　勞方堅持依據契約或工作說明書所規定的工作內容執行職務，不願配合資方額外要求的工作項目，或堅持依工作流程表所定程序嚴格執行，而使得生產進度產生阻礙或工作不順利，或堅持要求管理階層明確指示各項工作的內容。相類似的行為為拒絕配合加班，以延宕進度。

3.怠工

　　係指集體以較遲緩之工作方式來降低產量或服務內容。

4.杯葛

　　係指勸說一般民眾或廠商拒絕購買僱主所生產之產品或與之進行商業交易。

5.佔據或接管

　　佔據係指不離開工作場所亦不為勞務提供之狀態，但勞動者不得為排他性之佔據，即不可以阻止僱主或僱主之決策人員或非其工會會員出入工作場所，且如經法院為假處分要求離去或禁止進入時，即不得再為佔據。至於接管指排除僱主之指揮，而自行經營企業，此舉顯然違反私有財產制之行為，屬於違法。

6.糾察

　　係指於工作場所舉標語牌宣告勞資雙方正處爭議期間，並說服勞工不要進入工廠工作，以阻止破壞罷工之行為。

 資訊補給站

韓企業罷工　整車廠被迫停產❸

　　南韓一家製造活塞環的柳成公司 (YPR)，由於勞資雙方排班制度的改變，及是否引進生產工人月薪制之爭議，一直處於對立狀態，該公司的員工自2011 年 5 月 18 日起連續七天罷工抗議。由於柳成公司製造的產品在南韓活

---

❸　資料來源：駐韓國代表處經濟組 (2011.05.23)，〈韓國汽車產業因零組件業者零組件罷工面臨生產停頓危機〉，《國際商情雙週刊》，第 318 期。

塞環市場中有高達 80% 的佔有率，此次罷工造成柴油發動機的生產中斷，差點讓南韓汽車停產，估計損失超過百億韓元。

另外，針對上述勞方所採取之爭議行為，僱主亦可能會採取相對抗之措施，以迫使勞方讓步，常見的行為有：

1. 繼續營運

指僱主對於勞方之爭議行為不予理會，設法繼續經營其企業。所採取的手段可以是由管理階層來接替罷工人員之工作，或重新聘僱員工來接替，或由企業其他廠的人員或其他企業人力來進行支援。

2. 鎖廠

係指僱主為迫使勞方讓步，乃暫時性的停止生產，拒絕受領所有勞務，為此全體勞工將無工資可領，會造成勞方的壓力。

3. 黑名單

即勞動者實施罷工時，由僱主將參與罷工之員工，列名函知該員工可能去尋找工作之僱主，要求不予僱用，以防止勞工在罷工期間另謀取獲報酬之機會，而達到勞資對抗行為之平衡。不過，如無勞資爭議之發生，而有黑名單之交換，則屬違法行為。

㈢勞資爭議的處理

依據我國《勞資爭議處理法》第二、三章之規定，勞資爭議的處理程序分為以下兩種方式：

1. 調解

調解的程序可以分為自願調解與強迫調解兩種。自願調解乃是主管機關在勞資爭議發生時，經爭議當事人一方或雙方之聲請，召集調解委員會為之；強迫調解乃是主管機關認為某一爭議事件有進行調解之必要時，雖無當事人之聲請，仍召集調解委員會為之。調解成立時，視同爭議當事人間的團體協約。

2. 仲裁

　　仲裁的程序亦可分為自願仲裁與強迫仲裁兩種。自願仲裁適用於非國營之公用或交通事業以外的勞資爭議事件，當調解無結果時，經爭議當事人之一方聲請而交付仲裁者，或勞資爭議雖未經調解的程序，但經爭議當事人雙方之聲請仲裁而交付仲裁者；強迫仲裁適用於非國營之公用或交通事業發生勞資爭議，經調解無結果而交付仲裁者，或主管機關因某一爭議事件之情勢重大並延長 10 日以上未獲解決，認為交付仲裁之必要而交付仲裁者。爭議事件一經仲裁，爭議當事人均不得聲請不服，勞資雙方必須服從。仲裁之結果，視同爭議當事人間的工作契約，如當事人一方為工會時，視同當事人間的團體協約。

 資訊補給站

上班族錄取後　最易忽視工作權益❹

　　為測試上班族對求職安全與工作權益的重視程度，104 人力銀行進行一場求職大健檢，根據面試前、面試時、到職前與到職後的求職四階段，列出 25 件必須確認的事，包括聘僱方式、工作時間、薪資結構、發薪日、職務內容及職責等。上班族最容易疏忽的項目則是「確認是否有試用期及期間多長」、「確定工作內容是否有非法情事的可能性」、「確認聘僱的方式為何，是正職或計時人員等」。

　　人力銀行專案經理特別提醒求職者，在錄取之後也不能大意，特別是勞動契約更要仔細觀看，以避免日後發生勞資糾紛。

第五節　勞資合作的途徑與方案

一、勞資合作的途徑

　　隨著經濟發展的轉變、產業結構的轉型、環保意識的抬頭等因素，勞資

---

❹　資料來源：韓啟賢 (2010.07.30)，〈上班族錄取後　最易忽視工作權益〉，《中廣新聞》。

關係的穩定與否，均成為影響經濟發展、社會繁榮的關鍵因素。不正當的勞資關係，不僅會傷害到勞資關係的和諧，更會影響到國內外企業的投資意願與信心、產業效率與品質等，進而削弱產業經營的競爭力。因此，為促使經濟成長和社會安定，和諧的勞資關係將是未來努力的目標，若勞資雙方能達成共識，體認彼此合則兩利，分則兩害的關係，方能尋求勞資雙方最大的利益。而促進勞資雙方合作的有效途徑可以整理如下(張添洲，1999: 401-402)：

㈠溝通合作觀念

目前多數企業為避免勞資雙方產生溝通不良的情形，多有建立溝通與申訴管道，以及員工申訴制度，如：意見箱、申訴電話等，以瞭解彼此間的想法，減少誤解、對立、不滿、歧視，進而消弭勞資糾紛於無形，並提昇工作績效與品質。

㈡掌握共同目標

在多元的社會與經濟結構中，勞資雙方共同的目標是追求經濟發展與組織的永續經營。當勞資雙方皆能掌握目標後，勞方會更積極的投入、參與，而資方則會致力改善工作環境，提昇員工福利，使勞資關係更加的緊密結合。同時，勞資雙方在有了共同的目標，產生一致利益後，自然會群策群力的往目標邁進，協同努力達到增進勞資關係和諧的目的。

㈢建立合理制度

組織中的勞資雙方如欲避免誤會摩擦，應建立合理的制度。因為制度的建立使勞資雙方得以在相同的規範內運行，一旦勞資雙方遇有爭議即可以理性的方式，依照規章制度進行協商與溝通仲裁，用以減少不必要的時間浪費。

二、勞資合作的方案

除了上述三個途徑能促進勞資合作外，國內有部分企業也紛紛採取多種不同的勞資合作方案，來改善勞資關係，激勵員工參與動機，提昇企業生產力與產品品質，進而健全企業經營績效。一般而言，勞資合作的方案相當廣泛，從勞工需求的角度來看，根據勞委會在 1997 年所做的勞工意向與需求調

查報告顯示，當問及促進勞資和諧最有效的方法為何時，「重視員工福利」被視為是最主要方法，其次為「推行勞工分紅入股制度」、「加強灌輸勞資雙方和諧共贏觀念」，以及「建立各種勞資溝通管道」。以下即針對這些勞工認為最有效的方法來進行說明（李漢雄，2000: 312–319）：

(一) 設立員工福利委員會

員工福利委員會是一個處理員工福利相關事務，由員工自主決策與執行的機構。我國《職工福利委員會組織準則》規定：職工福利委員會的任務為關於職工福利事業的審議、推動及督導事項。工廠、礦場或其他企業組織之職工福利委員會設置委員 7～21 人，其中工會代表不得少於委員會人數三分之二。因此，員工福利委員會不帶有溝通性質，同時也有勞工參與及勞工自治的意涵。目前國內許多中、大型企業都設有員工福利委員會。

(二) 員工分紅入股制度

我國的員工分紅入股制度，最早是由聯電於民國 75 年實施。員工分紅入股制度分為分紅及入股兩種，分紅是公司有盈餘時員工也可以分到一部分，可以是現金、其他資產或是股票。入股是員工變成股東，由員工自己付錢買股票，或者無償取得股票（陳麗如、洪湘欽，200 4: 336）。

員工分紅入股制度之目的有二：一是分享企業經營的成果，二是可增加員工對企業的向心力。其設計架構是將公司的成長與員工個人的利益合而為一，即員工如能分配到企業盈餘一定比率的紅利，這樣員工對企業之經營將有休戚相關之感，為了希望能多得紅利，員工將會努力增產，並降低生產成本，從而增加企業的盈餘。此外，員工因持有公司的股票而成為股東之一，那麼勞資對立的現象將不復存在。

從勞資合作的角度來看，分紅或入股計劃將擴大經營成果的責任，由資方完全負擔間接轉換為勞方與資方共同負擔。在相對力量的變化上，雙方採取暫時退讓，最終目的在提供總和效用，最後各自取得自身的絕對效用。因此，員工入股制度在理論上可以協助企業分散風險，減少經營管理的失誤，降低監督成本與怠工損失。此外，透過股息的分配與經營權的參與，促使員

工與企業利害與共，達到勞資關係的和諧。

㈢**勞資會議**

　　勞資會議為我國《勞基法》所規定的勞工參與制度，根據《勞資會議實施辦法》之規定，主要的運作方式由勞資雙方各選出同數之代表，以定期集會。為雙方處於勞資平等的地位，共同商議有關企業發展、員工工作環境改善之勞資協商組織。

　　根據國際勞工組織 (International Labour Organization) 第 94 號建議書中所強調，勞資會議有兩個主要目標及功能；一為「加深勞資間之相互瞭解，發展組織性的合作關係」；另一為「就生產力之提高及彼此利害之共同問題，相互作建設性的提案，以期實現策略規劃具體建設，並協助之。」而這種勞資委員會、勞資關係促進計劃等機制，具有下列幾項優點：

　　1.提供雙方有關協約條件溝通的正式場合。

　　2.溝通、接觸的目標在於正面地解決問題。

　　3.建立非正式的關係，增加信任與瞭解。

　　4.承認工會是員工與僱主的橋樑。

　　總結上述得知，資方可以透過設立員工福利委員會，或是創設員工分紅入股制度等積極的方式來改善勞資雙方的關係，增加彼此的和諧。同時，透過定期舉辦勞資會議，增加勞資彼此的信任與瞭解，用以預防衝突的產生。

 資訊補給站

產假期間女工自願上班　廠長觸法❺

　　國內知名成衣商祥康製衣廠兩名女工生產後經過 40 天的產假休息，就自願回到工作崗位，放棄剩下的 16 天產假。雖然兩人坦承一切是自願行為，但李姓廠長仍被法官判科罰金 4 萬 5,000 元，若不繳罰金則須服勞役 45 天。

　　勞委會指出，《勞基法》第 50 條規定女工分娩前後應停止工作，由僱主

---

❺　資料來源：黃良傑、洪素卿 (2010.08.19)，〈產假期間女工自願上班　廠長觸法〉，《自由時報》。

給予產假 8 週，是為保護母體安全，屬於「強制規定」，不得任意拋棄，即使廠方給付薪水，女工也自願銷假上班，但廠方不可以接受，仍得強制產婦休足 8 週產假。

雖然有人認為此規定不近人情，但由於《勞基法》是勞工最基本的保障，為了保護勞工加上防弊，還是不能以勞工自願為理由違反相關規定。

第六節　結語

廣義的勞資關係包含了勞動條件、安全衛生、勞工組織、勞資合作與衝突、勞工福利及就業安全等等面向；狹義的勞資關係則將焦點置於勞動者的基本三權：團結權、協商權和爭議權，也就是文中所提到的工會組織、團體協商以及勞資爭議，而這也是一般人研究勞資關係的重點所在。長久以來，勞資關係都被認為是對立、競爭的，特別是在替勞方爭取權益的工會增多之後，層出不窮的勞資爭議通常都難以獲得兩全其美的解決途徑，團體協商的結果也很難達成共識。但這並不意味著勞資關係是無解的，或勞資爭議和團體協商是無意義的。或許最後的結果雙方無法得到 100% 滿意，但是用理性、平等的態度去追求、協商出一個至少是願意被勞、資雙方所接受的方案，應該是今後勞資關係發展的重點所在。

課後練習

(1)勞資關係是一種既競爭又合作的複雜關係，文中有很多學者替勞資關係下定義並說明其關係，請您根據自己的理解，簡單說明勞資關係的定義。

(2)解嚴後社會風氣逐漸開放，而出現愈來愈多的工會組織，您覺得工會的出現對勞資關係是一種幫助，或是意味更多爭議的開始？

(3)除了文中所提及的勞資合作的途徑和策略外，您覺得還有哪些方式可以促進勞資關係的和諧呢？

(4)請您找出一個實際勞資爭議的案件，說明在其中政府、企業和工會所扮演

的角色，以及最後採取的解決方案？

 實務櫥窗

英航與工會就勞資糾紛達成協定　罷工計劃將停止 ❻

英國航空公司 (British Airways) 與該國聯合工會 (The United Union) 近兩年來對於工資和旅行補貼一直無法達成共識，期間曾進行了 22 天的罷工行動。在 2011 年 5 月 13 日英航與工會達成勞資協議，英航同意恢復旅行補貼，並同意員工今年漲薪 4%，明年漲 3.5%。工會在達成勞資協議後，則讓 1 萬名成員舉行投票，決定是否繼續進行罷工計劃。

聯合工會秘書長邁克克朗斯基 (Len McCluskey) 認為，糾紛只能透過協商獲得解決，而不是對抗行為，因此呼籲工會成員接受此協議；解決此罷工威脅，英航也可避免龐大的經濟損失。

個案研討

奇美電子：勞資關係典範　與員工、社區共好 ❼

1998 年成立的奇美電子，在 2007 年榮獲《遠見雜誌》企業社會責任 (CSR) 科技 A 組楷模獎。被冠上幸福企業美名的奇美電子，也曾獲得勞委會頒發的友善職場認證。這些成果來自於創辦人許文龍「企業是追求幸福手段」、關懷社會、照顧員工的觀念。

許文龍認為，和諧的勞資關係必須建立在「共好」的基礎，建立雙方的信任感。奇美對於員工、家庭都很照顧，最自豪的也是「零勞資糾紛」

---

❻　資料來源：金雨 (2011.05.13)，〈英航與工會就勞資糾紛達成協定 罷工計劃將停止〉，中國新聞網，http://big5.cri.cn/gate/big5/gb.cri.cn/27824/2011/05/13/5551s3246166.htm。

❼　資料來源：江逸之 (2007.05)，〈奇美電子 勞資關係典範與員工、社區共好〉，《遠見雜誌》，第 251 期。

的成績。早在 1988 年許文龍就不顧經營成本會大增，率先實施週休二日；奇美並鼓勵員工準時下班，下午五點園區就會響起下班鐘聲，員工不必為了工作犧牲與家庭互動的時間；奇美還為了佔超過 60% 的女性員工設置了哺乳室、營業到晚上 8 點半的雙語托兒所、比法定多出 18 天的生理假等。

　　除了員工之外，奇美還向外照顧到社區居民，積極參與社區事務。奇美電子董事長廖錦祥轉述許文龍的話，「做世界第一大廠，沒什麼意義；要就做世界第一好命的廠，才有意義」。

問題與討論

1. 勞方與資方原則上是處於對立的立場，近來常見的勞資糾紛見於報章雜誌之上，請試想為什麼？
2. 奇美企業之所以能保持零勞資糾紛，理由為何？試分析之。

13

國際人力資源管理

你是佔領軍還是同志? ❶

　　面對全球經濟整合的趨勢，企業進軍國際市場時，必須經過「全球化→本土化→全球本土化」的三階段蛻變，方能適應各地的市場差異和挑戰。在全球化階段時，針對要往何處發展、提供的產品為何、何時踏入市場等問題作出決策；到了本土化階段則是要將總公司的企業文化帶入當地，培養當地人才。特別是外派人員扮演了重要的角色，協助總公司尋覓最適合的本土化進程；待企業在全球都能整合本土團隊、資源、文化後，才算是真正的國際化。

　　本土化的階段特別要注意該如何維持在地與總公司的平衡，例如 1980 年代 IBM 一口氣外派了 400 位人員至日本的亞太總部，造成東京房地產上漲 15%～20%，引起當地人強烈的反彈。

　　在國際化的過程中，該如何建立一套完整的制度、建立本土經營團隊等，都是企業會面臨的挑戰。但透過國際化，企業更能夠吸取各地經驗、截長補短，提昇競爭力。

　　如同上述報導所言，企業國際化的過程中，容易引發當地員工的反彈與抗拒，究竟外派人員是「佔領軍還是同志?」在情勢不明朗的情況下，恐怕會影響組織氛圍與士氣，也因此，國際人力資源管理乃顯得格外重要。在本章中首先介紹國際人力資源管理的意涵；其次整理國際人力資源的管理模式；最後分別說明外派人力與海外僱用人力之管理。

第一節　國際人力資源管理的意涵

一、何謂國際人力資源管理

　　國際人力資源管理 (international human resource management, IHRM) 意指「為派駐海外工作的人員進行甄選、訓練、發展和敘薪等工作的過程」(Alan

---

❶　資料來源: 陳珮馨 (2007.11.13)，〈你是佔領軍還是同志?〉，《經濟日報》。

M. Rugman & Richard H. Hodgett，吳忠中譯，1999: 346）。簡而言之，就是將人力資源管理的功能應用到國際環境中，以國際化或全球化的角度來探討人力資源管理的問題。在國際的經營環境當中，組織的員工包括了不同國籍的組合，因此人力資源管理策略就必須適應組織所在地的國家文化、商業文化和社會制度（沈介文等，2004: 311）。

二、國際人力資源管理與國內人力資源管理之差異

傳統國內人力資源管理所探討的議題包含：人員招募、選用、發展與訓練、薪酬與福利及績效評估……等項目，國際人力資源管理的內容雖有其不同，但基本上仍是以一般人力資源管理的內容為基礎，兩者間最大的差別在於，國際人力資源管理將管理的範圍提昇至全球的視野。國際人力資源管理不僅仍須保留傳統人力資源所提倡的各項例行活動，還要考量如何在跨國經營中去滿足更多不同的群體、面對異文化的差異與更多的管理風險。以下，針對國際人力資源管理和國內人力資源管理之異同進行整理分析。

㈠相似之處

根據研究（許南雄，2007: 12）指出，國際人力資源管理與國內人力資源管理有下列幾項相似之處。作者整理分述如下：

1.皆以「人的管理」為核心

無論是國際人力資源管理或是國內人力資源管理，兩者所面對與處理的都是有關「人的管理」問題。此乃因為人力資源是企業重要的資產，有效管理人力才可能達到提昇組織績效並保有競爭實力的目的。

2.以「人才的取用」為人力資源管理的主要職能

一般人力資源管理的功能包含人力的規劃、招募選用、人力訓練與發展、獎勵與酬償、安全與健康等項目，主要的目標是為了滿足組織各部門的人力需求，為其提供合適的人才。由此可知，無論是國際人力資源管理或是國內人力資源管理皆脫離不了上述的功能，都是以為組織選取人力為主要職能。

3.以「獲得合適人才」、「發展人力運用」與「維護工作意願」為基本目標

　　人力資源管理的主要職能除了取用人才外，另一項重要的職能乃是如何發展與留住人才。畢竟好的人才得來不易，也培養不易，在競爭激烈的企業環境中，如何發展人才，並維護其工作意願，相信是國際人力資源管理與國內人力資源管理皆會面臨的共通課題。

㈡相異之處

　　如整理國外學者對於國際人力資源管理的探討發現，主要的內容多脫離不了海外公司人力資源環境與國內差異之瞭解、外派人員的管理問題，以及不同國籍人員的互動與跨文化問題的排除等議題。

　　學者道林 (P. J. Dowling) 在其書中曾列舉出國內與國際人力資源管理之差異，認為國際人力資源管理比起國內人力資源管理更具複雜性，可以整理為下列六項特質（轉引自莊立民、廖曜生譯，2005: 6-12）：

1.有更多人力資源活動且範圍更加的廣大 (more activities)

　　如：國際稅收、國外調職、外派人員的管理、與當地政府的關係等。

2.人力資源管理的領域與視野更加的寬闊 (broader perspective)

　　如：在管理人員時面對不同國籍組成的員工，如母國籍員工、地主國籍員工和第三國籍員工，無法使用同一標準的薪酬政策、補貼制度，而且不同國籍的員工在一起工作時也須注意要做好公平性的議題。

3.更加關注員工的生活品質 (more involvement personal lives)

　　如：協調母國籍員工與地主國籍員工各項的行政管理方案及服務，對於員工個人生活要有更深入的瞭解與涉入，並投入所需的相關資源。

4.外派人員與當地員工的勞力組合的改變 (expatriates & locals varies)

　　當國際事務日益成熟，對於當地員工訓練的需求就可能增加，此時應該將原來外派的調職與職前訓練的活動轉換為對當地高潛力員工的甄選和訓練。

5.承擔更多的風險與危機 (risk exposure)

　　如：外派失敗帶來的薪資、訓練成本及調職費用等等的直接成本和市場配額損失與國際顧客關係的傷害等等的間接成本。

6.**外力影響因素的增加** (broader external influences)

如：政府的類型、經濟狀況及地主國可以接收的企業管理方式。

其餘的學者像摩根 (Morgan) 與阿卡夫 (Acuff) 也皆認同國際與國外的人力資源從事的活動相同，只不過在負擔傳統的功能項目外，所需管理及照顧的員工從母國 (home country) 或及至地主國 (host country) 以及第三國 (other country)，因此從最初的遴選到進入企業後的各項福利保障，皆須比對國內人力資源管理要付出更多的心力，且須時時配合地主國的政治經濟政策進行調整。不僅如此，在海外設廠穩定之後，人才的運用及調度上也須有階段性的調整，因此國際人力資源管理比國內人力資源管理面臨更多的風險及挑戰。

三、異文化對人力資源管理的影響

由於企業經營版圖的擴大，組織內部成員難以僅靠母國人力來維持，然而隨著多元人力的擴充，組織內部可能產生文化的差異，進而影響組織的人力資源管理方法。因此，人力資源管理者若能熟悉各國風俗民情與文化的差異，瞭解其所反映出的價值觀、組織特徵、薪酬策略與績效評估等不同，將有助於管理者選擇合適的管理模式。

根據霍夫斯泰德 (Hofstede)（1980，轉引自黃英忠等，2005: 234–235）對各國所進行的組織結構及管理文化做的研究顯示，若依據人力資源管理的特性予以區分，全球約可劃分為五大類型，各類型有其代表性的國家，價值觀、組織特徵、薪酬策略，以及招募特性和績效評估方式，以下分述之。

㈠**高度權力距離**

代表性的國家有馬來西亞、菲律賓、墨西哥、阿拉伯和西班牙。主要的價值觀是權威主義，因此反映出的組織特徵為集權與高組織層級，以及傳統由上而下的溝通方式。薪酬策略採層級報酬系統。至於招募則採用關係導向的非正式化選擇。又因組織中有很強的權威主義，所以主管在用人方面有選擇權力，而缺乏正式的績效評估管道。

㈡**高度個人主義**

代表性國家有美國、英國、加拿大和紐西蘭。或許是受到國家特質的影響，這些國家的民眾較為獨立、自私，主要的價值觀傾向高度個人主義，相信命運是可以由自己掌控與創造的，因此組織成員只重視自身的利益，而組織須建立制度以防弊。薪酬策略主要以績效為主，所以組織承諾變動性高，招募也注重證明績效。

(三)高度不確定趨避

代表性國家有希臘、葡萄牙和義大利。受到民族性的影響，這些國家的民眾特質傾向害怕不確定性，低風險取向，對模糊有低度的容忍，組織特徵為機械結構，規則與政策主導著公司，因此反映在薪酬方面是官僚的報酬政策，固定報酬重於變動報酬，在招募方面也強調官僚式僱用，注重年資，而在績效評估上則使用有限度的外部績效評估。

(四)高度雄性作風

代表性國家有澳洲、墨西哥、德國與美國。主要的價值觀是重視物質，男人比女人更有權力與地位。在組織特徵上職業被標上男性或女性的標記，少數的女性擁有高職位。在薪酬策略上有明顯的不平等差別待遇，在招募上採職業隔離，女性有晉升的瓶頸，而在績效評估上男性有較高的評價。

(五)長期導向

代表性國家有日本、香港與中國。主要的價值觀強調未來導向和長期目標。組織特徵強調穩定，員工的變動性低。在薪酬策略上採長期報酬，管理者有多重成就報酬，員工的升遷雖慢，但強調高度安定性，著重對員工進行教育訓練。

最後，若將上述的內容整理為表格，則如表 13-1 所示：

表 13-1：文化價值與人力資源管理

	主要價值觀	代表國家	組織特徵	薪酬策略	招募與績效評估
高度權力距離	1.由上而下溝通方式 2.視層級劃分為自然 3.權威主義	馬來西亞 菲律賓 墨西哥 阿拉伯 西班牙	1.集權與高組織層級 2.傳統的命令鏈	1.層級報酬系統 2.明顯的報酬	1.招募採關係導向 2.非正式化的選擇 3.主管具有選擇的權力 4.強調員工忠誠度

	4.高度依賴主管 5.權力象徵 6.白領階級價值勝於藍領階級				5.社會階級與家庭會影響個人的決策 6.缺乏正式績效評估
高度個人主義	1.個人成就 2.自私 3.獨立 4.相信個人控制與責任 5.相信命運可創造 6.僱傭關係	美國 英國 加拿大 紐西蘭	1.組織不注意員工的福利 2.組織成員只注意自己的利益 3.以制度來防弊	1.以績效為主 2.注意外部的平等 3.注意外部的報酬與成功 4.注意短期的目標	1.注意證書與明顯的績效歸於本身 2.組織承諾變動性高 3.注重績效勝於規範
高度不確定趨避	1.害怕不確定性 2.對穩定有高的評價 3.對模糊有低度的容忍 4.低風險取向	希臘 葡萄牙 義大利	1.機械結構 2.規則與政策主導公司 3.避免做有風險的決策	1.官僚的報酬政策 2.固定報酬重於變動報酬 3.主管對於分配報酬無法自由裁決	1.官僚式的僱用 2.注重年資 3.有限制的外部僱用 4.有限度的外部績效評估
高度雄性作風	1.注重物質 2.男人比女人更有權力與地位 3.強烈的刻板印象 4.報酬的不公平	澳洲 墨西哥 德國 美國	1.職業被標上男性或女性的標記 2.少數的女性擁有高職位	不平等的差別待遇	1.職業隔離 2.女性有晉升的瓶頸 3.績效評估上男性有較高的評價
長期導向	1.未來導向 2.延遲的報酬 3.長期的目標	日本 香港 中國	1.穩定的組織 2.員工變動率低 3.強公司文化	1.長期報酬 2.管理者的多重成就報酬 3.分配報酬以品質的信賴為主	1.升遷慢 2.內部升遷 3.高度安定性 4.少回饋 5.員工訓練及發展，高度重視與投資

資料來源：黃英忠、吳復新、趙必孝著 (2005)，《人力資源管理》，p. 234–235，臺北：國立空中大學。

　　整體而言，各國人力資源的管理制度會隨著國家文化的不同而有所差異。即使現今透過傳播科技的技術可以瞭解各國不同的風俗文化，但海外企業或外資公司若期望組織能穩定成長，仍有賴於技術、資本、知識、人力等多項資源與當地文化有效配合才得以成功（吳青松，2002: 403）。然值得注意的是，

受到各國文化價值差異的影響，人力資源管理模式並無法完全複製，因此，唯有瞭解分析各國人力特質，審慎選擇合適的管理方式，才可避免爭議與衝突，達到事半功倍之效。

第二節　國際人力資源的管理模式

隨著全球經濟的整合，國與國之間的藩籬逐漸消弭，為了降低營運成本，許多企業皆到海外尋求廉價的勞工與原物料，促使跨國企業日益增多。企業內的組織人力結構也因涵蓋了母國、地主國及第三國的員工，而呈現多元與異質性。另一方面，由於區域性經濟合作與企業策略聯盟，促使人力資源非侷限於本地流動，而是全球化之人力重新配置，因此人力資源部門在全球化的迫切要求下其功能不得不有所轉變（吳秉恩、游淑萍、蔣其霖，2002: 38）。為了增加營運管理的績效，企業須建立一套完善的管理模式，以因應派遣至國外的人力或是引進的外籍人力等文化差異的需求。

摩根 (P. V. Morgan) 在〈國際人力資源管理模式〉一文中將國際人力資源管理模式分為三個構面來討論，相關內容整理如下（許南雄，2007: 9；Peter J. Dowling 等著，莊立民、廖曜生譯，2005: 4–5；廖勇凱，2005: 19–20）：

一、人力資源包含三種廣泛的活動

從獲得 (procurement)、配置 (allocation)、運用 (utilization) 三個廣泛活動拓展到企業取材、人力的發展及人力派任等人力資源管理面向上。

二、營運範圍包含三個國籍或國家範疇

企業營運的範圍除了在總公司所在的母國外，尚擴及子公司所位居的地主國和勞力或財務來源的第三國。

三、員工型態包含三種類型的員工

員工型態涵蓋有母國籍員工 (parent-country nationals, PCNs)、地主國籍員工 (host-country nationals, HCNs) 及第三國籍員工 (third-country nationals,

TCNs)。

人力資源活動

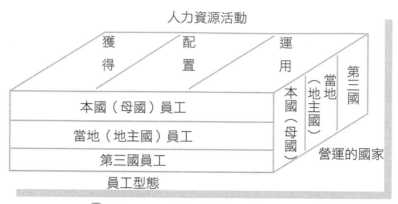

🔺 圖 13-1：國際人力資源管理模式

資料來源：Peter J. Dowling、Denice E. Welch 著，莊立民、廖曜生譯 (2005)，《國際人力資源管理》，p. 4，臺中：滄海。

　　如圖 13-1 所示，Morgan 對國際人力資源管理的定義是建立在人力資源活動、員工類型以及營運的國家三個構面交互作用的基礎上，相較於單一國家內人力資源管理的範疇涵括了更廣的層面和複雜的內容。在企業組織裡「環境因素」可說是影響經營行動的最大變數，組織所面臨的環境最常碰到的問題總脫離不了社會、文化、價值觀的差異，而這些差異在不同的時間及地區中往往又有許多不同的組合。面臨這樣的環境變化，人力資源的活動因面臨營運國家不同的文化和多元的員工類型，企業組織需要做好地主國籍及第三國籍員工的調整和適應，維持好與地主國之間的關係，配合地主國的在地勞動政策、稅務法規的規定，以調整當地公民佔子公司從業人員總數之比例及投資方式。不僅如此，對於派外員工的管理更是要涉入生活保障的層面，從甄選調任、訓練管理到回任及未來的前程發展皆須有一系列的規劃（黃良志等，2007: 568–569；丘周剛等，2007: 414–416）。由此可見，隨著企業組織全球化的擴展，人力資源管理必須依營運國家的國情和文化，發展出一套獨特的國際人力資源管理模式，才得以在瞬息萬變的環境中找到生存的利基。

　　由於國際人力資源管理會因所在國家的不同或是僱用員工的國籍差異而造成人力資源管理活動上的差別，所以其管理重點強調需有差異化的管理。以下將從外派人力和海外僱用人力的角度去探討國際人力資源管理的運用模式。

第三節　外派人力的管理

在跨國企業的經營裡，外派人員扮演著重要的角色。在外人眼裡外派工作看似風光，但實際上卻有不為人知的辛勞。對外派人員本身來說，起初也許具新鮮感，但過段時日後，必須面對異文化的衝擊，而調整自我的心情，且外派工作也不同於出國旅遊，必須完成公司交付的任務以達到工作的目標和績效（廖永凱，2006: 25），因此，外派人員所承受的心理壓力一般高於國內人員。

企業派遣員工至國外的理由，約有下列三項：一是由於因海外還未能找到具備某種技術能力或管理能力的員工；二是拓展具有潛力員工的國際視野；三是期許透過社會化和非正式的網絡進行國際化的控制和協調（Paul Evans 等著，莊立民編譯，2005: 97）。

此外，普奇克 (Pucik) 根據外派的目的及時間的長短為基礎來探究外派的動機，從此模式可以看出外派人員所扮演的角色，其模式態樣呈現如圖 13-2：

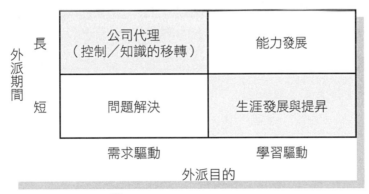

圖 13-2：外派的動機

資料來源：Paul Evans、Vladimir Pucik、Jean-Louis Barsoux 著，莊立民編譯 (2005)，《國際人力資源管理》，p. 98，臺北：麥格羅希爾。

Pucik 將海外派遣區分為「需求驅動」(demand-driven) 和「學習驅動」(learning-driven) 兩種，其中填補海外職缺的型態便是「需求驅動」型的外派。外派人員的任務大部分是為了解決某些問題及海外控制，被母國籍公司派駐至地主國扮演母公司代理人的角色。由於外派人員具備地主國員工所缺乏的

能力和技術，因此被派任至當地從事知識移轉的工作。而當子公司發展較穩定後，人力資源管理便開始改以就地取才為主，此時外派人員便僅須做好控制生產流程、資料取得及市場通路的工作。待地主國的員工所具備的管理和專業技能日益增強後，外派的動機逐漸移轉為「學習驅動」，也就是外派後期階段主要以外派人員的職涯規劃管理為主，隨著在不同國家或區域的移動，逐漸累積自身的經驗和國際觀（Paul Evans 等著，莊立民編譯，2005: 98–99；周瑛琪，2005: 289–290）。以下將介紹外派人員的管理工作內容。

一、外派人員的招募與甄選

跨國公司在招募外派人才時通常會根據公司不同的發展階段而有不同的選擇。初期因為考量母國籍的員工比較能遵守公司的目標及政策，多半會採用母國籍的人才以將技術移轉到海外的子公司，以達到組織的控制與協調。

在此情況下，一方面可以避免在當地招募不到人才的窘境，也能減少培訓的時間。當跨國公司在當地子公司發展逐漸穩定後，企業便開始著手培育當地的人才，因而轉向直接招募當地人才來從事管理及重要技職的工作。此時所考量的是，當地員工沒有語言上的障礙，不但可以降低成本，也不會發生工作許可的問題，同時選任當地的員工還可以讓其看見未來職涯發展的潛力，有助於改善士氣（廖勇凱，2006: 58–60；Peter J. Dowling 等著，莊立民、廖曜生譯，2005: 90）。因此，為了避免選任的失敗，審慎選擇就成為重要的關鍵。不少多國企業的調查皆顯示，企業會以專家的技能為重要的遴選標準。不過學者東 (Tung) (1982) 的研究指出，過度強調技術能力而忽略了外派人員適應跨文化的能力、人際關係的軟性技巧 (soft skill) 與攸關家庭因素的問題都容易造成派任的失敗（田文彬、林月雲，2003: 5）。

也因此，外派人員甄選的準則以「專業的技能」和「員工過去在國內的績效表現」為主（Paul Evans 等著，莊立民編譯，2005: 101）。但因外派工作的成敗涉及了文化、環境、心理、當地國工作、外派人員以及家屬的異國生活等層面，所以若希望外派人員在海外也有好的工作表現，在甄選時除了考

量個人工作能力、語言能力外，也須適度的運用性向測驗以挑選個性開朗、具國際觀、有包容力、勇於接受挑戰的人才。不過就多數企業的經驗發現，影響外派成功與否的要素以家庭因素和配偶力量較大，所以公司應先進行家庭訪談，詳細敘明工作的內容和瞭解員工本身的意願，在許可的範圍內給予孩童就學的安置、協助配偶找尋在外派地的工作機會或其他安排，解決其休閒娛樂上的困擾等等，畢竟外派人員在生活上無憂才可以降低外派失敗的可能（許南雄，2007: 222–223；周瑛琪，2005: 292–293；Paul Evans 等著，莊立民編譯，2005: 101–104）。表 13–2 將列舉不同的甄選方式以及這些甄選方式適合篩選的外派關鍵能力：

表 13–2：外派人員關鍵能力合適之甄選方法

外派人員關鍵能力	甄選方法					
	面談	測試	評估中心	個人資料	工作抽樣	推薦
專業與技術能力						
技術能力	✓	✓		✓	✓	✓
行政能力	✓		✓	✓	✓	✓
領導能力	✓	✓				
交際能力						
溝通能力	✓					✓
文化容忍與接受力	✓	✓	✓			
對不確定的容忍力	✓					
行為與態度的彈性能力	✓		✓			✓
適應能力	✓		✓			
國際動力						
願意接受外派的程度	✓			✓		
對派遣國家的文化興趣	✓					
對國際任務的責任感	✓					
與生涯發展的吻合度				✓		✓
家庭狀況						
配偶願意到國外的程度	✓					
配偶的交際能力	✓	✓	✓			
配偶的教育目標	✓					
對子女的教育要求	✓					
語言能力						
用當地語溝通的能力	✓	✓	✓	✓		✓

資料來源：沈介文、陳銘嘉、徐明儀著 (2004)，《當代人力資源管理》，p. 317，
臺北：三民。

二、外派人員的訓練

從國外研究所做的調查裡不難發現，選任及訓練愈嚴格者的企業，外派的失敗機率愈低，而且嚴格的派遣前訓練是成功的因素。不僅如此，實證研究也指出，跨文化的訓練與外派人員的適應及績效水準有正相關的關係（田文彬、林月雲，2003: 5）。基本上，由於外派人員本身多已具備相當程度的專業能力，故訓練的焦點主要著重在文化認知上的培養，讓員工能夠擁有處理新文化中無法預期的事件能力。所以，外派人員的教育訓練重點乃是跨文化訓練，透過對文化差異上的認知，學習尊重對彼此文化的不同，找出協調合作的可能。

初期的跨文化訓練多是運用資訊授予 (information giving approach) 的訓練模式，利用當地的簡報、影片、書籍、網路讓外派人員瞭解當地的文化習俗、工作及生活習慣，同時配合短期生活上的語言基礎訓練，以滿足員工的基本需求，讓外派人員及其家屬在短時間內能夠適應新的環境。

中期的跨文化訓練採行感染的訓練模式 (affective approach)，比前階段的訓練更為深入，以培養外派人員瞭解當地文化的一般和具體知識，利用角色扮演 (role-playing) 的形式模擬狀況劇，從當中體會不同文化的人們之行為方式和價值觀，配合與有經驗的他籍人士之互動討論來學習應對技巧，並給予當地文字和口語的訓練。當派駐的時間愈長，訓練的課程便須更加嚴謹。

跨文化的後期訓練以融入適應模式 (immersion approach) 為主，此階段企圖達到的是與當地國家文化、商業文化和社會制度融合相處的目標。藉由敏感度訓練 (sensitive training) 讓人員發現和學習原先自己沒發現的文化差異，減少文化的偏見，增加員工間信任感和相信自己能克服一切困難的勇氣。所以實地經驗使其能夠面對不同文化環境工作的挫折，並給予語言上的密集訓練，以提供員工更多機會掌握外語的技巧（廖勇凱，2006: 92–104；許南雄，2007: 259–262；Peter J. Dowling 等著，莊立民、廖曜生譯，2005: 174–181）。

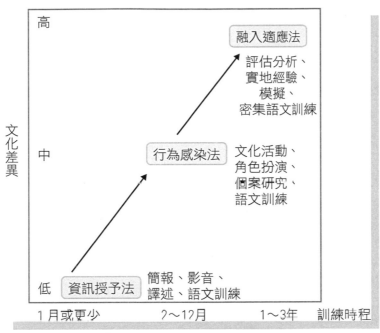

資料來源：許南雄著 (2007)，《國際人力資源管理》，p. 262，臺北：華立。

三、外派人員的績效考核

外派在海外公司代表著母公司的意志，協助公司在海外子公司培育得以勝任組織目標的員工。由於公司須藉助這群外派專才的能力，所以除了須給予優渥的待遇之外，還須配合良好的考績制度。不過在跨國企業當中，績效評估的實行並不是一件容易的事，由於外派人員是總公司派至分公司的服務者，所以究竟該由總公司來負責評定？還是為顧及當地子公司的監督規範而將考績權歸給地主國？以上種種問題經常困擾著總公司。外派人員因為任務的特殊性，不但可能跨單位、跨地域，還經常是跨文化，因此，若僅採用母公司或子公司的單一考評方式可能會有所缺漏，最好是由雙方共同選定一個折衷的考評方式較為適當。

大抵而言，外派人員同時接受母公司和子公司的績效考評，但雙方評判的重點和項目會有所差別：母公司著重在公司文化對子公司的植入程度，以及海外知識的移轉，而子公司則會將焦點放在個人能力的表現、文化適應、

管理績效上，如此可以避免母公司因為距離遙遠讓外派人員產生道德風險的機會，或因資訊上的不對稱而不瞭解其經歷，造成評價的不客觀。而子公司也能適度的阻止因績效造成人員回任上的阻礙，因為當地的文化會影響對外派人員的評價，而人員的派遣權又歸屬於母公司，如此會對人員回任後的生涯發展造成某種程度的影響。至於考評結果的比重分配可根據子公司的發展階段或是人員工作的類別來加強母公司或子公司的權力（廖永凱，2006：110–114；Peter J. Dowling 等著，莊立民、廖曜生譯，2005：153–154、158）。

另外，也有學者提出使用 360 度績效評估的觀念來考核外派人員，由主管、同僚、下屬、內、外在顧客及供應商所提供的建議讓員工瞭解自我的優、缺點，以免除跨文化所可能造成的評估誤差（許南雄，2007：300–302；Paul Evans 等著，莊立民編譯，2005：108）。

四、外派人員的福利

福利是指除了直接給予工作報酬（工資）外，企業給予員工的其他間接報酬。例如：日常勞保福利費、養老儲蓄津貼、兒女教育補貼、副食補貼、住房補貼以及本身之教育訓練補貼等（駱奇宗，2005：50）。另外，學者黃英忠（1995，轉引自陳勝文，2003：33）也提及福利的概念，即一般認為除了員工所獲得的薪資收入外，另外享有的利益或服務。其中利益是一種直接的金錢價值，如退休金、休假給付、保險等，而服務卻無法直接用金錢來表示，如運動設施、報紙、康樂活動等的提供，此兩者間有相互密切的關係，往往被視為同義詞，目的在於改善勞工生活、提高工作效率，為外派人員的基本權益之一。

若將上述福利的概念援引至外派人員上，由於企業明白國際的派遣對員工及其家庭會帶來風險與犧牲，所以會提供合適的報償以促使員工能對組織產生較高的承諾並提高績效（沈介文等，2004：317）。在蔡錫濤、張惠雅（2001）的文中認為，企業應使用輸入型的管控機制在外派人員的報償及福利上，藉由這樣的機制在薪資方面依照某個比例加發外派的津貼給外派人員。所謂管

理控制機制是母公司以管理活動協調、控制海外子公司的運作，以達成組織整體運作目標的任何正式或非正式的程序、作為及制度。若將該機制運用在福利方面，乃是透過人力資源管理部門進行市場調查並修訂符合員工所需的制度。

另外，余明助 (2004) 在其研究中探討企業如何因應外派人員所面對的派駐特性、外派任務、派駐地主國的環境及組織因素來決定所實施的駐外報償組合，發現外派至先進地區生活津貼雖然較高，但返鄉探親的頻率卻不高，反倒是在落後地區的人員返鄉的頻率較高，所以像是駐外地區在亞洲者就較強調績效的報償和福利的措施。此外若是外派人員的獨立性愈高，工作責任愈大時就應該愈重視薪資總額或給予調薪，因績效的呈現與津貼組合是成正向的關連。最後當外派地的文化與母國差異甚大時，母公司在建立駐外薪資組合時可以將本薪、績效報償及福利分配，以彈性福利計劃方式，由員工根據己身的需求和偏好來選擇。

另外，龐尼特 (Punnett) 和里克斯 (Ricks) (1991) 認為海外派遣員的福利應包含有海外紅利、危險保險、調職津貼、房屋津貼、子女教育津貼、回國休假津貼、健康津貼等。而塞爾默 (Selmer) (2001) 指出海外派遣人員的薪資體系包含有基本薪資、特別津貼及一般津貼三種 (轉引自陳勝文，2003: 33)，特針對有關福利的部分分述如下：

㈠基本薪資

基本薪資 (base salary) 是指支付員工本職工作的市場價格，不過在損益平衡的考量下，一方面要顧及員工的感受，另一方面要瞭解各國之間的國情差別，所以為求公平性須考量貨幣的通貨情形、生活成本、法令及稅賦等等問題，再加上被派至外地的員工不一定都是舉家搬遷，公司若能在薪資及福利上提供些誘因或補助方案，或許可以達到鼓勵人員的就任的目的 (丘周剛、吳世庸等著，2007: 430–431)。

通常國際薪酬的管理有兩種主要的方法：一種是地主國水平法 (going rate approach)，另一種為母國薪資平衡法 (balance sheet approach)。分別說明

如下（Peter J. Dowling 等著，莊立民、廖曜生譯，2005: 294–295；許南雄，2007: 203–208）：

1. 地主國水平法

地主國水平法是指外派於當地分公司的員工，其薪資採用當地各國外商公司的薪資。企業通常會從當地的薪資調查結構中分析，要採僱用地主國籍的員工或是同國籍的外派人員。此方式的好處在於不論是外派或是非外派的人員都一視同仁，採相同的計薪標準不僅公平也能讓外派人員認同當地國的情勢，但若派駐地的薪資水準較低，總公司須斟酌給予較多的福利和津貼來彌補，所以採用地主國水平法的缺點就是會因派駐地點的不同，造成外派人員心理上的不平衡，使大家競相往薪資較佳的地方謀職。

2. 母國薪資平衡法

此種方式是目前國際企業薪資管理最普遍使用的方式，意指外派人員不論派往何處皆支領跟母國同樣的薪資,同時結合母國與第三國籍員工的薪資，維持與外派人員在母國一樣的生活水準（如：物品和服務、住宅），再加上其他財物上的誘因（如：稅負抵沖、準備金），以彌補其因工作上的轉換而遭受了物質的損失。此種方式既可以維持同一國家外派人員的公平性，也因為薪資能與母公司系統相連結，有利於回任的順利。然缺點是，不同國籍的外派人員或是當地的非外派人員可能因為執行相同的工作，卻有不同的薪資，而造成彼此間的比較與隔閡。

(二) 特別津貼

特別津貼 (bonuses or premiums) 的部分主要包括了海外特別津貼、契約到期支付津貼與回國休假津貼三種。所謂海外特別津貼是鼓勵人員到海外工作的特別津貼，而契約到期支付津貼則是鼓勵人員繼續留於海外，不輕易中途離職於工作契約到期日才發放的津貼，至於回國休假津貼則是提供派外人員回國與家人團聚時所需用的交通費和雜費（沈介文等，2004: 318）。主要內容包含：

1. 海外特別津貼 (overseas premiums)

目的在鼓勵人員到海外工作，而在派駐國生活條件惡劣的情況下，公司會給予較高的海外特別津貼。

2.**契約到期支付津貼** (contract-termination payment)

此項津貼是在工作契約到期日所發放，目的在鼓勵海外派遣人員繼續在海外工作。

3.**回國休假津貼** (home leave)

主要是鼓勵海外派遣人員於休假時回國與家人團聚，包括交通費與其他雜費。

㈢**一般津貼**

一般津貼 (allowances) 主要指的是對海外派遣人員及家庭在派駐國生活所需的花費而給予的各種津貼，以協助其生活上的一切適應，包括住宿上支助、交通費的補助、醫療支出、教育補助、語言學習費等。除此之外，公司還會給予稅異津貼，也就是由組織來補貼外派人員在派駐國支付超過原先在母國所繳納的稅額（沈介文等，2004: 319）。詳細內容與說明如下：

1.**住宅津貼** (housing allowances)

公司對派外人員在派駐國的住宿所給予的津貼。

2.**生活津貼** (living allowances)

目的在補貼派駐國與母國日常開支上的差異，如交通運輸、醫療等。

3.**稅異津貼** (tax differential allowance)

派外人員在派駐國所支付的稅額若超過原先在母國所繳交之稅額時，公司對此部分給予之補助。

4.**子女教育津貼** (school allowance)

公司對派外人員的子女在派駐國受教育所給予的補貼。

5.**調遷與適應津貼** (moving and orientation allowance)

調遷津貼為交通費用、家具搬運費等；而適應津貼是協助海外派遣人員及其家人適應當地生活所給予的補貼，如語言學習費等。

Selmer (2001) 亦將日本多國籍企業的薪資福利體系作簡單的調查陳述其

中在福利的方面，包含回國休假津貼、醫療費補助、短期休假津貼、語言學習費用、延長退休年限、增加退休基金等。而學者李敏宰 (1993) 則指出，在臺灣多國籍企業海外派遣人員薪資體系方面，則包含有稅率津貼、匯率變動津貼、地主國保險費用、危險地區津貼、鼓勵前往地主國津貼、赴任旅費、增加退休金及子女回國後的補習津貼等（轉引自陳勝文，2003: 34）。

資訊補給站

美國電話電報公司 (AT&T) 之外派人員教育訓練 ❷

全世界最大的通訊公司 AT&T 在全球有超過 3,800 個服務據點，是橫跨了 155 個國家的跨國企業，在全球提供各種網路連線服務與客製化方案。AT&T 面對大量的外派人員，提供了相當充足的訓練，包括相關培訓和語言訓練，還有一套完善的職業生涯規劃計劃，並派有母公司的顧問，讓外派人員不但可以保持與母公司聯繫，也能在歸國後快速融入母公司。

第四節　海外僱用人力的管理

企業在國際化的過程，除了可以派遣員工至國外工作，尚可僱用當地及第三國的人力，以避免因為產業的外移而造成產業空洞化的情形（周瑛琪，2005: 300）。因此，為了落實「人才本土化」的原則及發揮地區的自主性，會採取就地取才的方式來彌補總公司外派人力上的不足，用以降低人力派任的人事成本與減少第三國人力移入的壓力。總公司透過任用這些熟知當地習俗文化的人員，可以免除語言上的隔閡，並熟悉當地顧客的需求，也方便公司與外部的互動。但在人力上可能會面臨素質上不齊、忠誠矛盾的風險，而無法貫徹總公司的經營理念（許南雄，2007: 226–227；廖永凱，2005: 229）。

另外，當母公司與當地子公司文化差距過大時，便須借用第三國的人才作為兩國間溝通的中間橋樑。一般而言，第三國員工可能語言、文化、環境

---

❷　資料來源：AT&T 臺灣官網，http://www.corp.att.com/ap/about/where/taiwan/；廖勇凱編著 (2005)，《國際人力資源管理》，p. 261–262，臺北：智勝。

上較母國籍及地主國優越，擁有較多的資訊，但在薪資及福利的要求上可能低於母國籍員工，而有其優勢。不過選派第三國員工的任用需要考量工作許可證的問題，而且當地的政府也較傾向希望自己的國民被僱用，因此選派這類的員工有著層層的阻礙。從外部甄選第三國籍的員工具備流利共通語言是必要的，而且需要關注其能力是否夠配合企業的文化。目前各國招攬第三國員工的方式皆不相同：有的從留學生中招募，有的則僱用出生在國外的當地人，或是透過報刊或電子媒介向內部或外部的專才告知各項職缺的訊息（Peter J. Dowling 等著，莊立民、廖曜生譯，2005: 115-116）。

　　企業走向國際化的思維已為趨勢，但為了建立、維繫和發展企業的認同感，多國企業在全球化的基礎下，在管理人力資源上須做到一致性，因此像這類的組織總是會面臨著「標準化─適應」兩難的抉擇。由於標準化是多國籍企業內部的驅動力，有助於組織進行控制和維繫市場的優勢，因此地主國的政府也會鼓勵子公司移轉國外的工作實務、流程和管理技術為標準。在僱用海外人力時持續性的教育訓練是必要的，不過管理者仍須注意的是必須對文化有充分的敏感度，適時的修正滿足當地的差異需求。例如在中國，員工常會為了追求較高的薪資水準而經常的更換工作，因此員工的留任及發展上須考量給予工作的保障（保證永久就業、財富與福利等），才能減緩高離職率的問題（Peter J. Dowling & Denice E. Welch 著，莊立民、廖曜生譯，2005: 244-246、254-257）。

第五節　結語

　　企業走向國際化的模式，無非是希望能夠透過全球的分工來整合國際資源以提昇企業本身的競爭實力。雖然海外的擴展是為了創造更多的公司利潤，並降低成本開銷，但在適切人才的選取和管理上卻都比國內人力資源管理來得複雜。隨著企業涉入國際市場程度的不同，在人力資源配置的考量上，如選用母國、地主國和第三國人力的比重上也會有所差異，但重要的是必須要解決多元人力在文化上所面臨的不適與衝擊。

外派人員在公司邁向全球化時扮演著連繫母公司與子公司間溝通橋樑的角色，同時也擔負將母公司的企業文化與理想傳遞到海外子公司的傳承功能。因此，外派人員素質相當重要。然而，畢竟身處的環境與以往大不相同，公司在挑選人才時不能僅考量本身的專業能力，還要考量異文化的適應力與家庭因素等，因此在挑選人才時要瞭解員工的個人特質、家庭的狀況，確定人選後需要給予相關的資訊和學習的機會，幫助員工能在最短的時間內排除心理和文化的障礙。而為了彌補員工在物質上的損失及心靈上的不安，企業應給予外派員工合理的物質報酬誘因，並讓其享有完善的福利措施。另外，對於外派員工將來回任等職涯發展也都應有完整妥善的規劃，以減少人員在外派時所產生的抗拒。

國際人力資源管理雖然會面臨本國文化與外國文化的差異問題，在員工任用、管理及績效考核等方面須加以調適，但若能夠透過角色扮演、敏感度訓練等方式讓員工能夠體驗各國不同的文化，應可以增加彼此的瞭解，有助於組織和諧的相處，同時也有利於組織的管理。此外，評估方式若能與員工充分溝通，將可以減輕員工的排斥。

事實上，國際人力資源管理在本質上與國內人力資源的觀念相仿，只不過在範圍和管理活動方面較為擴大，且環境要素更為複雜。面對經營環境的改變、通訊科技的改良，企業走向國際化及全球化已是不可避免的趨勢，如何做好人力的運用與管理乃是企業須重視的課題。

課後練習

⑴若公司有擴展的打算，請問您會主動爭取外派的工作機會嗎？不論有或無，都請說明原因。

⑵您認為外派人員須具有哪些人格特質？公司主管須提供外派人員哪些訓練和福利，才能增加外派誘因？

⑶承上題，請利用網路或報章雜誌去取得有關外派人員訓練過程和管理的資訊，並試想若您是公司的人力資源管理主管，會如何利用這些訊息進行規

劃？

(4)請分組討論，當外派國家不同時，應有哪些差別的教育訓練與規劃？

實務櫥窗

明碁 BenQ 馬來西亞廠跨國企業人力資源管理❸

明碁電通隨著產品範圍的擴大，開始將產品朝向國際化的方向前進，考量了語言、人力、匯率及當地政策等因素後，選擇馬來西亞檳城作為海外建廠的據點。明碁建廠的初期是以母公司為主體，再配合當地政策法令，並以臺灣外派人員為主體，穩定後再漸漸朝向「本土化」人力發展。外派人員以高階管理人才為主，因其具有專業能力與人格特質，加上通訊科技得以互通有無、經驗交流，故可以節省外派的訓練成本。

為求薪資管理方便，全球的外派人員都採用同一套薪資福利系統，從 2009 年起，明碁採用點數計算的方式，隨職位、派駐地點的不同而有所差異。公司與外派人員有良好的溝通才能免除外派的憂慮。另外，明碁的外派人員隨著日後公司的擴張，可在全球不斷流動，不會有回任困難的問題。

面對全球化的考驗，明碁電通以原公司的規定為原則，再配合當地文化稍作調整，以朝向穩定擴張的目標發展。

個案研討

外派危機意識——隨時警覺　免得丟掉工作❹

曾任職日商臺灣分公司外派職員的邱天元表示，外派人員至少需要具備跨文化整合能力和生活適應力。即使語言可通，但是各地的文化和習慣

---

❸ 資料來源：龐寶璽 (2007)，〈多元種族下之跨國人力資源管理——明碁電通馬來西亞廠個案探討〉，《2006 國際人資管理學術與實務研討會專集》，桃園：開南大學。

❹ 資料來源：鄭秋霜 (2009.05.08)，〈無心插柳揮灑第二春〉，《經濟日報》。

還是有很大的不同，如果外派人員無法接受當地文化，則難以勝任；還要能夠適應一個人在異鄉寂寞的心境。對此，也有外商提供高爾夫球證等福利，讓員工打發寂寞的時間。

但是外派人員在出國前要作好充足的心理建設，包括了安家和丟掉工作的準備，外派人員回國後可能會面臨卡位失敗的狀況，也可能不再被重用。在外派前，必須仔細思考如果面對這些情況該如何平衡自己的心態或是未來的生涯規劃。

問題與討論

1. 若您是外派人員，是否擔心回國卡位失敗的問題？又如何避免這種情形的發生？

2. 站在外派的人員立場，您該做好哪些心理上的調適？對於未來該有何生涯規劃？

14

臺灣特定之人力資源管理

東城會館　幫臺商升級❶

　　在東莞臺商協會東城分會施正國會長的支持下，臺商們集資修建完成了東莞臺商協會東城會館。除了內設會議室、圖書室、接待室、辦公室等之外，特別是其中的「東城商業規劃公司」，協助臺商與當地政府進行協商談判及參與政府的大型開發案。視聽教室則開設語言、管理等課程，可提昇臺商能力；圖書室中則有收藏許多臺灣的圖書及影音，可讓臺商下一代充分認識臺灣之美，且學習臺灣傳統文化。

　　臺商前往大陸開拓市場的趨勢已不可避免，當中不免會遇到許多問題，東城會館的設立讓臺商有一個可以互相幫助、成長的管道，也是臺商們共同的避風港。

　　臺商到中國大陸投資雖沒有語言隔閡的問題，但因兩岸文化和民眾價值觀有很大的差異，因此需要有類似報導中的東城會館來協助臺商提昇自身的管理能力，同時增加對當地的瞭解。基於此，本章乃以臺商的人力資源管理為主軸，另外再輔以外籍勞工管理以作為臺灣特殊人力資源管理探討的內容。

═第一節　臺灣特定的人力資源管理問題═

　　自從 1987 年我國解嚴開放臺灣民眾赴大陸探親後，兩岸之間的經貿交流便日趨頻繁。根據經濟部統計處的資料顯示，我國對中國大陸的投資截至 2010 年共有 1,462 萬美元之多，相較於 2000 年的 261 萬美元，有相當大幅的成長。其中又以電子零件製造或是電腦、電子光學製品佔大多數。由此可知，雙方在經濟上存在著相互依賴的關係。

　　不僅如此，為了減少兩岸在往來互惠所產生的阻礙，還簽訂了 MOU (Memorandum of Understanding) 及兩岸經濟合作架構協議 (Economic Cooperation Framework Agreement, ECFA)，讓金融業者得以進入中國市場，擁有和其他外資「同等」規格的待遇。雖然兩岸人口起源於同種文化，但囿

❶　資料來源：賴錦宏 (2008.05.06)，〈東城會館　幫臺商升級〉，《聯合報》。

於意識型態、價值觀念、勞動法規等種種差異，遠赴大陸的臺商不能一味引用在臺的管理經驗，在面對當地員工時，從人力招募、選用勞動契約的訂定，都需要做彈性且人性化的調整。另外，隨著我國外貿的發達及產業結構的轉型與外移，國內產業為求降低生產成本開始引進外籍勞工來彌補勞動力的不足。因此，面對不同國家文化員工的加入，管理者如何建構良性的勞資關係，對臺灣的管理者而言也是一項重要的課題。

第二節　大陸臺商的人力資源管理

在勞動成本昂貴的今日，擁有超過 13 億人口的中國大陸被視為擁有豐沛的勞動力資源。對外資廠商而言，這乃是吸引臺商或外商前往投資的重要因素。這點可從徐明儀及沈介文 (2003) 對赴大陸投資的臺灣企業所做的問卷調查分析而得到證明。由於臺灣國內經營環境的變遷，導致要素市場產生結構性的改變，對於需要大量勞動力及土地資源供應的製造商來說，在比較利益和產業競爭的考量下會向外尋求低廉的勞力成本和替代的原料，而中國大陸就是較佳的考慮對象。

大陸的經濟發展自 1979 年鄧小平實施改革開放及海峽兩岸開放交流後，開始從沿海地帶延伸到北方和內地或是向環渤海地區挺進，而臺商在大陸的經營也是朝向此形式進展（蕭新永，2007: 22）。由於「大陸的投資熱」在臺仍方興未艾，且兩岸之間經貿的互補性也相當高，因此目前大陸已是我國對外投資的重要對象。而另一方面，臺商的投資也為大陸的經濟改革注入新的活力。基於此，為了使臺商在大陸的經營更為順暢，對於當地的勞動環境與法令制度，甚至是民眾的價值觀都需要有深度的瞭解與認識。

一、影響中國大陸勞動環境的法制

雖然中國大陸在政府大力推動經濟改革開放後，不論是社會及經濟層面都較以往有更多的自由，但因長時間在共產及集體主義的統治下，國家體制的走向依然是以社會主義為主。國家的發展倚靠著龐大的勞動工人，在意識

形態上強調「工人是領導階級」、「工人是國家社會的主人翁」，所以社會立法對勞動者採取相當的保護。但這樣的勞動文化有異於臺灣，對臺商及其人力資源管理也產生不少有形及無形的影響。以下作者整理介紹幾項影響當前大陸勞動環境的重要法制（蕭新永，2001: 27-29；蕭新永，2007: 23-28）：

㈠法令的設置

勞動法令的設置讓外資企業須擔負員工的各種社會保險，琳瑯滿目的集體福利項目更使得勞動成本增加。如：基於國家政策給予計劃生育獨生子女的補貼、工資水平不受物價上漲影響而支付的副食品價格補貼等。

㈡特殊的二元化戶口制度

中國在 1958 年施行的《戶口登記條例》將人民分為了農業及非農業的戶口，限制農村人口流向城鎮地區，所以若人民要從內地至沿海地區就業，須隨身攜帶各種證照。首先須具有戶籍所在地勞動部門核發的「外出人員就業卡」，其次還須領取企業所在地勞動部門核發的「外出人員就業證」，最後還要有公安部門核給的「暫住證」才能被錄用。

但自 2005 年底，中國開始著手改革戶籍制度，將逐步採用一種全國性的居住證制度，以取代目前的實行的城鎮鄉村二元化戶籍制。

㈢人事檔案紀錄及單位制度的設立

此二者掌握了每個人的生活及工作的關係，使人的一生從出生到死亡都受到單位的影響和控制。人民唯有隸屬於某個單位，如學校、企業、黨政機關、工會等，其社會生活和人際關係才能發展穩當。因此，單位可以發揮給予職業介紹和身分的證明、規劃及評價工作，提供社會保險、生活設施與集體福利等功用。

㈣一胎化政策

企業在招聘員工時受到大陸特殊社會制度的影響，在僱用員工時多了一層防線，即須查核其所提供的「計劃生育證」，瞭解婚姻及生育小孩的狀況。員工若是違反了超生一胎的事實，要有受罰的心理準備，而任用企業主單位也背負著社會的責任。

二、臺商在中國大陸的人力資源管理

中國大陸由於制度、文化、生活習性迥異於臺灣的環境，而且改革開放後大陸的社會環境也面臨傳統道德標準和追求個人主義的價值錯亂問題，即使長期處於中央集權的社會，個人也開始爭取自主的權利。經濟體系更是不同於以往，從封閉的計劃經濟過度到市場經濟結構的導向。臺商在面對不同文化差異的地區，以及大陸改革開放後世代交替的勞動群體特質之不同，該如何進行合適的選才以穩固分設在大陸的業務都是重要的課題。以下將分別從招聘員工、員工管理與臺籍幹部管理三方面做說明：

(一)招聘員工

一般認為，大陸員工是量多且價廉的，但因改革開放後社會及經濟環境的改變，勞動市場出現了分歧的現象：因地區經濟程度發展的不均和跳躍式的經濟成長，貧富知識的落差使得人力資源的素質差異甚大，而且在世代交替的情況下，在集體主義環境生活的中生代勞動者與具世界觀的新生代勞動者的工作態度有很大的差異。因此，臺資企業在面臨對外招募員工時要考量的因素有下列幾項（廖勇凱，2005: 393）：

1. 要瞭解員工的來歷與素質，同時評估與衡量員工對公司可能帶來的影響與教育訓練所需投入的資源和管理成本。

2. 由於近年來經濟發展快速，部分地區工廠擴增迅速，造成人才短缺，因此可能會發生不得不調高薪資以達到招募目的的情形。

另外，中國大陸雖然人力雄厚，但人才卻缺乏。縱然所有大學的 MBA 都投入中高階經理的人才市場，仍不足所需，故容易產生「頭銜膨脹」(title inflation) 的現象；即造成公司內幹部升遷快速，經歷與實力卻不足以符合實質職務的情況，所以企業若要招聘高級人才，勢必花費較高的代價。

外資企業進入大陸市場後，多招聘當地員工或是採取公司的本地化策略，一般來說，招聘大陸的員工有三個主要的途徑（何采蓁，2002: 17）：

1. 透過企業或工廠所在地的勞動局或相關行政單位，招募本地或跨區的

　　勞工。此方式為大部分工廠徵聘的作法。

2. 透過外資企業服務中心推薦和招聘人才，因為許多外資企業會與服務中心合作，成立人力資源資料庫和人事管理檔案。

3. 透過公司員工的推薦找到合適的人才，如此公司可以省卻背景調查的麻煩。

　　整體而言不論企業採用何種途徑招募人才，員工的面試、填寫履歷表、繳交自傳、核對身分證都是必要的步驟，甚至為了職務需求還可請他協助提供相關證件，以便瞭解員工的背景及親屬關係。如此作法，除了預防員工日後出事或做出違法情事時無線索可循外，還可藉此杜絕假證照，用以確保員工的素質（何采蓁，2002: 17；吳美連，2005: 500）。雖然三種方式都是招聘的主要途徑，但還是以依政府相關規定晉用員工較能避免員工無法勝任職務，或是產生無法解僱的麻煩。接受員工的推薦很容易在公司內部裡形成小團體，可能會有集體罷工拿翹或是威脅談條件的情況。至於在面試方面，由於因大陸民眾的口才普遍較同齡臺灣人強，容易過度吹捧自我的能力與經歷，所以還是要以實際能力測驗為主（吳美連，2005: 500）。不僅如此，面試上有個好處，即好讓臺商在甄選人員時，順便審核證件的真實性。但因假證照在中國大陸猖獗且取得容易，面試只能當作預防的手段之一，有時還需要透過原單位的人事檔案或是透過電話、網路查詢來做身分及資格背景的印證（廖勇凱，2005: 396–397）。

　　近年來，不少企業除了依靠政府、企業、員工的力量去尋求人力外，也運用其他的管道來招募員工。例如利用區域優勢的概念來尋求高級人才，而上海即是個可列入重點考慮的地區；又如一般階層的人力資源便可考慮具產業群聚效應的城市，如華南的珠海及深圳便有勞力聚集的功能，可以減少招聘成本廣告的支出，或者可選擇獵人頭公司、登報的方式，當然也可以深入校園以建教合作或是實習的方式預約優秀人才（廖勇凱，2005: 395）。只不過，招募人才的管道即使多元，但如何管理這些募集而來的各式人才則又是一個重要的課題。

資訊補給站

大陸因地制宜的招募策略 ❷

隨著經濟的快速成長，昔日量多價廉的大陸勞工已不復見，造成勞工素質分歧的原因包括：由於勞工來自全國各省，貧富和知識差距皆大，造成勞工素質參差不齊；再者，經濟重點發展區開發快速，勞工供不應求，企業不得不祭出高薪招募人才；再加上雖然勞工人數眾多，但是「白領、骨幹、精英」卻十分缺乏，各企業莫不用盡全力網羅這些人才。因此在招募人才時必須特別要注意人才的差異性。以下為現今臺商使用之招募五大策略：

1. 人才來源選擇策略：優先採用當地員工可以建立較深入的在地關係。但當地員工因為資訊來源充足，較容易跳槽至其他公司。

2. 招募區位選擇策略：上海或北京可尋覓高級管理人才；可利用有群聚效應的都市招募其他階層的人才。

3. 薪資福利求才策略：藉由同業的薪資水準找出最符合自身效益的薪資平衡點，定出最適合的薪資。

4. 招募宣傳選擇策略：要切實的根據公司特色和優勢作宣傳，絕對不可言過其實。

5. 招募管道選擇策略：利用不同管道網羅適當的人才。例如利用獵人頭公司尋覓高階管理人才；一般員工則可利用登報或口頭介紹等方式。

在招募人才後，更重要的是該怎麼留住員工的心，須配合完善的制度，才能讓人才為企業效命。

㈡員工管理

雖然臺灣和大陸有著同源的文化，但卻因發展背景的不同，以至於兩岸民眾在價值觀上出現很大的差異，而這也直接影響管理制度與方法的使用。在社會主義的規範下，中國大陸在管理上衍生出一套集合社會、政治、倫理

---

❷ 資料來源：廖勇凱編著 (2005)，《國際人力資源管理》，p. 48–53，臺北：智勝。

體系的照顧制度，造成人員對組織單位依賴，長期追求齊頭式平等的主義，極力的保護平庸而抑制能者，甚而有了詆毀競爭心態。此外，坐擁大鍋飯的心理也造成大陸員工缺乏效率和品質的觀念、漠視職場的整頓而慢條斯里的作業態度。相形之下，臺灣在管理上朝向追求利潤、尊重能力主義與不受特定主義思想束縛的務實觀念確實與大陸有相當大的不同（蕭新永，2001: 36；蕭新永，2007: 58）。

 資訊補給站

臺商招募大陸人才應注意事項❸

　　臺商在招募大陸員工前，要先確定編制和設置計劃，再經企業主管部門和企業所在勞動人事部門備案，才可開始招募。作業程序如下：

1. 編制的勞動計劃應註明企業性質、工作類型和僱用條件等，此計劃與制訂的招工簡章要一起交由當地勞動人事單位備案。
2. 備案後即可透過傳播媒體或藉由當地人才市場與勞動部門的協助進行招募。如果招募人數會影響戶籍，也要向當地部門申請批准後才可進行招募。
3. 員工在繳交證件、簽訂合約後就完成手續。

　　居乃台 (2008) 將中國大陸的員工工作價值觀做進一步的分析探討，並納入社會的脈絡及歷史文化因素為考量，將其行為做出階段性的分類。他指出，在 1940 年代末中國大陸因經歷了抗日及國共抗戰，造成了嚴重的通貨膨脹，社會裡人民深受儒家思想的影響刻苦耐勞、安分守己的過日子。然而自 1949 年開始，毛澤東及馬列思想取代了前者，國家政策走向產業集中、土地國有化，在這樣集體主義的氛圍下，社會價值偏向人人均等、服從權位、為集體利益犧牲個人利益。一直到 1980 年代後經濟開始起飛，社會快速的工業化、個體戶也開始大量的增加，顯示出一般民眾對物質需求的追尋。到了 1990 年代末期，由於進入職場的員工多為一胎化政策下出生的一代，對於工作的價

---

❸　資料來源：兩岸經貿服務網投資專欄，http://www.ssn.com.tw/eip/front/bin/ptdetail.phtml?Category=100019&Part=3-7-1。

值漸漸從物質轉向自我認知的精神層面，對家庭的溫暖、子女成材、工作成就、生活富足等因素有較多的考量。因此在現階段對於招聘而來的大陸員工，在工作管理上要注意下列幾點：

1. 工作績效

管理大陸員工最頭痛的莫過於員工聽不懂指令而老是出錯，不然就是失誤或犯錯後直推託責任，直到證據被發現才肯承認、道出原委。這時管理人員若只是一味的抱怨是無法瞭解問題，因為員工既然不瞭解公司的期望，就以書面資料一步步的交代，並緊盯著每一個環節步驟，要求其按部就班進行以減少差錯。平時多與員工溝通、給予尊重，花時間讓員工明瞭做完並不等同於做好的觀念，給予清楚的標準、責任分明對於提高工作績效才有幫助。另外，管理者本身也須「以身作則」，大陸員工雖然毛病不少、欠缺創意，但若是肯投入心力培訓，再加上員工肯努力必可勤能補拙（何采蓁，2002: 40–55；吳美連，2005: 498）。

2. 薪酬及福利管理

中國大陸目前的薪酬管理歸納有區域性、動態性及彈性三大特性。依照大陸勞動法規的規定，臺資企業的投資應依當地法律辦理設計薪資體系，每兩年政府會依各地區物價水準與勞動市場的供需調整最低工資的標準，由於中國大陸行政命令的頒布具有法律的效力，因此管理人員須隨時關切當地勞動局的最新消息。又因各地的規定多有不同，所以在實際執行上也會有較多的彈性（廖勇凱，2005: 400）。整體而言，中國大陸的勞動法規相當保護員工，且員工通常對於法規的內容也瞭如指掌，除了謹守權益外，對於本身該享有的利益也絕不放過。另一方面，由於臺商面對大陸員工多存有戒心不免對其採用軍事化的管理，然而若要達到留住人才的目的，應改採人性化的方式對待員工，以提高員工對公司的信賴與忠誠。至於在獎勵制度的設計上更要讓員工有直接受益的感覺才達到激勵的效果。因此，對於表現優異者可給予績效獎金以留住人才，如此也讓其員工瞭解只要認真工作就可得到應有的報償（何采蓁，2002: 116–168；蕭新永，2001: 110–111）。雖然大陸勞工因較缺乏

品質與效率的觀念而造成管理上的困難，但組織若能訂定明確的管理制度與清楚的加薪標準，不存有婦人之仁依規定辦理，相信將能降低管理上衝突的產生。

㈢臺籍幹部管理

臺商至中國大陸投資設廠代表著公司有意擴張經營版圖，或是為了爭取廉價的生產成本，因此可歸納為國際企業的一種。在國際企業中最常面臨的問題即是如何管理地主國、第三國的員工等問題。然而因臺灣與中國大陸同文同種，較不需要借用第三國員工的協助，所以管理者僅需要面對外派人員的管理問題。

派遣至中國大陸工廠的臺籍幹部承擔著傳承和技術移轉的重責，在當地的工作任務幾乎是全職能且須一天 24 小時隨時待命。不僅如此，在迥異於臺灣的工作環境中，還需要面對不同價值觀、人際關係等的文化差異，溝通上的障礙及身心的疲憊總是讓派外人員有打道回府的念頭（蕭新永，2007：347–348）。然而，之所以有這種現象的產生或許是因為外派人員抱持著短期派遣的心態，因自認沒有文化差異，所以對跨文化的學習不深入，一直在工廠這封閉的環境中過著在臺的生活模式，因而造成無法理解所處理之事務，難與當地的同事有良好的溝通（廖勇凱，2005：403）。因此，要讓臺籍幹部發揮其能力，需要克服下列幾點問題（廖勇凱，2005：406–407；吳美連，2005：502–503；蕭新永，2001：240–245）：

1.工作適應問題

臺籍幹部為追求成本、效率及品質，必須不眠不休的連續工作才能完成使命，因此須具有獨當一面的人格特質，良好統馭的能力、果斷的決策力與管理技巧和經驗。但最重要的是須有健康的身體和嚴謹的私生活。

2.文化適應問題

即使兩岸人民是同文同種，但分隔了 50 多年之後因受到不同意識型態與教育的影響，難免會產生雞同鴨講的情形。因此臺籍幹部在派遣前須蒐集有關當地風俗民情與法規的資料，並舉行文化講習和行前教育訓練。為了有效

扮演好母公司與當地營運公司之間的溝通橋樑，人際溝通及公關能力是需具備的重要條件。

3. 能力不足問題

有些臺籍幹部被派駐至大陸，公司給予比原先在臺更高一層的職位，以讓被派外的員工能擁有榮耀感，施展更大的抱負，但這樣的情況在大陸員工的服從及尊敬的心態下容易暴露出能力不足的缺陷。因為有雄心壯志的大陸員工原本想從主管身上學習專業知識和先進的觀念，但若主管無法滿足其需求，甚至在管理技巧及視野上顯現其不足後，雙方之間就容易產生相處上的摩擦。因此應鼓勵這些臺籍幹部再次學習成長以突破窘境，例如憑藉在臺學歷到大陸的重點大學再進修，或是參加大陸註冊會計師、律師、工程師資格的考試學習第二專長等等，以彌補自身能力不足的問題。

4. 職涯發展問題

臺資企業在中國大陸的規模不斷擴張，導致幹部的職缺需不斷的補充，再加上母公司的規模逐漸縮減，即使回歸母公司也未必有相應的職位可接替，因此歸國的機會渺茫。尤其有些外派人員當初是放棄在臺漫長的年資而就任，對於自己能被派遣多久、何時能返任都存在著不確定性，所以人力資源管理者必須對這些臺籍幹部進行職涯發展規劃。

5. 家庭問題

臺資企業派遣已婚幹部至中國大陸，配偶往往是最大的阻力，因為多數配偶皆深怕伴侶前往大陸開創事業，時間一久耐不住寂寞，會發生感情出軌的問題。雖然有些公司規定臺籍幹部回宿舍的時間，以減少上述情形的發生，但依舊難以 100% 杜絕，因此有公司便規定，一旦幹部發生感情方面的問題，就會立即被資遣或調回臺灣。而幹部若能夠攜眷一同前往，卻也可能面臨兩岸的教育體制和意識形態不同使得子女的教育和就學出現不適的情形。目前大陸地區經我教育部核准立案之臺商子女學校共有三所，分別為東莞臺商子弟學校、華東臺商子女學校以及上海臺商子女學校，均設有小學、初中及高中，其中東莞臺商子弟學校還設有高中職業類科。另外，在上海與北京都有

國際學校或外僑子弟可就讀的學校，可以相當程度的解決臺商子女在小、中學階段的求學問題。然而，這些學校的學費通常較為昂貴，並非是每位臺籍幹部家庭都可以負擔得起，因此派遣公司須對攜眷的子女教育進行全盤的規劃。對此，中國大陸方面於 2005 年也釋出了善意，願意讓臺商子女就讀大陸的學費比照其公民，所以能減緩這方面的問題。

綜上所述，由於臺籍幹部到中國大陸工作通常負有開荒拓土與經驗傳承的重大使命，所以臺資企業對臺籍幹部與其家人加以照顧被視為是理所當然的。除此之外，為了增強幹部赴大陸的意願，企業須留意新赴任員工在組織文化方面的適應，同時對這些臺籍幹部進行職涯發展規劃，以降低因不確定感所產生的恐懼。然而，即便如此，臺籍企業在中國大陸的人力資源管理依然潛藏著問題。由於臺灣派遣到大陸的中、高階主管，多半被賦予加強企業的開發進度與控制管理之使命，卻因其對市場及資源掌控不如大陸幹部對於市場及人脈的熟悉，所以多由大陸幹部扮演著承上啟下的中間角色。但即使大陸幹部對於企業有不小的貢獻，在薪資與升遷方面卻不如臺籍幹部，社會地位也未能有顯著的提昇，無法與臺籍幹部平起平坐或是獲得應有的信任，容易衍生管理上的衝突並影響組織的工作士氣，進而導致優秀人才對進入臺資企業的意願趨於保守。

第三節　外籍勞工的人力資源管理

1980 年代我國經濟雖然快速成長，但就業市場卻因人口節育政策的倡導，以及社會生活水準的提昇和教育程度的提高，使得一般人民對於粗重耗費體力的工作不感興趣，即使勞動工資逐年大幅攀升，依然產生勞動力成長趨緩、青少年投入勞動市場時間延遲等基層勞動力供給不足的現象。在缺工的壓力下，非法外籍勞工湧入問題日益嚴重，加上當時政府正積極推動六年國建，需要大量的營造工人，因此行政院勞委會於 1989 年 10 月首度公告引進外籍勞工，以舒緩重大公共工程建設大量人力需求之壓力。另一方面，由於婦女勞動力參與就業率逐年攀升，需要家庭幫傭者日增，政府為開發婦女

潛在勞動力，以紓解國內勞動力之不足，遂於 1992 年 8 月開放引進外籍勞工為家庭幫傭，並通過實施《就業服務法》，進一步將外勞的引進與管理法制化❹。

一、我國引進外籍勞工的背景與現況

對於外籍勞工的定義最常見的說法即是離開母國而至他地尋求更好工作的人，其中包含有循合法管道進入工作的「合法外勞」，以及用偷渡或其他如觀光等名義入境不法打工的「非法外勞」。

在臺灣，外籍勞工可分為兩種，一種為「藍領」（又稱外籍勞工），而另一種則是「白領」（又稱外國專業人員）。根據目前的法規，外勞的薪資等勞動條件受《就業服務法》與《勞動基準法》規範，其中《就業服務法》第 42 條規定，「為保障國民工作權，聘僱外國人工作，不得妨礙本國人之就業機會、勞動條件、國民經濟發展及社會安定」。因此，僱主必須先經申請許可才能僱用外國人。而《就業服務法》也要求注意並且通報政府外國勞工的健康情形、行蹤等等。外國勞工如果有居留證，則適用全民健保。另外，藍領外勞在臺灣工作時間以 3 年為一期，第一期期滿以後經僱主同意可以續約一期，但第二期期滿後則必須回國，不能再續約，而且在工作期間外勞不能自行轉換僱主❺。依我國勞委會職業訓練局的統計，截至 2010 年年底在臺外勞人數約有 39 萬人，其中以越南籍、印尼籍、菲律賓籍及泰籍為主，而其所從事的行業以醫療保健及社會工作服務業為主，製造業次之，多半為看護工及家庭幫傭。

二、外籍勞工所引發的問題

隨國際間工資的差異，跨國家的勞工流動遂成為必然的現象。由於東南

---

❹ 資料來源：林昭禎 (2005.09.14)，〈正本清源解決外勞問題〉，《國政分析》；黃英忠、曹國雄、黃同圳、張火燦、王秉鈞著 (2002)，《人力資源管理》，p. 350，臺北：華泰。

❺ 資料來源：維基百科，〈外籍勞工〉，http://zh.wikipedia.org/wiki/%E5%A4%96%E7%B1%8D%E5%8B%9E%E5%B7%A5。

亞國家的平均薪資遠低於我國，因此這些國家的民眾會希望到我國尋找工作的機會。但對我國而言，為兼顧國人就業的權益及國內勞動力的需求，採取「限業限量」與「總額管制」的方式開放引進外籍勞工。然根據研究顯示，開放引進外籍勞工可能發生下列幾項問題（陳啟光、顧忠興、李元墩、于長禧，2003: 61）：

㈠外籍勞工的管理問題

管理基本上可以分為工作管理及生活管理兩種。企業或個人若沒有管理外籍勞工的經驗，彼此間容易發生衝突。對此，我國在 1998 年通過「加強外籍勞工管理」方案，當中有明確的規範方式以督促僱主落實外籍勞工管理。2010 年，勞委會規劃「加強外勞管理及改善外勞行蹤不明方案」，採取預防、查處、裁罰及政策檢討等四面向進行推動，將採重罰非法僱主及非法媒介以遏止外勞行蹤不明的狀況。

㈡外籍勞工適應及心理障礙問題

外籍勞工由於自身文化不同、語言不通，以及生活習慣的不適應，容易出現害怕觸犯禁忌或因行為不當而產生焦慮與心理不適的症狀。

㈢外籍勞工造成的社會問題

外籍勞工因為生理及心理上的不適應，可能導致擾亂社會治安、破壞環境、降低本國勞工就業機會等的社會問題。

㈣外籍勞工的健康問題

由於引進的外籍勞工多來自東南亞的熱帶國家，該地衛生條件皆較我國來得差，因此可能帶來疾病和傳染病的機會較高，所以對外籍勞工施行定期健康檢查乃是預防的第一防線。

然而，外籍勞工的管理也不是件困難的事，如能施行人性化管理，給予相當的尊重，即能創造和諧的勞資關係。以高雄聚亨螺絲公司為例，雖然引進外籍勞工來參與生產線工作，但是公司對外籍勞工的管理方式與本國員工大致相同：每天下班後，外勞可以自由外出，規定晚上 11 點前要返回宿舍，如無理由逾時遲歸才會處罰。至於薪資方面，除了每月固定扣除 2,500 元的

膳宿費外，其餘均由外籍勞工自行保管處理。又如高雄燁聯鋼鐵公司也有引進外籍勞工，對於外籍勞工也相當的尊重，為了讓外籍勞工能夠安心工作，在作業現場會特別為他們設置專屬的用餐區、休息區，在宿舍管理上也強調人性化生活管理。由於本籍勞工與外籍勞工間互動良好、相處融洽，員工們的工作效率多能符合公司預期的期待。所以若能將外籍勞工當成一般員工，以同理心對待應該都可以避免衝突對立的發生。此外，彰化縣建大工業股份有限公司對外籍勞工的管理也與高雄聚亨螺絲公司類似，亦即用相同的規範來對待所有勞工，也使用同樣的規範來管理員工，若遇到屢勸不聽的外籍勞工就交由仲介公司帶回。由於該公司認為，外籍勞工來臺灣工作目的是為了賺錢，所以對於表現好的外籍勞工就給予較多的加班機會，若工作達到預期目標者即會發給獎金、禮券，同時給予外籍勞工參與自強活動的機會，對於表現優異者並予以表揚。換言之，乃是將外籍勞工視同本國勞工般對待，以獲得認同與信任❻。

除了以上所提及的人性化管理外，對於外籍勞工也須進行訓練與輔導，以期早日克服文化上的衝擊。只不過由於我國引進外籍勞工並非單一企業的特殊需求，所衝擊和影響的是整體國民生計，因此做好外籍勞工的管理以避免造成社會問題是有所必要的。然而，回顧近幾年來發生的外勞事件，其所代表的意涵並非僅是外籍勞工對於臺灣社會環境所造成的危害，同時也反映出外籍勞工在臺灣社會所處卑劣的地位與不平等的對待。因此，為避免外勞受到不平等對待，勞委會自 2009 年 7 月起設置「1955 外籍勞工 24 小時諮詢保護專線」，該專線為免付費、24 小時全年無休，並提供印尼、越南、泰國、菲律賓等多國語言服務，通話內容以諮詢案件最多，高達 97%，申訴案件約 3%；在諮詢與申訴類別方面，主要以契約、工資、工時與仲介事項最多。以 2010 年 4 月為例，平均電話量超過 1 萬 4,000 通，比前一年 7 月開辦初期成長了 4 成 7，每月申訴案件也成長了 6 成，而通話量的成長正代表著 1955 專

---

❻　資料來源：張信宏、林上玉、吳玉貞、吳再欽、李建坤 (2005.08.26)，〈外勞管理：相互尊重　持同理心〉，《民生報》。

線已逐漸被外勞所信賴。

三、外籍勞工問題的迷思

臺灣自 1989 年正式開放引進藍領外籍勞工以來，許可聘用外籍勞工的行業項目一再擴張，目前法令允許行業項目的包括家庭幫傭、監護工、重大公共工程、重要生產行業以及外籍船員等，大致上多為危險 (danger)、骯髒 (dirty)、辛苦 (difficult) 的二 D 行業。在臺灣，由於這些外籍勞工被定位為暫時遞補勞動力的「客工」(guest workers)，所以其勞動條件是臺灣勞工市場的最低下限，權益和人身自由也處處受到僱主限制與法令束縛❼。整體而言，一般對於外籍勞工所產生的迷思有以下幾點：

(一)就業機會的排擠

在經濟不景氣時，引進外籍勞工最為人詬病的是佔了本地勞工的工作機會，造成本國民民眾失業人口的攀升。然若觀察其薪資結構可以發現，由於外籍勞工的工資較為廉價，且勞動條件差，對本國勞工來說，不見得願意投入這樣的勞動市場，所以應無所謂排擠本國員工就業機會的問題。

根據勞委會 2010 年外勞管理調查，以營造工為例，原住民工人的月薪約 3 萬 6,000 元，而外籍勞工的平均薪資只有 2 萬 3,133 元。在家庭監護工方面，臺灣看護月薪至少 3 萬元且只上白天班，但外籍看護則除了上全天班，還得包辦所有家事，全年無休，但平均薪資卻只有 1 萬 8,341 元❽。縱然《勞動基準法》第 24 條對加班費有明確的規定，但有些工廠只願意給付每小時少額的加班費。甚至有些工廠在接不到訂單時會以強迫休假折抵加班費，或者乾脆以論件計酬的方式，變相減少加班費。對此外籍勞工多僅能選擇沉默以對，因為一來擔心有可能被僱主遣返回國，即使對僱主有怨言，也須隱忍到債務還清為止；二來缺乏對抗資方的法律知識，雖然勞委會有發給「外籍勞工在

---

❼　資料來源：蔡佳珊 (2004.02)，〈作客台灣──外勞的夢想與屈辱之旅〉，《經典雜誌》，第 67 期。

❽　資料來源：陳素玲 (2011.05.16)，〈外籍看護　平均時薪 47.3 元〉，《聯合晚報》。

華工作須知」，但這些冊子往往被仲介收回，所以外籍勞工多半不清楚關係自身權益的法律規定，難以向僱主爭取權益。

㈡工作傷害

超過生理極限的超時工作，往往會帶來嚴重的意外和工傷，但外籍勞工為賺更多金錢以改善家計、脫離貧窮，不免希望加班或夜班愈多愈好。然而外籍勞工一旦發生職業災害，為了避免安全檢查可能影響不利工廠的正常運作或造成麻煩，老闆通常會將傷者，甚至連同在旁目睹的外勞一併遣返。雖然根據《勞工安全衛生法》規定，僱主如果沒有盡到預防職業災害發生的義務，而造成員工死亡或重傷害者必須受處罰。但在司法實務上，法院往往只判處僱主 6 個月以下有期徒刑，易科罰金即可了事，對僱主來說根本無法發揮整體的作用。除了勞動的營造外籍工人外，最常發生在外籍家務工作者的工作傷害即是性騷擾與肢體虐待。相較於工廠或工地的團體生活，外籍女傭或監護工多是單獨一人居住在家庭之中，當其遇到問題時往往孤立無援，總是等到事態嚴重才爆發出來❾。

另外，由於家庭幫傭與監護工的工作地點皆在僱主家中，因此實際工作時間與休息時間難以明確區隔，因《勞基法》中並未將此問題納入，以至於部分外籍勞工受到食宿差、工時過長、沒有加班費等不合理待遇時卻申訴無門，這也導致 2009 年底上百名屬於社福類的外籍勞工（看護工和幫傭）到行政院勞委會抗議，要求合理休息時間。2010 年初政府在輿論的壓力下做出了回應，由行政院勞委會擬定《家事勞工保障法》草案，使從事相關工作的 17 萬名外籍勞工，未來在基本工資、特休假、傷病假、領取資遣費等方面，都能比照本國勞工受到《勞基法》的保護。此草案的擬定外籍勞工的工作情況能獲得大幅改善與保障，但因該草案尚未將「每日工作不得超過 8 小時」的規定納入，仍有檢討修正的空間❿。

---

❾ 資料來源：蔡佳珊、李光欣 (2004.02)，〈外籍勞工在台滄桑——勞動在異鄉邊緣〉，《經典雜誌》，第 67 期。

❿ 資料來源：徐忠佑 (2010.01.14)，〈勞委會擬立法保障外傭　外勞團體籲規範每日工時上限〉，《中央廣播電臺》。

㈢外勞的仲介制度

目前臺灣的外籍勞工引進皆是透過仲介公司。原來這些仲介公司只能收取簡單的介紹服務費用，但部分不肖業者卻與當地人力仲介狼狽為奸，將引進臺灣的外籍勞工視同奴隸，以各種名目強加剝削，收取高額的仲介費，平白坐享暴利，甚而還發生仲介公司與政府官員之間存在官商勾結的情形以獲取鉅額暴利，如高雄捷運的泰勞暴動案。而外籍勞工在生活管理中的人權備受侵犯，即使現行制度規定適用《勞動基準法》，但所能享受的權益往往不及法令所規範，甚至更加嚴苛；如吃飯掉飯粒要罰錢、不給現金只發代幣卡，將其消費限制於營區內等等的變相剝削條款不無少見❶。

因此，有效管理外籍勞工不僅要處理可能所衍生的社會問題，僱主對於外籍勞工的生活適應輔導和人權保障都需要詳加注意。由於僱主與外籍勞工在語言上有所隔閡，僱傭雙方間若是有糾紛經常藉由人力仲介者作為中間的橋樑，但人力仲介的素質在認證制度尚未建立前恐怕參差不齊，所以常見的外勞社會事件，包括外籍勞工因此在社會事件中脫逃或是受虐的情形層出不窮。倘若有專業的外勞管理師不但可以提供外籍勞工生活和心靈上的輔導，還能給予僱主管理員工的建議及提供雙方法律諮詢等協助，藉以改善關係。當然在此過程中政府也扮演著不可或缺重要的角色，唯有站在外籍勞工的立場訂定所需的規範，同時對於不法業者處以明確的罰則，才能杜絕外籍勞工受害事件的一再發生。

＝＝＝＝ 第四節　結語 ＝＝＝＝

不論是臺商前進大陸或是引進外籍勞工至臺灣的勞動市場，在在都顯示出國際間人力的移動已成為一種趨勢。臺灣地區特定的人力資源管理問題，首當其衝的是管理者須面對與自身生活文化、價值觀念差異甚大的員工，因此文化上的調適乃是亟須解決的問題。基本上，無論是管理大陸員工或是外勞員工，由於管理者與勞動者間在職位及經濟地位上有懸殊的差距，管理者

❶　資料來源：廖宏祥 (2005.09.02)，〈外勞問題〉，《新台灣新聞周刊》，第 493 期。

容易以高姿態去面對下屬，以軍事化的方式管理員工，也因而較易產生雙方的衝突。所以，為避免上述情形的發生，人性化的管理是管理者應該學習的功課，也就是試著融入員工的工作與生活中，以瞭解其需求，並設身處地的為員工著想，才能達到管理的目的。

在臺灣，企業規模以「中小型企業」居多，員工人數多在 30 人以下，還有不少 1 人公司，因此組織內部較重視「家庭式情感」。然而隨著臺商企業在大陸規模的急速擴大，臺商動輒需面臨上百人、上千人，甚至上萬人員工的管理，自然無法再以家庭方式管理員工，主管與員工間的情感也相當淡薄。臺商為了要有效管理、控制龐大的員工，很容易採取「機械式」或「軍隊式」管理模式，認為只要給予員工薪資即可，殊不知中國現代勞工水準已不同以往，僅靠微薄的薪資，而未顧及員工心理需求，是無法滿足員工的。

另一方面，臺資企業派遣員工至中國大陸工作，這些員工要面對的不僅是當地的法令規定及環境不同於母國，尚還背負母國企業的使命傳承，且須轉換在臺的管理方式以符合當地的風土民情，另外還須承受家庭經濟、子女教育的壓力以及不確定的生涯發展，因此，企業主在事前就應先與員工家庭做好溝通，設法給予明確的保障、相應的支持和援助，這樣員工才能全心的投入工作為組織的目標作努力。

至於外勞的管理問題，主要出在制度的不完全及未能以同理心的心態去對待這些外勞族群，以至於有關的勞資糾紛層出不窮。由於經濟發展及社會環境的改變，臺灣外勞人口數量不少，而這些群體也逐漸融入我國民眾的生活當中，所以不能再因其地位的卑下而不斷的予以壓榨。因為好的人力資源管理者不僅要會用人、育才，還要懂得留才，即使是勞工階級，也應給予同等的尊重與關懷，如此才能維持組織和諧與長期發展。

課後練習

(1)請試著以大陸廣州或上海為例，蒐集當地有關保障勞工的相關法規，並試著與我國做比較。

(2)您認為臺商在大陸面對不同文化背景的兩岸員工，應有哪些調適？

(3)請試著找出各國管理外籍勞工的方式或策略，比較其差異並分析優劣。

實務櫥窗

從飛盟電子廠看臺灣的外勞問題──新奴工制度 [12]

曾被《天下雜誌》評選為「臺灣最快速成長企業」前 20 名的飛盟電子廠，在 2005 年卻被爆出長期壓榨外籍勞工，當飛盟電子廠表面風光的前進大陸市場，惡性倒閉卻害慘了那些無薪資可領，繳不出仲介費的外籍員工。企業的惡質行徑引起了社會對於外籍員工的重視，正因為不合理的契約，外籍員工即使處在萬分不合理的工作環境或遭受不合理的待遇，卻無法轉換僱主，只能選擇逃跑一途，即使沒有違反任何《刑法》或《民法》，卻會被冠上「非法外勞」之名。

正因勞委會針對外籍勞工制定的法令──不得自由轉換僱主，使得外籍勞工寧可冒著風險換取自由身。且依《就業服務法》規定，唯有在僱主死亡的情況下才可轉換，且必須在兩個月內轉換成功，否則會面臨遣返回國的命運。再加上仲介為了賺取仲介費，不會願意幫助外勞轉介僱主，反而會和僱主同盟，任意遣返外勞。

這樣不公不義的現象實在令人髮指，我們該好好正視外籍勞工的權益問題，對於這些為臺灣貢獻一份心力的勞動者們，應要給予最基本的尊重。

個案研討

立法配套完善　外勞不會逃跑 [13]

僱用外籍勞工是全球都會面臨的趨勢，然而，相較於香港、新加坡、馬來西亞等地，臺灣提供的最低薪資雖然較高，但卻缺乏合理的制度和法規，以至於發生種種不合理的問題。

---

[12]　資料來源：童貴珊 (2008.11.15)，〈逃生台灣的無證外勞〉，《經典雜誌》，第 124 期。

[13]　資料來源：高泉錫 (2005.08.26)，〈立法配套完善　外勞不會逃跑〉，《民生報》。

　　香港嚴格規定外籍家庭傭工簽訂僱傭合約，不可從事家務之外的其他工作,未經僱主同意也不得有任何兼職工作另外還有自由轉換僱主的選擇。星馬則是有非常嚴峻的刑罰，所以僱主不敢僱用非法外勞。荷蘭則是妥善的運用東歐外勞的協助，有了充足的人力可以發展科技農業，成功塑造出聞名全球的花卉王國的美名。

　　臺灣政府也應擬定完善的外籍勞工管理配套措施，提供外勞合理的待遇，以改善外勞逃跑及非法外勞等問題。

問題與討論

1. 您是否贊成引進外籍勞工？理由為何？

2. 您對於我國引進外籍勞工所引發的經濟、社會、就業問題有何想法？

3. 由本個案所提供的國外經驗來看，您認為我國在外籍勞工的管理上出現了什麼問題？有哪些值得加以改進之處？

15

人力資源管理未來發展趨勢

實務報導

正視臺灣人力優勢流失的課題❶

隨著外勞的大量引進，中研院院長李遠哲憂心島內大量的中高階人才外流，「高出低進」的狀況將阻礙國家的進步發展。然而，倘若減少外籍勞工的引進，卻無良好的配套措施，將會導致人力供給不足，造成經濟發展危機。

然而，藍領外籍勞工是否為造成本地勞工失業的主因，還有待商榷。多數已開發國家也引進許多外勞，並非臺灣獨有的現象；另外，國內結構性失業情形未獲改善，產業升級受到阻礙，再加上產業外移造成人才不足。故應該從人力資源不足的根本問題作改善，加強產學合作和教育體系的改革。

隨著全球成為一大經濟體，人才自然會朝向經濟發展最強的地方移動，臺灣應創造能吸引人才的誘因，發展競爭優勢，才能留住人才。

在國際社會中，臺灣人力一直以高素質而受到稱許。然而，隨著教育水準的不斷提昇，臺灣人力的優勢並未因此而提昇，反而逐漸流失，其原因從上述的報導中可窺見一二。究竟是哪些因素導致此種情形的發生？人力資源管理者又該如何因應？在本書最後乃以此為焦點來加以探究。為瞭解問題所在，首先探討人力資源管理的外在環境衝擊；其次分析人力資源管理的內在危機；最後則論述人力資源管理的新議題與作法。

＝第一節　人力資源管理的外在環境衝擊＝

20 世紀末期隨著科技通訊的進步與交通網路的便捷，促發了各國不論是在國際貿易或是海外投資都有長足的成長。現代企業所面臨的經營環境不似先前只須注意交流互惠國的制度文化、體制及市場傾向，對於資源、訊息的掌握也須確實瞭解全球的動態，否則難以穩固競爭實力。企業的生存除了對外在環境的衝擊需要有因應的策略外，對於內部資源的整合更是不容忽視。在組織裡，「人」是個重要的且亟需開發的資源，找到對的人力有了齊心的工

❶　資料來源：聯合報社論 (2004.11.01)，〈正視臺灣人力優勢流失的課題〉，《聯合報》。

作夥伴，接著再將其導向組織欲前進的目標，企業才能邁向成功卓越。在本書最後，將藉由回顧近年來人力資源管理上所面臨的內、外在環境衝擊，進而提出人力資源管理發展的新議題以探索未來的趨勢走向。

一、經濟環境的全球化

20 世紀末，亞洲許多國家逐步實施經濟改革，而前蘇聯的解體後，東歐成立的新獨立國家也紛紛改採市場經濟制度。1995 年世界貿易組織 (WTO) 的成立帶來貿易環境的改變，同時也促使美、歐、亞洲各國競相加強與鄰國或區域內的國家的經貿合作關係，如：歐盟 (EU)、美洲自由貿易區、東南亞國協 (ASEAN) 的產生，以增強國家整體的競爭力（趙必孝，2006: 7-8）。然而，經貿環境的全球化走向卻為企業帶來無形的壓力，其中與人力資源相關者可歸納為下列三項 (Dave Ulrich & Michael R. Losey & Gerry Lake 著，賴文珍譯，2002: 184-185)：

1. 由於競爭條件的提昇，隨之而來的是對產品速度、品質與創新的要求，面對外在環境的快速改變，員工則需要花費更多的工作時間，付出更高的忠誠與更深的承諾來加以因應。

2. 隨著外在經濟環境的變化，勞動力走向全球化，但企業卻面臨了在新興國家開拓海外版圖時須適應當地環境的問題，因為這些員工較習慣當地政府的保護措施和特殊的競爭條件。因此，在人力的管理上須修訂政策和措施以符合當地狀況，但也不能只順應當地民情而忽略了對本地員工能力的訓練，須提昇當地員工的心智及技能至國際水準。

3. 面臨經濟全球化，資金、人力的整合不得馬虎，因此需要有具全球化觀點的領導人引領組織，以達到最佳的組織綜效。

二、資訊科技的應用

在 e 化時代裡，科技技術的運用成為企業增加附加價值的不二法門，快速發展的資訊科技讓蒐集、整理及傳播資訊變得方便且快速，活動的資訊得以在設定的範圍權限內流通與共享。為充分發揮其所帶來的好處，企業須訓

練個人在決策時利用資訊，提供有助於員工參與決策的誘因並正式授與參與的權利。當員工擁有了充分的資訊，受過了完整訓練便較能獨立處理分內的事務，如此企業便能減少管理的層級和成本花費，進而可擴大組織的控制幅度（周瑛琪，2005: 316；Dave Ulrich & Michael R. Losey & Gerry Lake 著，賴文珍譯，2002: 184）。

資訊科技的運用不僅可能改變組織的管理結構，導入電腦化資訊系統也有助於整合企業內的各種資料，如：人力資源資訊系統 (human resource information system) 所儲存的資料項目可視企業的需求與詳細程度進行調整。系統的內容包含人事檔案的建立可使各部門瞭解最新的人力情況，以作為業務規劃或推動的參考，並降低職位出缺遞補過程中人為操縱的可能性；或是將人事政策、工作說明書與工作規範、協約內容置於系統中使員工能隨時查詢。另外，可以運用在資訊入口網站或是電子公布欄上作為組織與員工和客戶的互動平臺，即時掌握內、外在顧客的需求以做出回應與改正，或是與企業資源規劃系統 (enterprise resource planning, ERP) 配合，讓管理者得以做出資源的調配和經營的決策（張緯良，2003: 484–487）。

三、社會、政治的改變

隨著經濟環境的變遷，社會價值觀也逐漸發生變化，開始要求企業在獲利的情況下必須要善盡社會責任及社會倫理。企業在創造組織文化時受到社會大眾廣泛認同和共同遵守的思想理念、行為規範所影響，因此在訓練教育上不能只著重知識、技能的培養，更須塑造員工的價值觀。因為價值取向和道德操守是個人和團隊的成敗關鍵，擁有人格健全的員工以及團隊精神的組織，企業才有競爭的實力。商業的突飛猛進雖然對人類的文明社會帶來了不少正面效益，然而卻也衍生不少問題。由於企業之利益取之於社會，因此在工作時就要謹遵倫理的守則。倫理不只在於以光明坦蕩的作法去達成目標而已，企業中的每一份子對於倫理的認識要落實於日常生活中，學習如何待人，與他人共事，幫助他人、家庭、社區、社會製造和諧的關係。企業既然僱用

了員工就必須善盡照顧的責任，增加員工在企業內的福祉，而國家在所制訂的勞工政策中也應監督僱主在各項的勞動條件及工作環境上必須要保障勞工的利益（周瑛琪，2005: 316–317；李聲吼，2000: 418–419）。

經濟化的發展已是現今貿易環境中不可遏止的浪潮，這股趨勢對全球各地的人力資源產生重大的影響。就已開發國家而言，呈現的現象有（趙必孝，2006: 9–10）：

1.社會觀念及教育普及，女性走出家庭投入勞動市場的比例增加。

2.國家生育率偏低，造成青年的勞動人口下降，為維持經濟開發的穩定而有外籍勞工和技術人才引進的壓力。

3.由於高科技產業的成長迅速，但國內高教育人口卻未能以同等的速度跟進，造成高科技人才缺乏，因此擬議放寬移民限制以招攬人才。另外，已開發國家的高報酬也促使著開發中國家人口的移民，造成已開發國家人口壓力及社會問題。

4.中老年員工提早退休，但壽命的延長讓第二事業生涯的規劃變得重要。對開發中國家來說，因已開發國家的投資促進了該地的經濟發展，國家開始重視在教育方面的投資以增加國民的就業能力，政策制度上的態度也從管制轉成獎勵，期望能提昇國民的所得水準。不僅如此，國家間的文化透過經貿的往來相互交流，東方國家強調家庭、社區觀念的儒家思想也漸融入西方世界。

═══ 第二節　人力資源管理的內在危機 ═══

面對外在環境的劇烈變化，企業組織若不能即時的調整內部結構將難以迅速因應外在環境的變遷所可能產生的影響，因此也可將此種情形視為是企業的內在危機。由於內在危機的發生會危害組織的生存及降低其競爭力，因此對於危機要加以管理才能減輕對企業造成的各種傷害。一般而言，公司內部的危機多半來自「人」的問題，較常見於大眾媒體、報章雜誌裡的事件有工安意外、勞資糾紛、惡意併購、商業機密洩露、人員貪汙等（周瑛琪，2005:

322)。以下將分為忠誠度危機、安全危機、文化危機和制度危機等四個部分來加以說明：

一、忠誠度危機

面對外在市場競爭的激烈，企業的經營若總是以利潤價格為唯一考量，而經營者或股東也經常要求立即看到成果，並透過每週、每月、每季、年度的報告，來督促員工的工作績效，卻對於員工身心靈上的需求、維護自然環境問題毫不關心。在此情況下，容易導致員工在身心交瘁的情況下不願意留任於組織裡，更不可能出現自動自發為組織奉獻心力的「組織公民行為❷」。因為員工的忠誠度是企業擁有競爭力的前提，也是組織永續發展的基礎，若沒有認同組織目標的員工，企業很難在變遷的環境中帶領員工達成目標（李聲吼，2000: 416-417；周瑛琪，2005: 322）。如何在人際關係逐漸淡薄，以及瞬息萬變的社會中提昇員工對組織的忠誠度，則是未來人力資源管理所須面臨的重要課題。

---

❷ 組織公民行為 (organizational citizenship behavior, OCB) 為員工自發性對組織績效有正面影響的行為，特別是重視團體的人會表現出較多的助人行為。OCB 主要是由：利他助人、恪守本份、耐勞負重、預先知會、公民美德等五個面向構成。資料來源：國立空中大學書香園地，http://hikaruchu.blogspot.com/2008/09/falco.html。

鬍鬚張　魯肉世界飄香❸

　　從路邊攤小吃起家，到現在有 30 多家店面，也是第一個進駐日本的臺灣小吃——鬍鬚張魯肉飯，靠著自己的一套「標準作業流程」，讓魯肉飯聲名遠播，「讓全世界都知道」。

　　鬍鬚張董事長張永昌從路邊攤時期就有一套標準作業流程，堅持「顧客服務為第一」的企業精神，除了要求最美味的食物外，還用最貼近顧客需求的心情經營，以最嚴謹的態度對待客人的意見，讓客人不但吃到美食，也吃到幸福的感覺。

　　除此之外，也把內部員工當成家人一樣對待，張永昌相信員工的情緒和心情也會影響到顧客。因此也像對待客戶一樣呵護員工，徹底落實以人為中心的企業文化。

二、安全危機

　　員工進入企業工作，僱主除了提供滿足物質及非物質性的報償外，最根本的便是要讓員工在一個安全且舒適的環境下工作。不良的工作環境容易造成職業災害，使人員傷亡和財產損失，更可能連帶造成社會問題（張緯良，2003: 378）。心理學家赫茲伯格 (Frederick Herzberg) 曾提出兩因理論說明人們會對於工作中某些因素特別滿意或不滿意而影響工作績效，其中工作環境是屬保健因素之一，會導致員工對工作不滿足，雖然極力改善也只能防止員工產生牢騷，並不一定能夠帶來激勵作用，但是若不改善乃會影響員工的工作意願，因此對企業而言，給予員工一個安全的工作環境是相當重要的。

　　一般而言，事故的發生通常是導因於不安全的工作環境或是不安全的工作行為。為了減少職業災害的發生，企業應著手創造較安全、少意外的工作

---

❸　資料來源: 鄭諺鴻、吳協昌 (2010.08.12)，〈鬍鬚張出書　魯肉飯世界飄香〉，《中央社》。

環境，同時提供員工相關防護用具並加強員工的安全教育訓練，教導員工遵守安全的工作程序，若發現有不安全的情況即立刻報備，才能有效減少意外傷害（Lloyd L. Byars & Leslie W. Rue、黃同圳合著，2006: 433；Angelo S. DeNisi & Ricky W. Griffin 著，莊立民、梁鏡徽、李曄淳、陳莞如譯，2005: 479）。

三、文化危機

文化是指一群人表現在外的共同行為樣式，以及支持行為何以如此表現的信念、價值與規範（張潤書，1998: 231；呂育誠，1998: 66）。因此，有學者認為，組織文化是由特定的組織團體發展出來的一種行為基本假設，用來適應外在的環境，並解決內部整合問題（張潤書，1998: 232）。組織文化意指組織中的成員，因擁有共同的價值、規範與信念，進而產生影響組織成員的行為或表現態度。因此，組織文化是組織與個人的媒介，對於組織成員的見解和行動予以直接影響，同時間接影響組織績效。組織變革若要成功，組織成員的心態則必須隨之轉變，所以，組織文化可以說是檢證組織變革的一項重要指標（林淑馨，2006: 158-159）。

在全球化的趨勢下，勞動力的跨國移動已是不可避免的事實，有因海外市場擴資而派遣員工至他國，也有因經濟建設推動的需要而引進外籍勞工，甚或為穩固海外子公司市場的拓展而聘用地主國的勞工以落實人才本土化，這些作法都會造成組織文化的衝突問題。因為不同國籍間的員工彼此的價值觀、行為模式多少有些許差異，不免容易產生衝突或因待遇、職位上的差距而引發內心的不平衡，所以對管理者而言，須學習有效處理異文化的方法，並思考塑造具有一致性和向心力的組織文化以因應所可能面臨的挑戰與衝擊。

四、制度危機

人力資源管理的制度和模式是員工能否安心在組織工作且發揮實力的關鍵因素之一（周瑛琪，2005: 323）。制度的設計需要站在組織與員工互利的角度來設想，一方面可以增進員工對組織的認同、保障其權益（如：薪資與福

利、工作環境、生涯規劃等），另一方面可以提供明確的規範讓員工遵守，以同時提高組織的管理效能。整體而言，現今社會趨向勞動力多元化發展，婦女、少數民族、弱勢族群在國家保障下得以投入就業市場，因此以往以男性、高學歷為準的僱用結構和組織設計都需要做適度的調整。再加上受到全球化的影響，企業的經營範圍突破了國界、地域上的限制，各國也開放了跨國廠商的進駐，然而為了保障本國勞工的就業機會，其所訂定的勞動法規無不對自身國民有較多的照顧，因此對外資或跨國企業而言，不僅需要熟知當地的政策內容與法令規章以避免觸法，更要將其規定融入組織的制度之中，如此才能有效地管理地主國或第三國的員工。

 資訊補給站

職場好幸福　23 家企業　員工星情好❹

臺北市勞工局 2011 年首度辦理幸福企業獎選拔，評選指標為工作環境、待遇與培育、福利與獎勵、友善職場等四大項。榮獲最幸福的三星級企業為信義房屋、明碁電通和臺灣陶氏化學，經過綜合評比這三家企業都領先，員工待遇也普遍較高，每年還有高於 4% 的加薪幅度。

不過獲得二星級的逸凡科技卻有著連評選委員也羨慕的「情緒假福利」，此福利已實施超過十年，員工每個月有兩次情緒假的額度，不用理由就可以請假，在情緒不好的時候能夠找出口轉換心情，負面情緒不會影響其他同事；只要同事能夠支援，甚至在心情好的時候也可以放假，公司還會給予補助。另外，獲得一星級的汎球藥理研究所具備的高爾夫練習場，也是眾人羨慕的福利。

臺北市勞工局長陳業鑫表示，這項評比可供求職者參考，也鼓勵更多企業重視員工福利。

---

❹　資料來源：蔡偉祺 (2011.06.02)，〈職場好幸福　23 家企業　員工星情好〉，《自由時報》。

第三節 人力資源管理的新議題

今日企業涉及的活動範圍可說是人類生活模式的大集合，人類對企業活動的需求與渴望不僅標示出了人類文明發展的途徑，同時也帶領並指引人類活動進行的方向。企業發展隨著時代的演進從早期物資的競爭慢慢地轉變為成本導向、品質要求、全球化，創新的競賽，亦即從有形的資產轉變到無形資產的角逐。管理大師彼得‧杜拉克 (Peter Drucker) 和著有《知識經濟時代》的萊斯特‧梭羅 (Lester C. Thurow) 皆指出，經濟的推力在於無形的資產開發，如：專利、技術和知識等。在知識經濟的時代裡，組織競爭的關鍵在於人力資源的開發，管理者必須學習如何使高學歷的員工發揮潛力，創造一個有利於員工成長的環境，以激勵的方式促使員工積極參與，使人人都能成為創新者（李聲吼，2000: 407、412、417；周瑛琪，2005: 326）。由於人力是企業的重要資產，所以企業乃透過組織人力的學習，配合知識管理和資訊化的應用以期能提高組織人力的效能並達成組織的目標。再者，隨著科技的進步打破了地域的限制，讓人力資源的範圍變得更廣闊和複雜，所以國際人力資源的管理在現今也變得相當重要。以下將分述說明之：

一、組織學習

組織學習意指組織為求成長、發展及效能的提昇，會主動去偵查環境、汲取新的知識、經驗和技術，當察覺組織有偏差的情況發生便會從事矯正的過程。基本上，企業進行組織學習的前提要先改變成員的心智模式，以知識管理為策略，配合個人學習、團隊學習及組織學習等三個學習層次來達成組織效能與目標的宗旨（孫本初，2007: 297–298），其呈現的態樣如圖 15–1 所示。

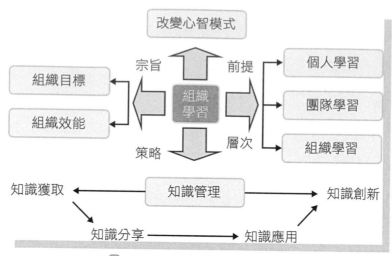

🔺 圖 15-1: 組織學習特性圖

資料來源: 孫本初著 (2007),《新公共管理》, p. 298, 臺北: 一品文化。

　　個人在組織裡面的學習與組織學習是兩回事，雖然組織學習是經由個人而產生，但若斷言組織學習就是個人學習的總成果是不正確的。因為個人的學習僅是組織成員藉由教育、經驗或實驗來取得知識，而組織的學習是自個人身上吸取知識並加以保存，代表著組織中傳達給新成員的系統、歷史及價值規範。組織裡的成員進進出出，領導者也會跟著更換，但是組織的記憶卻會保存著某些行為、心理思路、規範和價值觀。組織的學習能力取決於公司的新意創造，將有用的新意推廣及應用，若是無法創造或推廣新意，則須找出組織學習障礙的問題（楊國安、大衛·歐瑞奇等著，劉復苓譯，2001: 13、16）。面對知識經濟時代的來臨，產品及服務的生命週期縮短，企業若不懂得持續的創新、彈性的運作組織以因應面臨的挑戰，將無法在日新月異的環境下競爭。因此，為迎接這些挑戰，組織裡的人力資源應用便扮演了重要的樞紐角色，組織中需要有組織建造者發揮更新工作環境之用，負責實體的設施、資訊科技基礎建設以及組織的設計，也要有服務提供者負責執行相關人員管理措施所需的文件行政流程、資訊匯集者整合單一接觸點提供終端者需要的資訊，最後由整合溝通者藉由共同的目標與價值觀結合所有的人員，以這四個關聯的角色來轉變組織邁向知識型（Dave Ulrich & Michael R. Losey &

Gerry Lake 著，賴文珍譯，2002: 248–254）。

　　在知識經濟的衝擊下，造成「贏者圈」與「非贏者圈」的區隔，知識金字塔最底層的是資料，其次是經過整理的資訊，再來是知識，金字塔頂端則是創新。知識經濟的關鍵不再是知識，而是創新與加值，唯有深知如何將知識轉為「利益」，將知識增值與發揮創新的人，才能進入「贏者圈」當中，而這就必須靠終身學習與思考❺。因此，企業在從事人力資源時如能善用組織學習，應能提昇組織人員的能力。

資訊補給站

OK 超商　學習不打烊　快速複製服務達人❻

　　在高流動率、與客戶接觸頻繁的服務業，要維持服務品質是一件困難的事，OK 超商結合了「學習」和「銷售」，發展了線上學習系統，搭配實體訓練課程的「混成式學習」(blended learning)，讓數千位超商人員不用來回奔波就能習得第一手的商品知識、增強專業技巧。

混成式學習 OKe 學堂

　　OK 超商在 1996 年引進了電腦輔助教學 (computer based training, CBT)，發展網路學習課程，第一線店員可以利用光碟學習，不會受制於時間、距離的限制，也省去安排上課地點、配合所有人時間的麻煩。

　　然而為了克服 CBT 無法及時更新、總部不能掌握學員訓練情形的缺點，OK 在 2005 年更新為 e-learning 學習，配合 OK 超商切身的需要，此「Oke 學堂」讓全省第一線人員都能不受限制的掌握最新的資訊。

---

❺　資料來源：何易霖、周志恆 (2006.09.07)，〈張忠謀：學思並行　躋身贏者圈〉，《經濟日報》。

❻　資料來源：蔡士敏著 (2010)，〈學習不打烊　快速複製服務達人〉，《能力雜誌》，6 月號，第 652 期。

■ 二、知識管理

所謂知識係指「一種流動性質的複合體，可以為組織創造競爭利益及價值，並可經由組織發掘、保持、應用及再創造的資訊、經驗、智慧財產」（孫本初，2007: 641）。以企業競爭的角度來看，知識的建構是將資料及資訊經過處理建檔以成為企業在營運過程中得以應用的具體技術或技能，可以幫助企業創造新產品或改善現有產品或服務（周瑛琪，2005: 327）。由於知識具有伸展性及自我創造性，不會有消耗殆盡的一天，反而會愈用愈精、愈增，還可以替代有形的資產在科技的傳送下迅速的移動，且在傳播的過程中也不妨礙原有者的使用（李聲吼，2000: 410–411）。由此可見，知識運用是現今企業在多變的經濟環境中提昇自我競爭實力的不二法門，人力是組織具有開發潛能的資產，如何將知識導入以調整人力資源管理的內容與方式，則是管理者須審慎思考之處。

若企業型塑自身為知識型組織，則可以嘗試採用下列諸項的作法（孫本初，2007: 654–657；周瑛琪，2005: 328–329；李聲吼，2000: 136–137、412–413）：

㈠完善的教育訓練計劃

知識的傳播須以人為載體，透過招聘的人才來創造組織的價值，所以在甄選之初就應選擇適合組織文化的人員。當人員被聘僱後，管理者可以透過短、中、長程的完善教育訓練以有效開發員工潛能，進而發揮其智慧與創新來提昇組織效能。

㈡建立誘因機制

知識與人類的自我認同和工作有密切的關係，不易輕易的出現和自由交流。為消弭障礙，管理者可以將成員對知識管理的貢獻與績效評核、薪資結構進行長期性的整合，當行為符合組織期待時即給予正面的回應以激勵員工創造、分享知識。

㈢提供知識分享途徑

提供企業知識分享的途徑可以透過技術的改進和組織結構的設計兩種方

式。由於資訊科技的廣泛運用已是現今組織運作的特徵之一，在組織長期運作後會產生不少的實務經驗訣竅，如以電腦作為基礎的資料庫可以妥善保存以便再利用，同時在透過網際網路作為知識交換的途徑，組織中的成員可以相互討論以交換意見，如此才有激發創新的可能。其次，知識管理是一個持續不斷且須有系統的推動，並以組織內部須有專門部門及人員進行統籌，將知識分門別類、整理，以供員工使用以及負責規劃一切有關知識管理的行動。

(四)擴大知識的來源

以命令控制的方式來達到效能的提昇已不符合今日企業的態樣，人和人之間應注重橫向溝通，因為每個人都可能是他人的資訊來源。在知識經濟社會裡，管理者必須創造一個有利於組織內部進行知識交換的途徑，若員工所需知識無法從內部取得，則組織須協助成員與相關領域的專家接觸以獲取必要的專業知識。

(五)型塑樂於學習的組織文化

企業欲將組織型塑成知識型組織，首要步驟為讓組織擁有樂於學習的組織文化。將學習與實際工作相結合，強調成員個人學習的重要並透過團體的合作使組織的結構產生變革，如此才能強化組織的成長以因應外在環境的劇烈變動，也能不斷的擴展組織開創未來的能力。

 資訊補給站

OK 超商　24 小時學習不打烊[7]

OKe 學堂的發展除了內容設計符合需求外，更不能忽略「人性」，才能達到最佳的學習效果。OKe 學堂的特色有：

1.切割學習時間：依據調查顯示一般人最能專注的學習時間為 20 分鐘，故 OKe 學堂將課程規劃為每次 10～15 分鐘的小單元，讓學員可以分批多次學習。

---

[7]　資料來源：蔡士敏著 (2010)，〈學習不打烊　快速複製服務達人〉，《能力雜誌》，6 月號，第 652 期。

2. 24 小時開放學習：學員可以利用專屬的帳號密碼自行選擇時間學習，甚至在家也可以全年無休。根據 OK 超商的統計發現，學員特別會利用晚上 10 點到半夜 1 點的時段學習。

3. 設計評量機制：每堂課完成前須通過測驗，題目從題庫隨機挑選。

4. 設計防呆功能：避免學員學習時心不在焉，每 10 分鐘就會在畫面出現方塊，請學員點選。

5. 建立線上導師：提供專職人員擔任學習導師，除了指導受訓問題，也提供心理、壓力等輔導和支持。

6. 連結考績與晉升制度：OK 超商利用 e-learning（數位學習）輔助店經理的「學徒制」，利用混合學習可以節省培訓時間，也降低訓練師的負擔。還會安排線上測驗和作業檢驗學習成效再加上實作執行項目以進行總結性評量。

至今 OKe 學堂已經有 180 萬登入人次、199 萬人次通過課程的紀錄，藉著學員使用後提出意見，不斷的改良系統，提昇學習成效。

三、人力資源管理的資訊化

人力資源資訊系統 (human resource information system, HRIS) 是組織用來獲得、儲存、分析、補償、貢獻與使用組織有關組織人力資源一系列的人員、程式、形式與資料 (Angelo S. DeNisi & Ricky W. Griffin 著，莊立民等譯，2005: 553)。HRIS 的內容決定於組織的需求，透過電腦化的形式讓決策者、員工及求職者能輕易且精確獲得所需的資訊。資訊科技技術應用於人力資源不僅可解決薪資計算的問題，在招募、教育訓練、績效考核等等活動上也能提高處理效率、縮短時間、減少錯誤。以下，將從人員的招募、教育訓練和績效考核三方面來說明其與 HRIS 的關係[8]：

---

[8]　相關資料請參閱李誠、黃同圳、蔡維奇、李漢雄、房美玉、林文政、鄭晉昌著 (2000)，《人力資源管理的 12 堂課》，p. 231–233，臺北：天下遠見；張緯良著 (2003)，《人力資源管理》，p. 489，臺北：雙葉；Angelo S. DeNisi、Ricky W. Griffin 著，莊立民、梁鐙徽、李暐淳、陳莞如譯 (2005)，《人力資源管理》，臺北：普林斯頓。

㈠人員的招募

因網際網路的發達，企業透過網路平臺提供組織相關資訊，讓求職者對組織有初步認識，進而評估工作環境是否適合個人偏好。對於求職者而言，如此的作法較能節省在尋找工作時所需花費的成本和時間。另一方面，對企業來說，由於招募員工的管道變得更多元，透過媒合機制的應用可以讓雙方更能夠各取所需，迅速找到合適的彼此。

㈡人員的教育訓練

企業利用公司內部的網路將訓練的課程編入資料庫當中，使員工能透過線上流覽進行學習。如此一來，除了可依員工的職種和階級提供不同的教育課程，協助培養各項專長以利未來的職涯規劃外，而且人力資源管理部門也可以根據電腦紀錄來瞭解員工的學習狀況。

㈢績效考核

有些大型企業藉由電腦的使用建置績效評估系統來進行員工的績效考核，亦即由考核人員根據考核表的敘述在線上勾打分數，然後由電腦依評分的結果推估員工的績效表現。電腦除了呈現評分的結果外，還可以進一步看出員工在哪些地方表現突出，或是哪些部分須詳加改進，甚至是進行部門間整體的比較。

另一種方式是實施電腦監測，透過電子螢幕來監測員工的時間支配方式和生產力，這樣的系統被廣泛用於客服及訂位人員身上，如：追蹤員工接收多少通電話、每通電話花多久時間、每通電話的結果，甚至是追蹤員工何時不在工作崗位上。但如此嚴密監控員工的一舉一動，有時可能會產生侵犯隱私權的問題，對工作效率的提昇未必有正面的效果。

以統一超商之電子化人力資源管理為例，該公司從人性面思考如何激勵員工，因此建立了統一超商人力資源網，給予想加入統一超商行列的人員一個管道，以及提供內部員工更公開透明的資訊。因此該網站所提供的資訊內容包含工作文化、提供發展和員工薪資福利，企圖透過電腦資訊使人力資源相關資料透明化，以減少員工的疑慮。

四、國際人力資源管理

拜科技發展及通訊技術革新所賜，消弭了地域上的隔閡，企業界展開了全球經營的布局，也因而使得企業的人力資源發生了改變。由於企業的經營範圍提昇至全球的場域，人力資源面臨了更多複雜和艱辛的問題，尤其在外資企業裡人力高度多樣性，員工來自各個不同的國家，管理者為能有效善用這些資源，學習國際人力資源管理的技術即成為組織執行全球化策略的一個重要課題。

擁有海外投資的企業，因人力的多樣性讓公司在對外的競爭舞臺上都能有足夠的代表性，對內也會因人力組成的多元，不同的價值觀得以相互激盪產生更多的創意。不僅如此，若企業中不同族群的員工卻能擁有同等的發展機會，則更能吸引並留住當地的人才。然而，即使企業有多樣的人力會帶來許多好處，但無可避免的也容易面臨語言溝通的障礙及文化的差異，導致為配合投資當地的經濟、法律、勞動市場等的因素而須對管理風格、團隊工作及參與決策的方式進行調整。面對這些問題，作者整理出下列幾點建議以供讀者參考（達特茅斯大學等著，胡瑋珊、鄭佳雯譯，2003: 233–236）：

㈠管理者須並重組織多樣化和一致性的原則

管理者不能為了提昇組織的多樣性而只重視不同人群的組合，或是一味的固守僵化的原有的規定，反而是要在不同族群的員工中透過討論找出共識的關鍵要素，然後發揮其各層面的多樣。

㈡權力下放當地單位

權限不由公司總部統攬，而是交由當地單位自行判斷。因為唯有當地單位才能確實瞭解並掌握其所面臨之最迫切且最關鍵的問題，並尋求適當的解決方案。

㈢鼓勵員工充分討論與相互交流

組織應鼓勵員工進行多樣相關建設性的討論，著重員工們共同學習，以加強彼此的交流和工作方式的融合。

㈣瞭解注意數字所代表的意義

由於海外公司的人力組合須符合某國籍或種族比例的標準，強迫執行主管在考慮人才時能將眼界放寬，打破選人才時須符合某些特定標準的想法。

㈤永續經營的企圖

高層的主管需要擁有長遠的經營策略並傳遞強大且明確的訊息來帶領組織員工。

根據以上所述得知，國際人力資源管理因須面對多元人力與其所帶來之差異性文化，因此其管理較為複雜且困難。所以，為了提高組織的管理效率，除了須透過分權授能，使其能迅速因應當地之所需外，也須鼓勵員工進行交流與充分溝通，以降低因異文化所產生的摩擦與衝突。

 資訊補給站

鴻海的用人哲學❾

鴻海集團董事長郭台銘常說，「千軍易得，一將難求」，鴻海最大的挑戰正是人才的選用，人才是鴻海最大的品牌。鴻海沒有名校情結，不要天才，只要人才。肯上進、肯負責的員工就是他心目中一流的人才。

郭台銘甚至會親自參與高階經理人的面談甄選，顯現了他對選才的重視；除了選才之外，鴻海同時成立了工業工程 (IE) 學院進行育才，透過職能訓練培育新人必須具備的能力，並且藉此培養對企業文化的認同。鴻海利用嚴格的「賞罰制度」篩選適任的人才，只有賞罰分明才能淘汰不適任的員工，並激勵好員工繼續成長。

鴻海副總裁戴正吳指出，在鴻海，能力不是絕對的條件，責任感、願意用心、有策略方向等也是必須考慮的要素，鴻海的用人衡量標準是「一貢獻、二責任、三能力」。郭台銘認為，年輕人因為缺乏經驗和思考不足而犯的錯是可以容許的，因為這代表了他們勇於負責、肯嘗試，這也是為何鴻海堅持培

❾ 資料來源：張殿文著，黃燮琪整理 (2008.01)，〈鴻海的用人哲學〉，《30 雜誌》，第 41 期。

養年輕幹部接班，且接班人一定是從內部挑選。每年郭台銘還會撥出時間為萬中選一的年輕儲備幹部們進行演講。

「人才的選拔和培育，是一個企業永恆的難題」，郭台銘也提醒年輕幹部們，站在巨人肩膀上更要自立自強，不斷鞭策自己，才不會被淘汰。

第四節　結語

企業在面臨全球性競爭的環境中，僅靠著充足的資金、完備的廠房和設備是不足以抵禦外環境所帶來的衝擊。企業的發展從早期追求有形資產的提昇到現今走向無形資產的創造，產品生產的量多並不代表企業保有市場的優勢，隨著需求的變更速度增快，唯有不斷的激發創新的新意才可以維持組織的競爭力。人是企業組織裡的寶貴資源，生產要素價值的提昇需要依靠其智慧來開發並利用，因此人力資源管理在企業的經營中佔有相當重要的地位。

受到經濟的全球化、資訊科技的應用，以及各國社會、政治的改變等外在環境的衝擊，全球人力資源的結構產生相當大的變化，如女性投入勞動市場的比例增加、年輕勞動人口減少、高科技人才缺乏以及中老年勞動人口的再利用等。另一方面，由於外在環境的改變，直接影響組織的內部環境，帶來組織成員忠誠度危機、安全危機、文化危機與制度危機等問題，這些都是現階段人力資源管理者所必須正視的課題。

隨著知識經濟時代的來臨，產品及服務週期日益縮短，為了提昇企業與組織成員的競爭力，人力資源管理可以透過組織學習與知識管理，將知識予以創新、加值，並進行有系統的傳遞與分享，如企業得以藉由電腦化的系統整合大量資料，並透過網際網路的傳遞分享資源、教育員工，將省去傳統保存資料的困難和資訊交換上的時間花費，同時也克服地理環境的限制，有效增強組織成員的實力。另外，人力資源管理者若能善用資訊科技，並將其應用到人力資源管理中，如透過網際平臺進行招募，可以迅速找到組織所需的人才，或是藉由電腦化系統瞭解員工的具體工作成效與問題等，應可以協助

管理者提昇管理的績效。最後，受到全球化的影響，國與國之間的藩籬愈來愈不明顯，也因此，國際間人力的移動愈趨頻繁。企業如何管理來自各國具有不同文化與價值觀的員工，使其能共同為組織而努力，則是今後人力資源管理者會面臨之重要的新議題。

課後練習

(1)請分組討論現今人力資源管理的方式與 10 年前的人力資源管理有何不同？

(2)除了文中所述的內容外，您認為人力資源管理未來的發展趨勢還有哪些？

(3)您認為資訊化與科技化的結果，對於人力資源管理會帶來哪些影響？

實務櫥窗

企業的數位學習❿

因為科技的發展，讓企業可以利用數位學習 (e-learning) 進行員工的培育訓練，不但可以直接將數位內容匯入廠商提供的數位學習系統，不需要額外架設平臺或安裝設備的成本，還可以讓大量的學員參與。

經濟部工業局每年皆辦理甄選，鼓勵企業發起數位學習風潮，鼓勵全民終身學習的風氣。學習網有針對內部員工訓練的內部數位學習，也有針對外部供應商、經銷商或客戶等設立的外部數位學習。

例如農產品貿易公司興農利用數位學習提供農友種植技術和產品資訊，技術的提昇更能滿足消費者的需求。OK 超商導入數位學習後則大大減低了傳播訊息的

---

❿　資料來源：黃玉珍 (2005)，《數位修練：20 家導入 e-Learning 的成功企業現身說法》，臺北：聯經；傑報人力資源網，〈與數位學習系列專題三〉，http://www.jbjob.com.tw/webwork/epost/t_03.htm；林怡辰 (2006.03.07)，〈企業數位學習，走向與人力資源系統結合〉、林怡辰 (2006.04.19)，〈OK 便利店用數位學習，訓練第一線店員〉，iThome online 網，http://www.ithome.com.tw/itadm/article.php?c=35834、http://www.ithome.com.tw/itadm/article.php?c=36716。

成本，也更方便進行教育訓練。除了方便快速外，數位學習也能增加保密程度。

如今數位學習已是企業教育員工的最新趨勢，未來還可將數位學習系統和人力資源發展 (HRD) 系統結合，更進一步打造適合自己的學習內容，也幫助員工進行工作規劃。

個案研討

惠普公司的組織學習[11]

1991 年，惠普的執行長約翰楊 (John Young) 決定將經營績效並不出色的史丹佛分公司改造，將其轉變成為發展近年來快速成長的視訊產業的部門。這道決策發布之後，史丹佛分公司立即更改名稱為視訊部門，移轉原先開發產品，重編電機工程師為影像工程師。由於這是一塊全新的領域，因此並沒有足夠的資源來訓練員工，但公司仍全力支持，工程師們也從顧客端來瞭解市場的需求，並參加研討會以自我訓練。

儘管在轉型的過程中仍然有許多問題，但公司卻能夠從容的應付轉型帶來的衝擊，這都歸功於惠普公司的企業文化、視訊部門的業務狀況及惠普員工本身的特質。惠普公司融合了多變與家族式的文化，因此員工多半樂於接受新的挑戰。而史丹佛分公司的員工因瞭解自己公司的績效並不如預期，因此當公司決定投入資源來支持他們，員工都非常高興。最後，惠普公司僱用員工的標準相當高，因此旗下的員工都擁有自動自發的學習態度，只要給他們方向與資源，員工都樂於去開拓未知的領域。

問題與討論

1. 試問您對惠普公司在此轉型事件中的管理哲學有何想法? 對於人力資源發展有何啟發?

2. 學習的成果可強化組織的競爭力，試想哪些原則或作法可以被應用於大

---

[11] 資料來源: 楊國安、大衛·歐瑞奇、史蒂芬·納森等著，劉復苓譯 (2001)，《組織學習能力》，p. 88–91，臺北: 聯經。

學的教室以提昇整體師生的素質？

3. 試著以組織學習的原則來重新執行您曾經實際做過或過去曾經做的工作，比較您在這過程當中發現哪些差異、又得到了哪些成長？

筆記欄

參考文獻

Armour S., 2000, "Companies Put Web to Work as Recruiter," *USA Today*, 25 (Jan.): 1.

Angelo S. DeNisi & Ricky W. Griffin 著，莊立民、梁鐿徽、李曄淳、陳莞如譯 (2005)，《人力資源管理》，臺北：普林斯頓。

Harvey Bowin 著，何明城審訂 (2002)，《人力資源管理》，臺北：智勝。

Dave Ulrich, Michael R. Losey & Gerry Lake 著，賴文珍譯 (2002)，《人力資源管理的未來》，臺北：商周。

David A. DeCenzo & Stephen P. Robbins 著，許世雨、李長晏、蔡秀涓、張瓊玲、范宜芳譯 (2002)，《人力資源管理（二版）》，臺北：五南。

Dessler 著，李璋偉譯 (1998)，《人力資源管理（第七版）》，臺北：台灣西書。

Donald F. Harvey & Robert B. Bowin 著，何明城審訂 (2002)，《人力資源管理》，臺北：智勝。

Gray Dessler (2005), *Human Resource Management*, Person Prentice Hall: N.J.

Gary Dessler 著，方世榮譯 (2007)，《現代人力資源管理（第十版）》，臺北：華泰。

Lawrence S. Kleiman 著，張火燦校閱 (1998)，《人力資源管理取得競爭優勢之利器》，臺北：揚智。

Milkovich Boudreau 著，許惠萍譯 (1999)，《人力資源管理（第八版）》，臺北：台灣西書。

Paul Evans, Vladimir Pucik & Jean-Louis Barsoux 著，莊立民編譯 (2005)，《國際人力資源管理》，臺北：麥格羅希爾。

Paul R. Niven, 胡玉明譯 (2004)，《政府及非營利組織平衡計分卡》，北京：中國財政經濟。

Peter F. Drucker(1992), "The New Society of Organizations", *Harvard Business Review*.

Peter J. Dowling, Denice E. Welch & Randall S. Schuler 著，莊立民、廖曜生譯 (2003)，《國際人力資源管理：以多國籍企業的觀點來探討人力資源的管理》，臺中：滄海。

Peter J. Dowling & Denice E. Welch 著，莊立民、廖曜生譯 (2005)，《國際人力資源管理》，臺中：滄海。

Randall Schuler & Susan E. Jackson 著，趙必孝、王喻平譯 (2006)，《人力資源管理》，臺北：湯姆生。

Robert S. Kaplan & David P. Norton，朱道凱譯 (1999)，《平衡計分卡：資訊時代的策略管理工具》，臺北：臉譜。

Susan E. Jackson & Randall S. Schuler 著，吳淑華譯 (2001)，《人力資源管理合作的觀點》，臺中：滄海。

丁志達著 (2005)，《人力資源管理》，臺北：揚智。

王家玲 (2002)，〈甄選工具之效度驗證與運用以某高科技公司為例〉，桃園：國立中央大學人力資源管理研究所碩士論文。

王居卿 (2000)，〈影響訓練成效相關因素模式之實證研究：認知及多變量觀點〉，《台大管理論叢》，第 10 卷第 2 期，頁 135–166。

王為勤 (2003)，〈企業教育訓練大調查〉，《管理雜誌》，第 348 期，頁 68–72。

王喻平、戴有德、張曉平 (2008)，〈訓練動機因素對訓練移轉影響研究以國際觀光旅館員工為例〉，《人力資源管理學報》，第 8 卷第 1 期，頁 47–74。

方妙玲 (2008)，〈高階主管薪資與財務績效及社會績效之關聯性：代理理論及利害關係人理論觀點〉，《企業管理學報》，第 77 期，頁 48–81。

石銳 (1999)，〈企業教育訓練所遭遇的瓶頸及解決之道〉，《金屬工業》，第 33 卷第 6 期，頁 110–115。

丘周剛、吳世庸、胡廷楨、高文彬、劉敏熙、魏鸞瑩編著 (2007)，《人力資源管理》，臺北：新文京。

田文彬、林月雲 (2003)，〈台灣歷年海外派遣管理研究分析〉，《人力資源管理學報》，第 3 卷第 3 期，頁 1–25。

余明助 (2004)，〈台灣企業派外人員對駐外報償決定因素認知之研究〉，《人力資源管理學報》，第 4 卷第 1 期，頁 103–125。

余明助、陳慧如 (2009)，〈台灣中小企業人力資源管理實務、人力資本、創業導向與創業績效關係之研究〉，《中小企業發展季刊》，第 12 期，頁 11–150。

何永福、楊國安著 (1992)，《人力資源策略管理》，臺北：三民。

何耀庭 (2005)，〈員工甄選工具效標關聯效度驗證之研究以 A 電子公司員工為實證樣本〉，桃園：中原大學企業管理學系碩士論文。

何采蓁著 (2002)，《當台商遇見大陸員工》，臺北：成陽。

呂育誠 (1998)，〈論組織文化在組織變革過程中的定位與管理者的因應策略〉，《中國行政評論》，第 8 卷第 1 期，頁 65–84。

吳安妮 (2004)，〈平衡計分卡在公務機關實施之探討〉，《政府績效評估》，臺北：行政院研究發展考核委員會。

吳秉恩、游淑萍、蔣其霖 (2002)，〈台灣人力資源管理運作及其關係之初探〉，《人力資源管理學報》，第 2 卷第 2 期，頁 37–64。

吳秉恩著 (1997)，《分享式人力資源管理理念：程序與實務》，臺北：翰蘆。

吳秉恩審校，黃良志、黃家齊、溫金豐、廖文志、韓志翔著 (2007)，《人力資源管理　理論與實務》，臺北：華泰。

吳美連、林俊毅著 (2002)，《人力資源管理　理論與實務（第三版）》，臺北：智勝。

吳美連著 (2005)，《人力資源管理——理論與實務（第四版）》，臺北：智勝。

吳博欽、潘聖潔、游佳慧 (2004)，〈成本、效率與企業招募人才方式的選擇傳統與網路招募之比較分析〉，《中原學報》，第 33 卷第 2 期，頁 141–153。

吳復新著 (2003)，《人力資源管理　理論分析與實務應用》，臺北：華泰。

吳青松著 (2002)，《國際企業管理》，臺北：智勝。

李秀芬 (2007)，〈企業文化、經營策略、任用策略與經營績效關係〉，高雄：國立中山大學人力資源管理研究所碩士在職專班碩士論文。

李長貴、諸承明、余坤東、許碧芬、胡秀華著 (2007)，《人力資源管理：增強

組織的生產力與競爭優勢》, 臺北: 華泰。

李漢雄著 (2000),《人力資源策略管理》, 臺北: 揚智。

李誠、黃同圳、蔡維奇、李漢雄、房美玉、林文政、鄭晉昌著 (2000),《人力資源管理的 12 堂課》, 臺北: 天下遠見。

李聲吼著 (2000),《人力資源發展》, 臺北: 五南。

沈介文、陳銘嘉、徐明儀著 (2004),《當代人力資源管理》, 臺北: 三民。

武文瑛 (2002),〈企業線上學習建構初探〉,《成人教育》, 第 67 期, 頁 29–36。

周秉榮 (2001),〈線上教學的兩難: 知識重要? 技術重要?〉,《管理雜誌》, 第 324 期, 頁 158–161。

周瑛琪著 (2005),《人力資源管理》, 臺北: 全華科技。

居乃台 (2008),〈中國大陸員工工作價值觀的探討〉,《2008 國際人資管理學術與實務研討會專集》, 桃園: 開南大學。

林淑馨 (2006),〈民營化與組織變革:日本國鐵的個案分析〉,《政治科學論叢》, 第 27 期, 頁 147–184。

林欽榮著 (2002),《人力資源管理》, 臺北: 揚智。

林文政、陳慧娟、周淑儀 (2007),〈台灣資訊電子產業之企業人力資本、薪資與組織績效之關聯性研究薪資中介效果之檢驗〉,《東吳經濟商學學報》, 第 59 期, 頁 57–100。

林富美 (1997),〈聯合報系的薪酬策略〉,《新聞學研究》, 第 54 期, 頁 269–290。

林財丁、陳子良著 (2005),《人力資源管理》, 臺中: 滄海。

林榮和 (1999),〈企業留才福利制度研究〉,《台北科技大學學報》, 第 32 卷第 1 期, 頁 333–353。

胡政源著 (2002),《人力資源管理理論與實務》, 臺北: 大揚。

徐明儀、沈介文 (2003),〈大陸臺商投資動機與其智慧資本取得方式關聯性之研究〉,《人力資源管理學報》, 第 3 卷第 1 期, 頁 21–41。

孫本初、張甫任編著 (2009),《策略性人力資源管理與實務》, 臺北: 鼎茂。

孫本初著 (2007),《新公共管理》, 臺北: 一品文化。

孫思源、羅月秀、趙珮如、吳章瑤 (2008)，〈人力資源招募網站使用意向影響
　　因素之探討〉，《人力資源管理學報》，第 8 卷第 3 期，頁 1–23。

邱皓政著 (2006)，《量化研究與統計分析：SPSS 中文視窗版資料分析範例解
　　析》，臺北：五南。

張緯良著 (2003)，《管理學》，臺北：雙葉。

張緯良著 (2003)，《人力資源管理》，臺北：雙葉。

張緯良著 (2004)，《人力資源管理（二版）》，臺北：雙葉。

張緯良著 (2006)，《人力資源管理：本土觀點與實踐》，臺北：前程。

張潤書著 (2009)，《行政學（四版）》，臺北：三民。

張潤書著 (1998)，《行政學》，臺北：三民。

張添洲編著 (1999)，《人力資源組織、管理、發展》，臺北：五南。

許南雄著 (2007)，《國際人力資源管理》，臺北：華立。

郭正文 (2005)，〈薪酬公平認知與工作態度相關之探討以中部某醫學中心之行
　　政人員為例〉，臺中：中台醫護技術學院醫護管理研究所碩士論文。

陳銘薰、王瀅婷 (2006)，〈「訓練投入、訓練實施程序、訓練成效」評估模式
　　之探討〉，《人力資源管理學報》，第 6 卷第 1 期，頁 75–99。

陳振東、林靜珊 (2008)，〈應用模糊語意計算於員工績效評估模式建構之研
　　究〉，《人文暨社會科學期刊》，第 4 卷第 1 期，頁 33–46。

陳廣著 (2006)，《7-11 連鎖便利攻略》，臺北：大利。

陳國雄、林浩立編著 (2007)，《人力資源管理》，臺北：新文京開發。

陳麗如、洪湘欽 (2004)，〈員工分紅入股制度與認股權憑證制度之探討〉，《遠
　　東學報》，第 21 卷第 2 期，頁 335–340。

陳勝文 (2003)，〈外派人員之人力資源管理對其績效影響之研究以亞洲九國為
　　例〉，成功大學工業管理科學系碩士論文。

陳啟光、顧忠興、李元墩、于長禧 (2003)，〈從跨文化觀點探討外籍勞工管理
　　制度之建構以塑化業泰籍勞工為例〉，《人力資源管理學報》，第 3 卷第 2 期，
　　頁 57–74。

黃同圳、Lloyd L. Byars Leslie W. Rue 著 (2010)，《人力資源管理　全球思維本土觀點》，臺北：普林斯頓。

黃同圳 (2006)，〈員工訓練與開發〉，李誠（編），《人力資源管理的 12 堂課》，臺北：天下，頁 123–176。

黃英忠、曹國雄、黃同圳、張火燦、王秉鈞著 (2002)，《人力資源管理（再版）》，臺北：華泰。

黃英忠、蔡正飛、黃毓華、陳錦輝 (2003)，〈網際網路招募廣告內容之訴求求職者的觀點〉，《人力資源管理學報》，第 3 卷第 1 期，頁 43–61。

黃英忠著 (1993)，《現代人力資源管理》，臺北：華泰。

黃英忠、吳復新、趙必孝著 (2005)，《人力資源管理》，臺北：國立空中大學。

黃營杉、齊德彰 (2004)，〈學習型組織人力資源教育訓練成長模式之研究以台灣標竿企業為例〉，《大葉學報》，第 13 卷第 2 期，頁 81–95。

經濟部中小企業處 (2010)，《2010 年中小企業白皮書》，臺北：經濟部中小企業處。

楊國安、大衛·歐瑞奇、史蒂芬·納森、瑪莉安·范格林納著，劉復苓譯 (2001)，《組織學習能力》，臺北：聯經。

廖勇凱、楊湘怡編著 (2007)，《人力資源管理　理論與應用（再版）》，臺北：智勝。

廖勇凱編著 (2005)，《國際人力資源管理》，臺北：智勝。

廖勇凱著 (2006)，《派外人員管理實戰法則：全球最佳人資管理決策指南》，臺北：汎果國際文化。

廖茂宏、魏慶國、林羨咪、楊紅玉、黃曉令 (2007)，〈醫院各類人員招募管道、甄選工具及招募成效間關係之研究〉，《醫務管理期刊》，第 8 卷第 2 期，頁 121–139。

達特茅斯大學、塔可學院、HEC 管理學院、牛津大學坦伯頓學院、洛桑國際管理學院著，胡瑋珊、鄭佳雯譯 (2003)，《國際企業》，臺北：臺灣培生教育。

趙必孝著 (2006)，《國際化管理人力資源觀點》，臺北：華泰。

戴國良著 (2004)，《人力資源管理企業實務導向與本土個案實例》，臺北：鼎茂。

蔡維奇 (2006)，〈員工訓練與開發〉，李誠（編），《人力資源管理的 12 堂課》，臺北：天下，頁 92–122。

蔡聰泳 (2002)，〈我國民營銀行消費金融員工績效評估之研究〉，桃園：元智大學管理研究所碩士論文。

蔡美玲 (2004)，〈薪資管理與服務業第一線員工服務品質之關聯性研究以餐飲業為例〉，桃園：中原大學企業管理研究所碩士論文。

蔡秉燁、蘇俊鴻 (2002)，〈策略性人力資源管理之彈性福利制度分析〉，《產業論壇》，第 3 卷第 2 期，頁 45–66。

蔡祈賢 (2007)，〈彈性福利員工福利發展的新趨勢〉，《考詮季刊》，第 51 期，頁 45–61。

蔡正飛著 (2008)，《企業策略性人力資源管理的道與法：企業 SHRM 的實務與理論》，臺北：華立。

蔡錫濤、張惠雅 (2001)，〈國際人力資源管理內涵之研究海外子公司管控機制之形成與運作〉，《人力資源發展月刊》，第 167 期，頁 1–13。

蔡士敏著 (2010)，〈OK 超商　學習不打烊　快速複製服務達人〉，《能力雜誌》，6 月號，第 652 期，頁 70–76。

駱奇宗 (2005)，〈影響台商外派大陸人員離職因素之探討離職與在職人員之差異性〉，銘傳大學管理學院高階經理碩士學程碩士論文。

諸承明 (2000)，〈親信關係與員工績效評估之關聯性研究從差序格局探討主管對部屬的評估偏差〉，《管理評論》，第 19 卷第 3 期，頁 125–147。

諸承明 (1997)，〈台灣地區電子業與紡織業薪資現況之比較性研究以「薪資設計四要素」為分析架構〉，《中原學報》，第 25 卷第 4 期，頁 25–33。

諸承明主編 (1999)，《台灣企業人力資源管理個案集》，臺北：華泰。

盧佩易 (2000)，〈網路化教育訓練之應用〉，《高速計算世界》，第 8 卷第 1 期，

頁 46–52。

盧俊榮 (2003),〈公務機關員工之薪資制度、福利制度及升遷制度之知覺與其工作態度關聯性之研究以中山科學研究院為例〉,桃園:中原大學企業管理研究所碩士論文。

鄭衣雯 (2004),〈中小企業人力資源運用策略對勞資關系影響之研究〉,臺北:國立政治大學勞工研究所碩士論文,未出版。

羅清俊著 (2007),《社會科學研究方法:如何做好量化研究》,臺北:威仕曼。

羅新興、李幸穗 (2004),〈應徵者面談過程所呈現的訊息對面談評價的影響以企業員工的招募甄選為實驗情境〉,《人力資源管理學報》,第 4 卷第 3 期,頁 55–72。

龐寶璽 (2007),〈多元種族下之跨國人力資源管理明碁電通馬來西亞廠個案探討〉,《2006 國際人資管理學術與實務研討會專集》,桃園:開南大學。

蕭新永著 (2001),《大陸台商人事管理》,臺北:商周。

蕭新永著 (2007),《大陸台商人力資源管理》,臺北:商周。

非營利組織管理

林淑馨／著

　　本書是專為剛接觸非營利組織的讀者所設計之入門教科書。除了緒論與終章外，全書共分四篇15章來介紹非營利組織，希望能藉此提供讀者完整的概念，並用以提升其對非營利組織的興趣。本書除配合每一單元主題介紹相關理論外，盡量輔以實際的個案來進行說明，以增加讀者對非營利組織領域的認知與瞭解。另外，每章最後安排的 "Tea Time"，乃是希望藉由與該章主題相關的非營利組織小故事之介紹，來加深讀者對非營利組織的認識與印象。

行銷管理

黃俊堯／著

　　行銷旨在市場交易過程中，創造、溝通與遞送價值予交易的對方。在現代社會中，行銷管理不但是一種重要的企業功能，甚且也是任何組織都需面對的管理課題。本書從顧客導向的行銷概念出發，探討行銷管理的理論、策略與操作等層次，切實分析各種行銷工具之用處與限制。全書共16章，於各章章首勾勒該章重點，章末並附討論題目，恰可供大專院校一學期行銷管理課程教材之用，亦適合有意瞭解現代行銷管理梗概之一般讀者自行閱讀。

國際貿易理論與政策

歐陽勛、黃仁德／著

　　本書乃為因應研習複雜、抽象之國際貿易理論與政策而編寫，對於各種貿易理論的源流與演變，均予以有系統的介紹、導引與比較，並採用大量的圖解，作深入淺出的剖析。由靜態均衡到動態成長，由實證的貿易理論到規範的貿易政策，均有詳盡的介紹。讀者若詳加研讀，不僅對國際貿易理論與政策能有深入的瞭解，並可對國際經濟問題的分析收綜合察辨的功效。

國際貿易實務詳論

張錦源／著

　　買賣的原理、原則為貿易實務的重心，貿易條件的解釋、交易條件的內涵、契約成立的過程、契約條款的訂定要領等，均為學習貿易實務者所不可或缺的知識。本書對此均予詳細介紹，期使讀者實際從事貿易時能駕輕就熟。國際間每一宗交易，從初步接洽開始，經報價、接受、訂約，以迄交貨、付款為止，其間有相當錯綜複雜的過程。本書按交易過程先後作有條理的說明，期使讀者對全部交易過程能獲得一完整的概念。除了進出口貿易外，對於託收、三角貿易、轉口貿易、相對貿易、整廠輸出、OEM貿易、經銷、代理、寄售等特殊貿易，本書亦有深入淺出的介紹，為坊間同類書籍所欠缺。

國際貿易實務

張盛涵／著

國際貿易實務是以貿易操作實務為基礎，經由業界長時間的摸索歸納，而形成的一套商業慣例與法律，具有協助貿易進行的功用。由於這套規範的運作可以有效降低國際貿易的交易成本，因此被廣泛運用於交易過程中，成為業界共同遵循的國際貿易規範。本書內容涵蓋了完整的貿易實務、最新的法令規範及嚴謹的貿易理論，適合大專院校學生研習與實務界人士自修參考之用。

總體經濟學

盧靜儀／著

本書旨在針對總體經濟學的基本概念及理論，作一初步的介紹，希望讀者對整個經濟體系的運作以及體系中各部門間的關聯性，能有基本的認識與瞭解。為了讓讀者對於經濟理論的運用更加純熟，本書在每章結尾或相關之處，都設有「經濟話題漫談」的單元。在單元中作者以近期國內外的經濟新聞或話題為中心，對照內文中介紹的經濟概念或理論，來說明如何用理論解讀日常生活中所遇到的經濟事件。期望能用輕鬆簡單的方法，讓讀者熟悉經濟理論的運用。